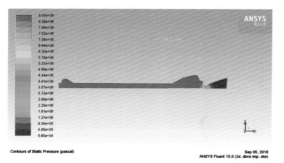 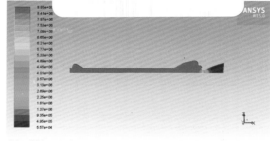

无旋转压强   旋转压强

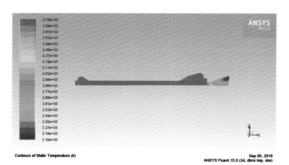 

无旋转温度   旋转温度

 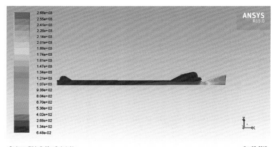

无旋转速度   旋转速度

图4-45　初始时刻静态及旋转流场对比

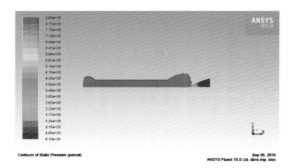 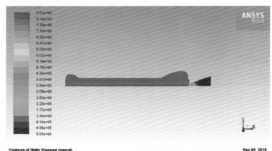

无旋转压强   旋转压强

图4-46　翼烧尽时刻静态及旋转流场对比

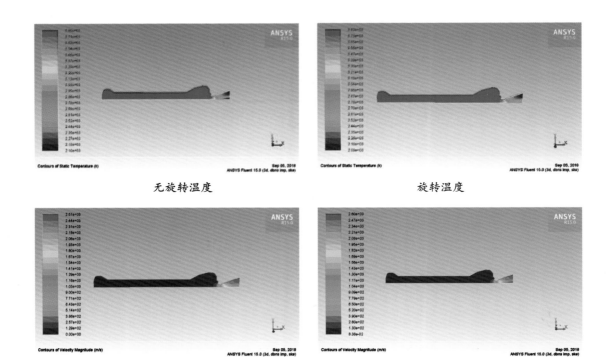

无旋转温度　　　　　　　　　　　　旋转温度

无旋转速度　　　　　　　　　　　　旋转速度

续图4-46　翼烧尽时刻静态及旋转流场对比

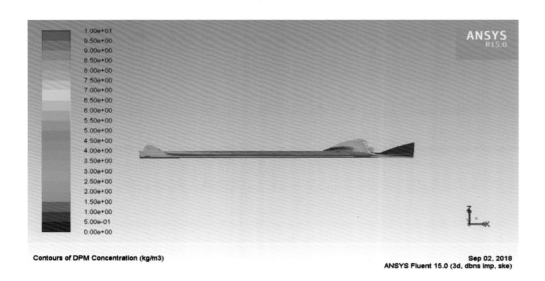

图4-47　初始时刻有、无旋转状态下凝相颗粒的浓度分布

续图4-47　初始时刻有、无旋转状态下凝相颗粒的浓度分布

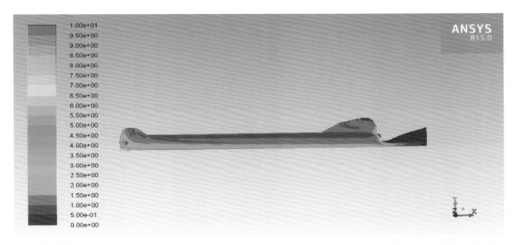

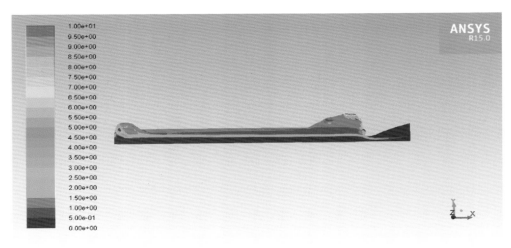

图4-48　翼烧尽时刻有、无旋转状态下凝相颗粒的浓度分布

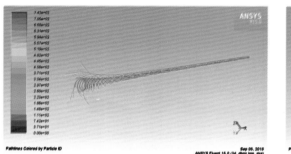

初始时刻　　　　　　　　　　　　　翼烧尽时刻

图4-49　旋转流场气相流线

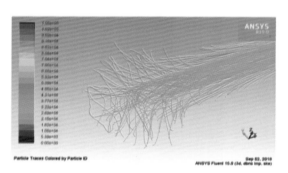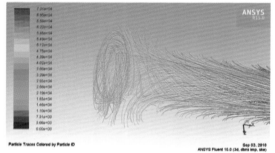

初始时刻　　　　　　　　　　　　　翼烧尽时刻

图4-50　旋转流场粒子轨迹

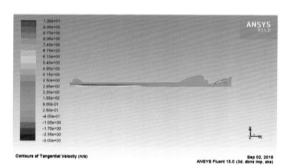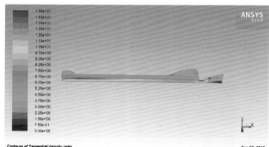

图4-51　初始时刻旋转流场切向速度分布　　　图4-52　翼烧尽时刻旋转流场切向速度分布

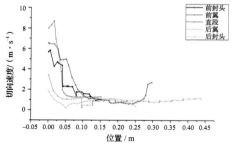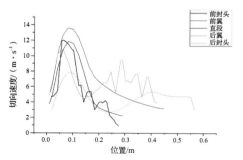

图4-53　初始时刻切向速度分布　　　　　　图4-54　翼烧尽时刻切向速度分布

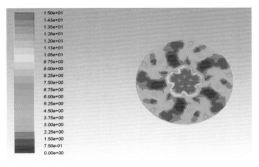
初始时刻不旋转

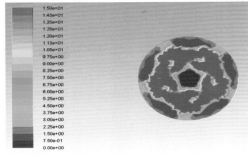
初始时刻旋转

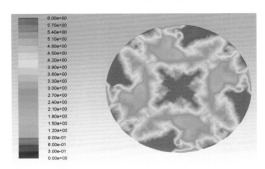
翼烧尽时刻不旋转

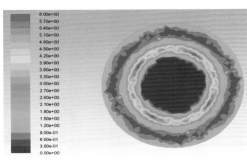
翼烧尽时刻旋转

图4-55 前封头粒子浓度分布

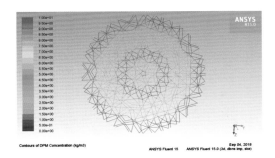
初始时刻不旋转粒子浓度

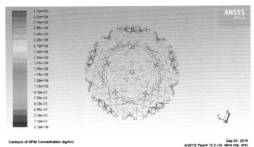
初始时刻旋转粒子浓度

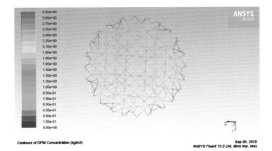
翼烧尽时刻不旋转粒子浓度

翼烧尽时刻旋转粒子浓度

图4-61 前顶盖绝热变化

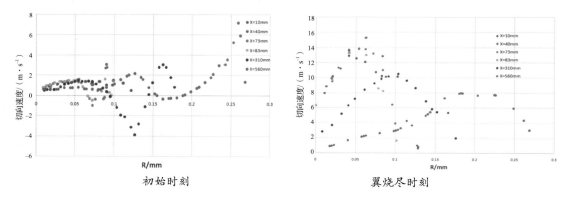

初始时刻   翼烧尽时刻

图4-62　喷管喉部切向速度分布

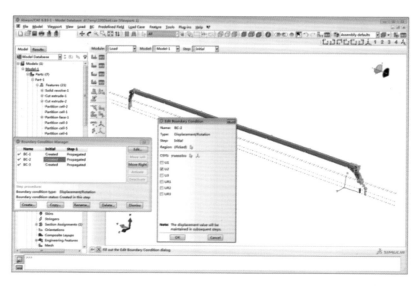

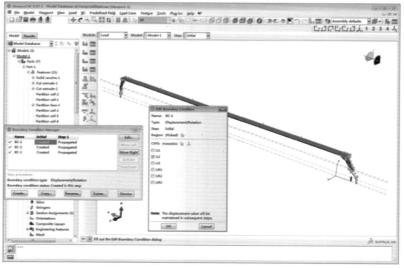

图5-22　设置壳体左、右两侧截面的环向位移边界

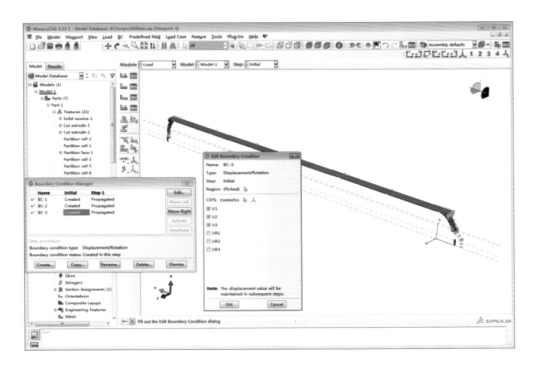

图5-23 设置前裙端面边界

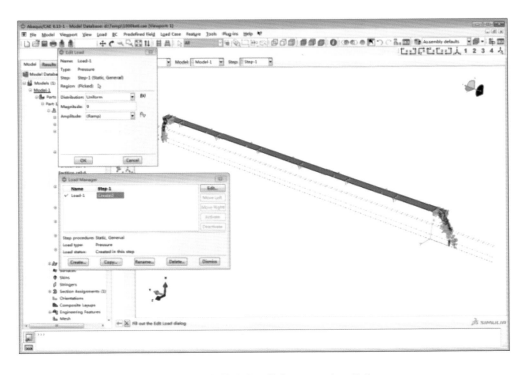

图5-24 壳体内表面施加9 MPa内压载荷

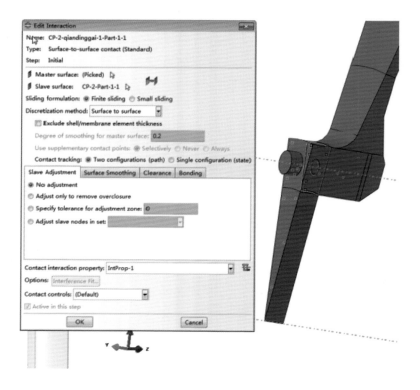

图5-27　定义完成的接触关系（壳体与堵盖）

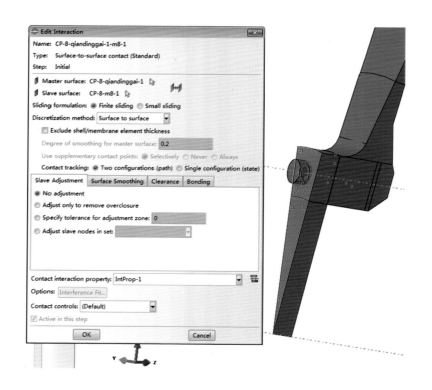

图5-28　定义完成的接触关系（螺栓与堵盖外表面）

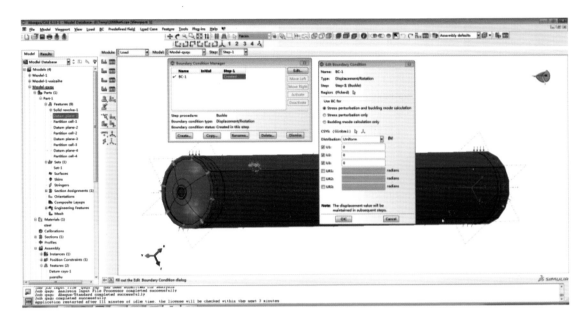

图5-70　设置前裙端面位移约束

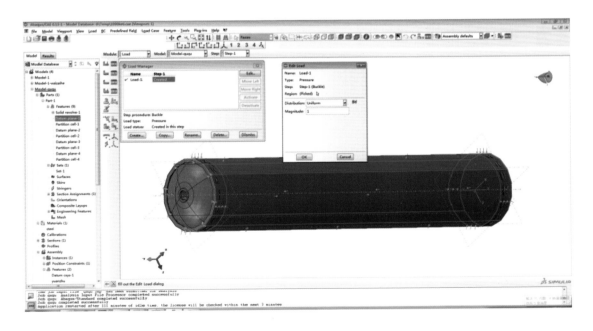

图5-71　设置壳体筒身外表面压力

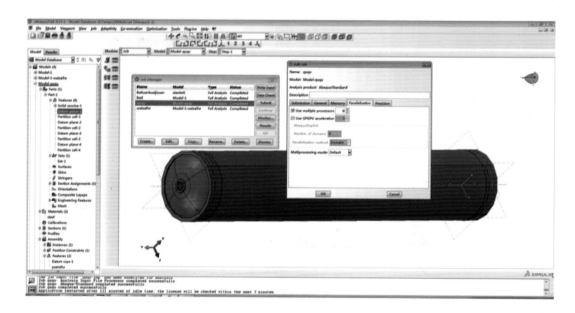

图5-72　定义计算任务

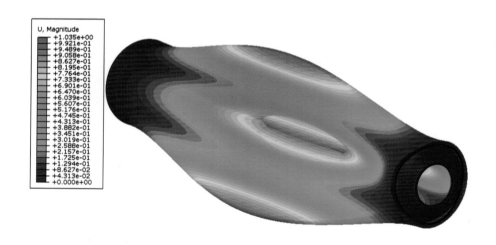

图5-73　壳体筒段外压屈曲失稳变形

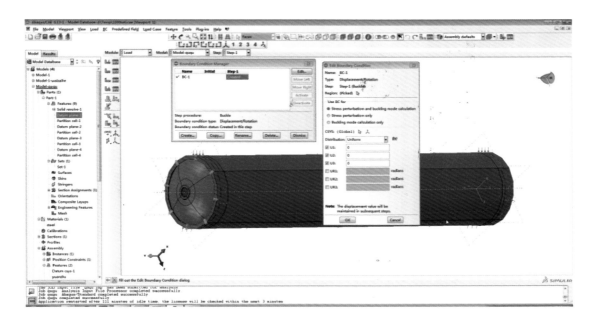

图5-74 设置前裙端面位移约束

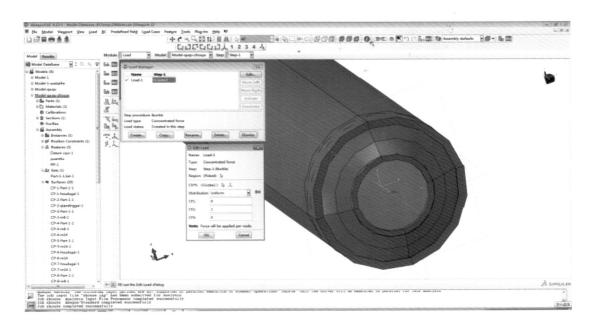

图5-75 设置壳体后端面轴力

图5-76　壳体筒段轴压屈曲失稳变形

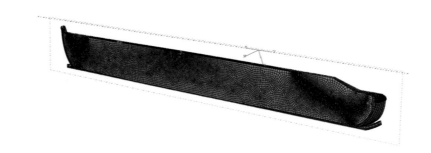

图6-17　整体网格分布

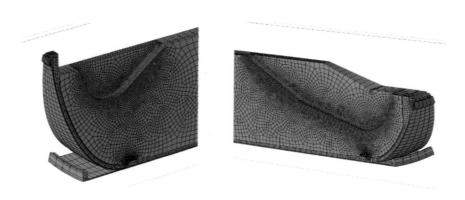

图6-18　药柱前后翼、人脱分离点部位网格情况

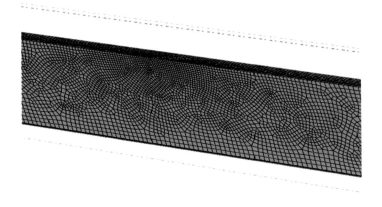

图6-19　燃烧室筒端中间部位网格情况

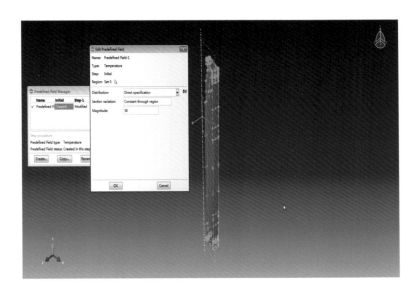

图6-28　修改最终温度值

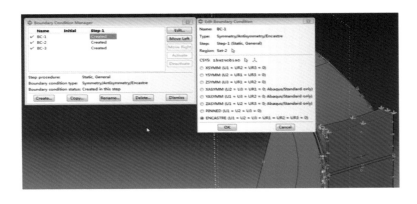

图6-29　创建固定边界条件

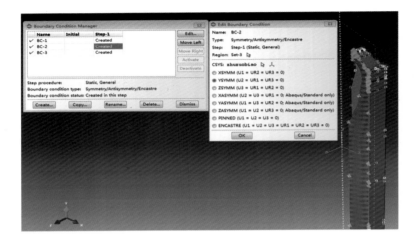

图6-30　对称边界条件BC-2

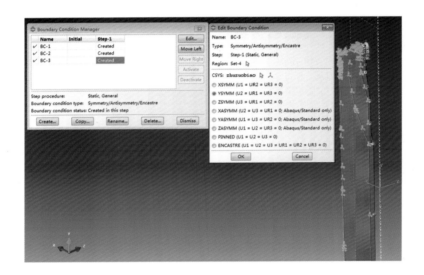

图6-31　对称边界条件BC-3

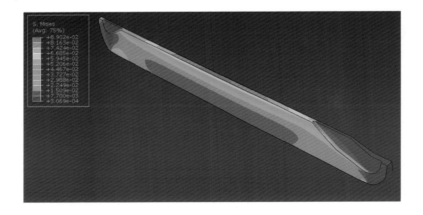

图6-37　1:1显示的药柱Mises应力云图

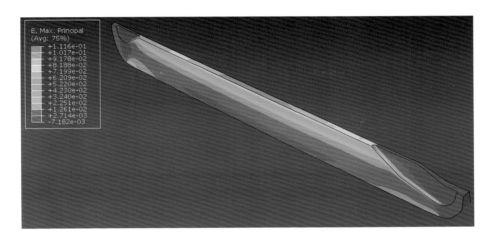

图6-38 1:1显示的药柱应变云图

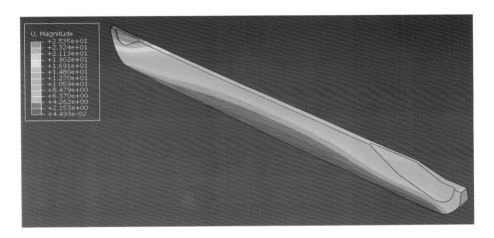

图6-39 1:1显示的药柱位移云图

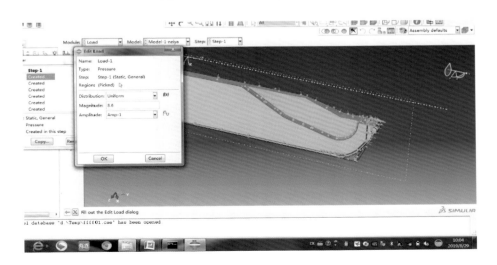

图6-53 药柱内表面施加压强载荷

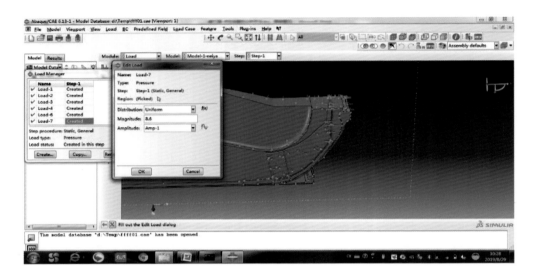

图6-54　人工脱黏缝隙施加压强载荷

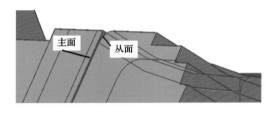

图6-63　接触的主面及从面

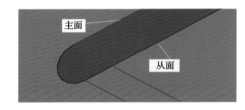

图6-64　接触面选取时避开后人工脱黏前缘的曲面

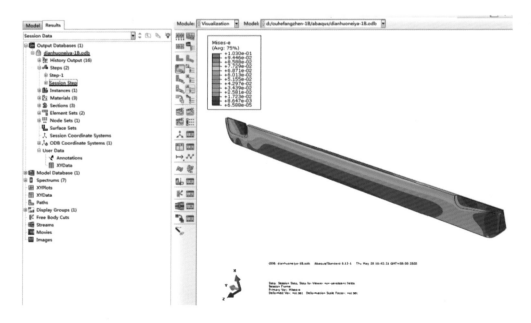

图6-70　利用ABAQUS输出的Mises等效应变

图7-11 网格显示

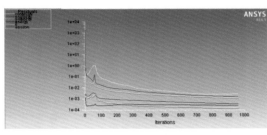

图7-23 残差监视窗口

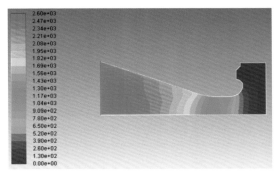

图7-25 速度云图

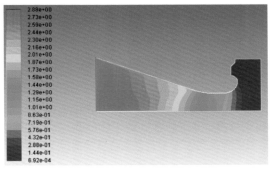

图7-26 马赫数云图

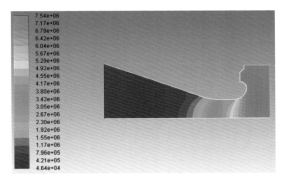

图7-27 压力云图

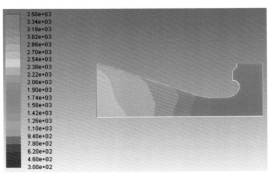

图7-28 温度云图

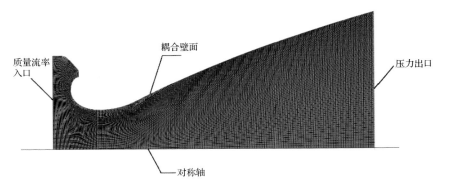

图7-35 流场计算模型

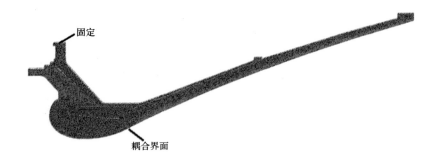

固定

耦合界面

图7-36　固体区域计算模型

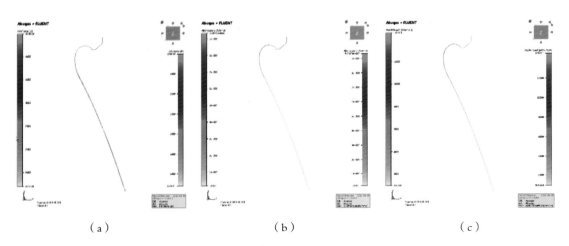

（a）　　　　　　　　　　（b）　　　　　　　　　　（c）

图7-37　耦合区域的数值传递
（a）壁面恢复温度；（b）壁面绝对压强；（c）对流换热系数

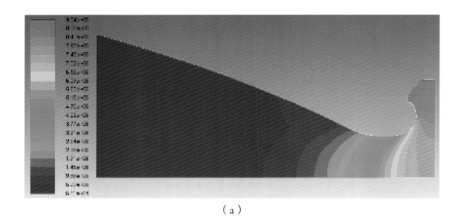

（a）

图7-38　流场数值计算结果
（a）压强

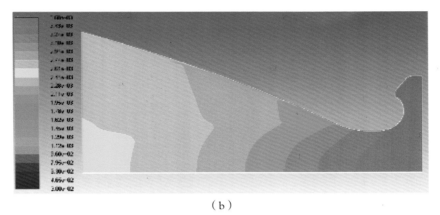

（b）

（c）

续图7-38　流场数值计算结果
（b）温度；（c）马赫数

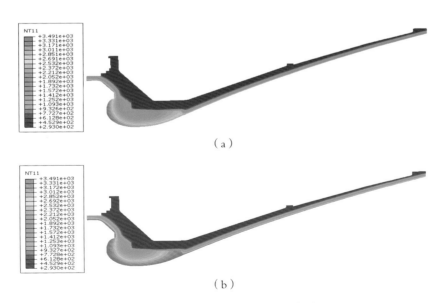

（a）

（b）

图7-39　两种算法喷管温度场分布对比
（a）耦合算法；（b）工程算法

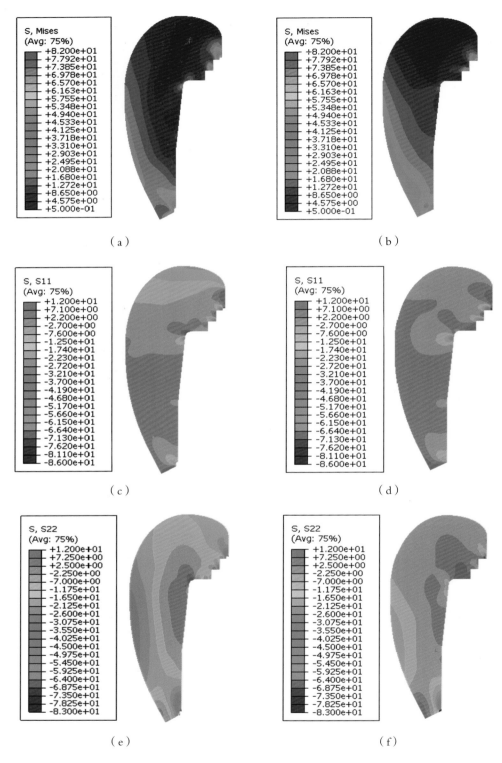

图7-40　发动机工作42 s各向应力

（a）耦合算法Mises应力；（b）工程算法Mises应力；（c）耦合算法径向应力；

（d）工程算法径向应力；（e）耦合算法轴向应力；（f）工程算法轴向应力

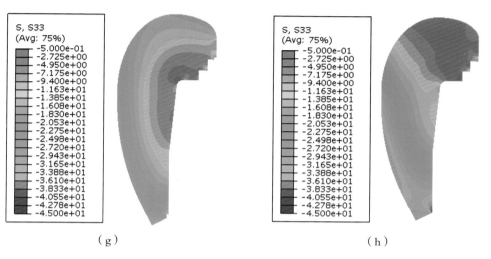

（g）   （h）

续图7-40　发动机工作42 s各向应力

（g）耦合算法环向应力；（h）工程算法环向应力

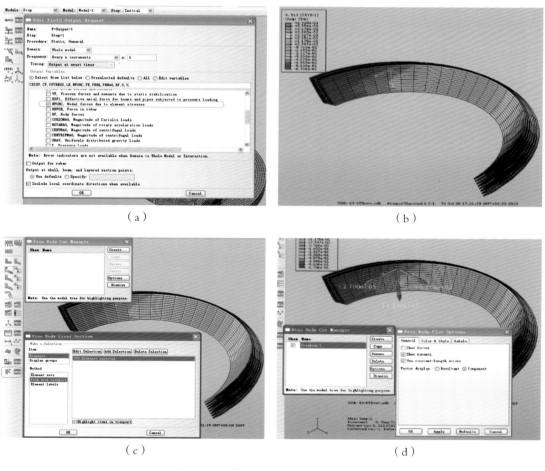

（a）   （b）

（c）   （d）

图7-46　利用有限元软件计算合力矩

（a）在Step中选择NFORC；（b）隐藏不关心部件；（c）建立Free body cu；（d）查看合力及合力矩

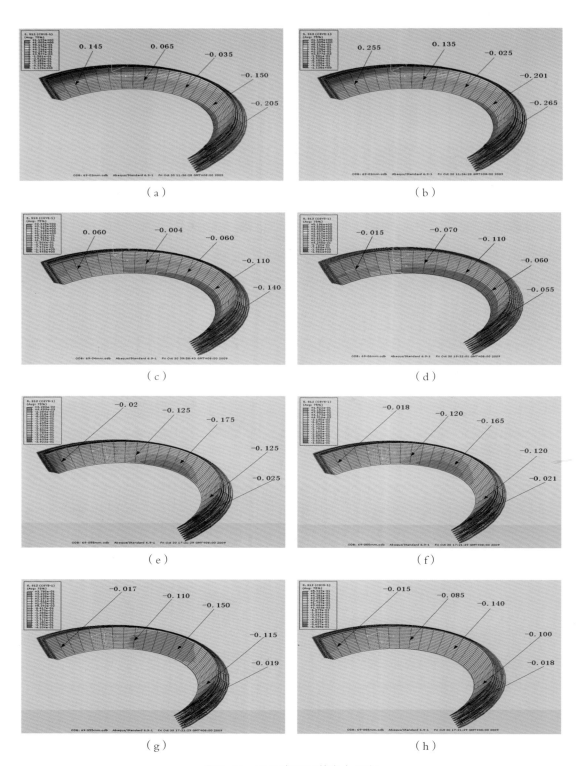

图7-51　不同容压下剪应力分布

（a）0.2 MPa容压下剪应力τ_{13}分布；　（b）3 MPa容压下剪应力τ_{13}分布；　（c）4.5 MPa容压下剪应力τ_{13}分布；

（d）7 MPa容压下剪应力τ_{13}分布；　（e）0.2 MPa容压下剪应力τ_{12}分布；　（f）3 MPa容压下剪应力τ_{12}分布；

（g）4.5 MPa容压下剪应力τ_{12}分布；　（h）7 MPa容压下剪应力τ_{12}分布

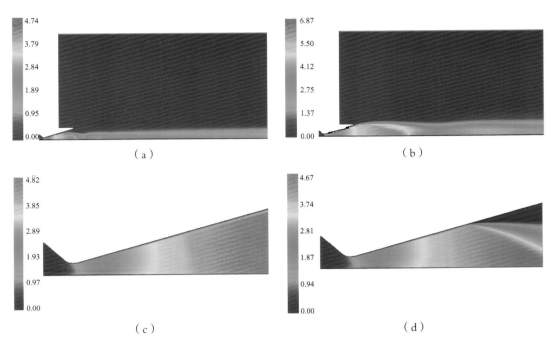

图7-57　流场马赫数云图（p_c=4.34 MPa）
（a）高模全场；（b）地面全场；（c）高模内场；（d）地面内场

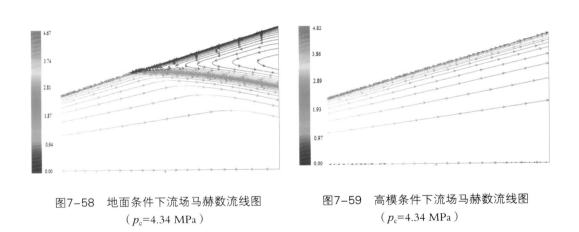

图7-58　地面条件下流场马赫数流线图
（p_c=4.34 MPa）

图7-59　高模条件下流场马赫数流线图
（p_c=4.34 MPa）

图8-9　发动机点火瞬态网格划分

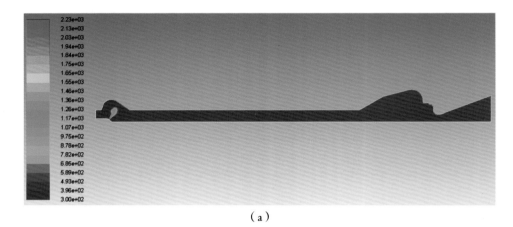

（a）

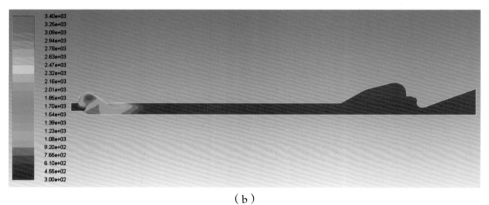

（b）

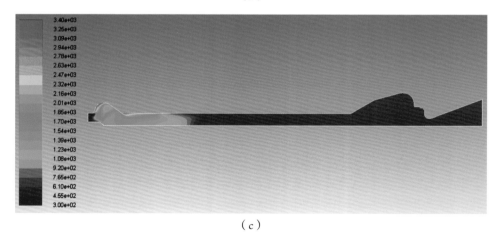

（c）

图8-28　发动机燃烧室内部点火瞬态温度云图

（a）$t=0.002$ s；（b）$t=0.008$ s；（c）$t=0.01$ s

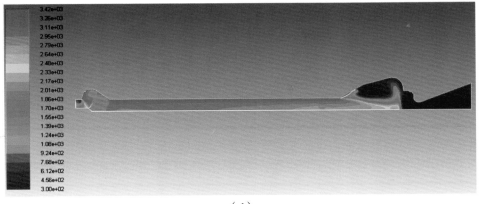

（d）

（e）

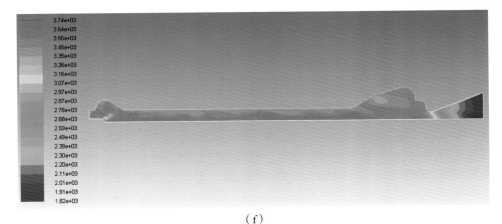

（f）

续图8-28 发动机燃烧室内部点火瞬态温度云图

（d）t=0.02 s；（e）t=0.05 s；（f）t=0.1 s

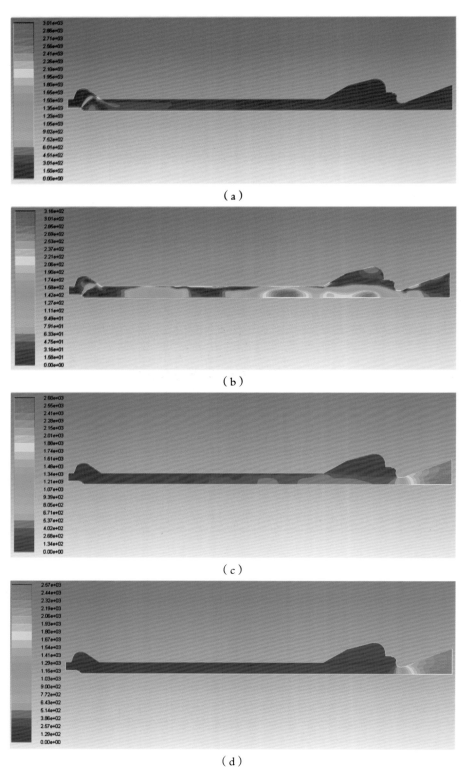

图8-29 点火瞬态的速度云图

（a）$t=0.02$ s；（b）$t=0.080$ s；（c）$t=0.1$ s；（d）$t=0.30$ s

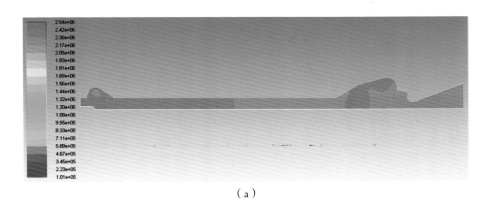

（a）

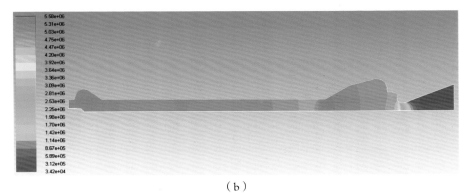

（b）

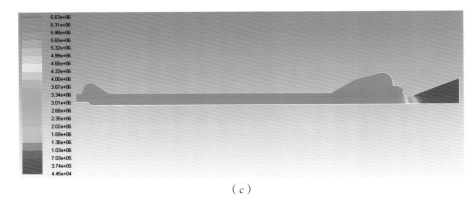

（c）

图8-30　不同时刻燃烧室内中心面上压强分布云图
（a）t=0.05 s；（b）t=0.1 s；（c）t=0.2 s

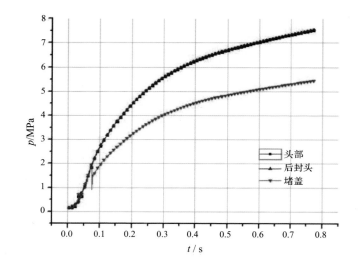

图8-31　燃烧室内部测点的压强随时间变化曲线

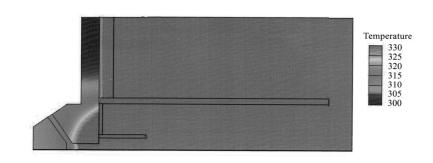

8-33　42 s时刻，无旋转情况下的对称面的温度云图

图8-35　不同轴向截面处的切向速度云图

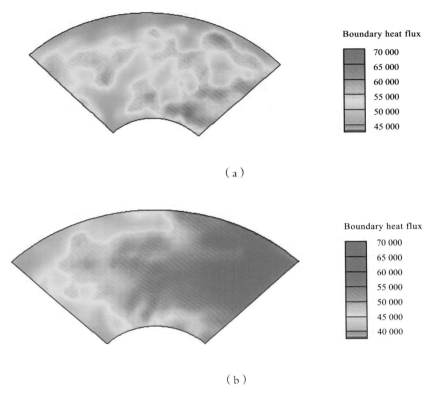

Boundary heat flux

70 000
65 000
60 000
55 000
50 000
45 000

（a）

Boundary heat flux

70 000
65 000
60 000
55 000
50 000
45 000
40 000

（b）

图8-36　顶盖在点火发动机内表面绝热层的热流密度云图

（a）无旋转；（b）有旋转

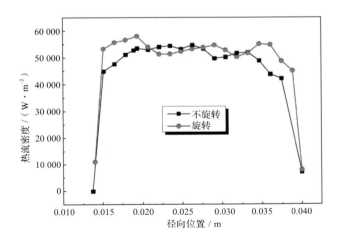

图8-37　热流密度沿径向的分布

空天推进技术系列丛书

固体火箭发动机
设计理论及仿真技术

田维平　王春光　王　伟　著

西北工业大学出版社

西安

【内容简介】 本书主要介绍了固体火箭发动机的基本设计理论和基本仿真分析方法。全书共 8 章,主要内容包括固体火箭发动机参数介绍、固体推进剂燃烧和内弹道学、固体发动机总体设计及仿真技术、固体发动机壳体设计及仿真技术、固体发动机燃烧室装药设计及仿真技术、固体发动机喷管设计及仿真技术以及固体发动机安全点火设计及仿真技术。

本书读者对象为航空航天科研人员和高等院校相关专业的学生。

图书在版编目(CIP)数据

固体火箭发动机设计理论及仿真技术/田维平,王春光,王伟著. —西安:西北工业大学出版社,2021.9
(空天推进技术系列丛书)
ISBN 978 - 7 - 5612 - 7568 - 9

Ⅰ. ①固… Ⅱ. ①田… ②王… ③王… Ⅲ. ①固体推进剂火箭发动机-设计 ②固体推进剂火箭发动机-计算机仿真 Ⅳ. ①V435

中国版本图书馆 CIP 数据核字(2021)第 057524 号

GUTI HUOJIAN FADONGJI SHEJI LILUN JI FANGZHEN JISHU
固 体 火 箭 发 动 机 设 计 理 论 及 仿 真 技 术

责任编辑:曹 江		策划编辑:华一瑾	
责任校对:朱晓娟		装帧设计:李 飞	

出版发行:西北工业大学出版社
通信地址:西安市友谊西路 127 号　　　　邮编:710072
电　　话:(029)88493844　88491757
网　　址:www.nwpup.com
印 刷 者:陕西向阳印务有限公司
开　　本:787 mm×1 092 mm　　1/16
印　　张:15.5　　　　　　　　彩插:20
字　　数:397 千字
版　　次:2021 年 9 月第 1 版　　2021 年 9 月第 1 次印刷
定　　价:98.00 元

前　　言

　　近 20 年来,美国、俄罗斯、中国、日本、印度及西欧各国等研制了一批高性能的固体火箭发动机,其技术发展水平和能力得到了很大提升。国内关于固体火箭发动机原理及设计的相关书籍很多,为航空航天领域的科研人员和在校学生专业水平的提高提供了便利条件。

　　固体发动机是一门综合性比较强的学科,涉及的专业面较广,国内研究院所对其工作过程中的基本理论研究还不是十分充分,导致发动机设计仍停留在以经验为主、以理论为辅的模式中,很难做到精确化设计。最近十几年,国内有限元仿真技术得到了快速发展,各种商业软件均基本实现了发动机工作过程仿真所需要的各种功能,受到了固体火箭发动机领域设计师们的青睐。仿真技术可以通过模拟发动机工作过程,对发动机设计方案的风险进行预估,以减少试验次数,降低研制成本,是一条实现发动机精确化设计的捷径。基于此,本书系统地梳理了固体火箭发动机的相关设计理论,并介绍了发动机各主要部件的仿真方法,希望能起到抛砖引玉的作用,助力我国固体火箭发动机的设计理论及仿真技术得到快速发展。

　　本书共 8 章,按照发动机基本原理、总体、壳体、装药、喷管及点火装置的顺序进行介绍。其中前 4 章由田维平编写,后 4 章由王春光编写,全书由王春光统稿,王伟对全文进行了修改。

　　在编写本书的过程中,参考了相关文献资料,获益良多,在此谨向相关文献的作者一并表示感谢。

　　由于水平有限,书中难免有不足之处,恳请广大读者批评指正。

著　者

2021 年 3 月

目　　录

第1章　绪论……………………………………………………………………… 1

1.1　火箭发动机概述 ……………………………………………………………… 1

1.2　固体火箭发动机发展简史 …………………………………………………… 2

1.3　固体火箭发动机的基本组成和工作过程 …………………………………… 5

1.4　固体火箭发动机的特点 ……………………………………………………… 7

1.5　固体火箭发动机的应用范围 ………………………………………………… 8

1.6　固体火箭发动机技术的发展动向 …………………………………………… 9

第2章　固体火箭发动机参数………………………………………………… 17

2.1　推力………………………………………………………………………… 17

2.2　喷气速度…………………………………………………………………… 18

2.3　喷管质量流率、流率系数、特征速度……………………………………… 19

2.4　推力系数…………………………………………………………………… 21

2.5　固体火箭发动机的高度特性……………………………………………… 22

2.6　固体火箭发动机工作时间和燃烧时间…………………………………… 23

2.7　总冲和比冲………………………………………………………………… 23

2.8　发动机参数对火箭总体飞行性能的影响………………………………… 25

第3章　固体推进剂燃烧和内弹道学………………………………………… 27

3.1　固体推进剂分类…………………………………………………………… 27

3.2　固体推进剂燃烧学………………………………………………………… 30

3.3　内弹道学的含义…………………………………………………………… 35

3.4　固体火箭发动机燃烧室不稳定现象……………………………………… 36

3.5　固体火箭发动机声涡耦合现象…………………………………………… 39

3.6　固体火箭发动机不稳定燃烧的验证方法………………………………… 40

第 4 章　固体发动机总体设计及仿真技术 ··· 42

　4.1　总体设计任务 ··· 42

　4.2　发动机结构形式及其选择 ·· 43

　4.3　发动机主要材料选择 ·· 49

　4.4　发动机总体参数选择 ·· 51

　4.5　发动机流场仿真技术 ·· 57

　4.6　旋转对发动机内流场影响计算研究 ·· 67

第 5 章　固体发动机壳体设计及仿真技术 ··· 80

　5.1　金属壳体设计 ··· 80

　5.2　纤维缠绕壳体设计 ·· 83

　5.3　密封结构设计 ··· 87

　5.4　连接结构设计 ··· 90

　5.5　对于壳体选材的思考 ·· 94

　5.6　发动机结构承载仿真分析 ·· 95

第 6 章　固体发动机燃烧室装药设计及仿真技术 ··· 123

　6.1　固体发动机装药设计流程 ·· 123

　6.2　装药设计的任务和职责 ·· 123

　6.3　推进剂的选择及要求 ·· 124

　6.4　药型设计及内弹道计算 ·· 126

　6.5　绝热层及人工脱黏层设计 ·· 130

　6.6　药柱完整性计算分析 ·· 132

　6.7　固化降温载荷作用下药柱结构完整性分析 ·· 136

　6.8　内压载荷作用下药柱完整性分析 ·· 148

　6.9　轴向加速度载荷下的应力-应变分析 ·· 150

　6.10　丁羟推进剂药柱完整性分析时材料参数选择 ··· 153

　6.11　丁羟推进剂药柱完整性安全系数分析 ·· 154

第 7 章　固体发动机喷管设计及仿真技术 ··· 158

　7.1　固体发动机喷管设计流程 ·· 158

7.2 喷管气动型面设计 ………………………………………… 160

7.3 喷管热防护设计 …………………………………………… 162

7.4 喷管结构设计 ……………………………………………… 163

7.5 柔性喷管设计 ……………………………………………… 166

7.6 喷管内流场仿真方法 ……………………………………… 170

7.7 喷管热结构仿真方法 ……………………………………… 179

7.8 柔性接头摆动过程模拟 …………………………………… 188

7.9 喷管流动分离理论及仿真计算方法 ……………………… 197

第 8 章 固体发动机安全点火设计及仿真技术 ……………………… 207

8.1 固体发动机安全点火装置的组成及工作过程 …………… 207

8.2 点火装置分类与典型结构举例 …………………………… 207

8.3 安全机构设计 ……………………………………………… 211

8.4 点火装置设计 ……………………………………………… 215

8.5 点火装置仿真技术 ………………………………………… 224

8.6 旋转对顶盖传热的影响研究 ……………………………… 237

参考文献 ………………………………………………………………… 240

第1章 绪 论

1.1 火箭发动机概述

　　火箭发动机和空气喷气发动机都是直接产生反作用推力的喷气推进动力装置。这类发动机以很高的速度向后喷射出工质,由此获得反作用推力,使飞行器向前飞行。它们既是产生动力的发动机,又是将动力转化为推进作用的推进器。这类动力装置的出现,大大改善了飞行器的性能,比由发动机带动螺旋桨产生的间接反作用推力大得多,很适应高速飞行的需要。

　　火箭发动机与空气喷气发动机最大的不同点是,空气喷气发动机自带燃料,燃料燃烧所需要的氧来自空气。也就是说,空气喷气发动机的工作要依靠空气,因此只能用于大气层中的飞行推进,而且它的工作性能还要受到飞行器飞行速度、高度等飞行条件的影响。火箭发动机则自带燃料和氧化剂,它包括产生推力所需要的全部物质。因此,火箭发动机的工作不依靠空气,可以在大气层以外工作,成为人类空间航行的主要动力装置。火箭发动机的工作性能与飞行器的飞行速度、高度等飞行条件无关,它可以产生巨大的推力,且其推力可以通过地面静止热试车测量得到。

　　已定型的和在研的火箭发动机的种类是相当多的。从很多特征来看,它们是各不相同的,且分类的方法也很多。但是,如果不考虑火箭发动机的具体结构和使用特点(因为这些特点并不反映在发动机工作过程的机理中),发动机中所利用的自然能的初级形态是划分火箭发动机的最重要的特征。如图 1-1 所示,在火箭发动机中可以利用的自然能有化学能(能够发生放热反应的物质是化学能的来源,这类反应中最普遍的是燃烧反应)、核能[使较重元素的核子产生裂变反应或实现热核反应(轻元素的核子聚变),就能够得到核能]和太阳能(直接由太阳获得的辐射能)等。

　　在图 1-1 的分类中,取得反作用射流的初始物质一般可分为以下两种情况:

　　(1)初始物质与自然能的能源是一体的;

　　(2)初始物质和自然能的能源是分开的。

　　对于第一种情况,初始物质通常称为火箭发动机推进剂。在燃烧室、分解室或复合室中,推进剂的化学能转化为自身产物的热能,然后在喷管中将热能转化为燃气射流的动能。把这些特点综合在一起就构成了一类火箭发动机——化学火箭发动机(在图 1-1 中用虚线画出)。在这类发动机中,热力过程是最重要的,所以,化学火箭发动机属于热机的范畴。

　　利用核能和太阳能的火箭发动机构成另一类火箭发动机——非化学火箭发动机(亦称特种火箭发动机)。非化学火箭发动机在能量转换过程中,初级能不仅转换为热能,而且还转换为其他形式的能量,如机械能和电能。例如,在反应堆中,核能可以转换为热能,在涡轮机中可以转换为机械能,在发电机中可以转换为电能,在电加速器中可以转换为带电粒子的动能。

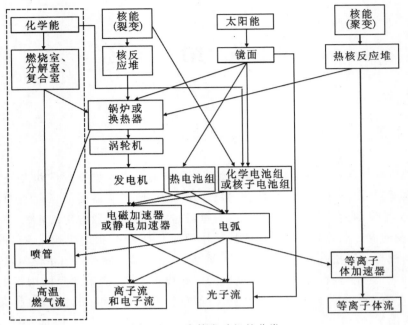

图 1-1　火箭发动机的分类

　　目前,真正得到广泛应用的是化学火箭发动机。视推进剂物理相态的不同,化学火箭发动机又分为液体火箭发动机和固体火箭发动机两大类。液体火箭发动机使用的推进剂包括液态的燃料和氧化剂,分别存放在各自的贮箱中,工作时由专用的输送系统将其送入燃烧室;固体火箭发动机使用的推进剂是固态的,其燃料和氧化剂都预先均匀混合,做成一定形状和尺寸的装药,直接置于燃烧室中,不需要专门的输送系统。这两种火箭发动机各有不同的特点,在应用过程中都得到了很大的发展。此外,还有固液推进剂混合式发动机。化学火箭发动机的分类如图 1-2 所示。本书将详细介绍固体火箭发动机的相关内容。

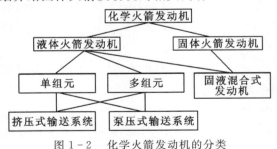

图 1-2　化学火箭发动机的分类

1.2　固体火箭发动机发展简史

　　固体火箭起源于中国,在我国的宋初已出现以黑火药为能源的固体火箭发动机。最早是1161 年宋金之战中的"霹雳炮"(元、明两代出现了火箭束和两级火箭雏型,例如"火龙出水"火箭)。13 世纪,中国的火药和火箭技术经中亚和阿拉伯传入欧洲,但是,在较长的时间内,低性能的黑火药限制了固体火箭的发展,1932 年,德国研制出了以硝化甘油和硝化棉为主要成分的双基推进剂,并可挤压成形。第二次世界大战期间,固体火箭在姿控火箭炮和飞机推进器上得到了广泛应用。1944 年,美国喷气推进实验室研制出可浇铸的复合固体推进剂和改性双基推进剂,并可制成浇铸式的内孔燃烧药柱,从而加速了固体火箭的发展。固体火箭在技术上取得突破并广泛应用于弹道导弹和运载火箭,则是在 20 世纪 50 年代以后。50 年代中期,美国研制出聚硫橡胶、高氯酸铵和铝粉等组成的高能复合推进剂;60 年代,美国研制出能量更高的复合改进双基推进剂;70 年代,美国研制出能量和力学性能均优的端羟基聚丁二烯复合推进剂,并在药柱设计、发动机壳体材料和制造工艺上取得重大进展,使固体火箭发动机结构质量大幅度减小,从而为制造大型固体火箭发动机奠定了良好的技术条件。

20 世纪 60 年代起,国外为可控推力固体火箭发动机的理论和实验研究做了大量的工作,探索出了很多技术途径和设计方案,有的已经进入实际使用阶段,如美国三叉戟导弹末助推系统,苏联研究的胶状推进剂发动机方案。

美国、俄罗斯及西欧各国先后研制出复合推进剂或复合改进双基推进剂、高性能的固体火箭发动机以及作为战略导弹和运载火箭的推进系统。目前,单台固体火箭发动机的推力已超过 10 MN,如美国航天飞机巨型助推器采用的固体火箭发动机。

90 年代,美国为满足战区导弹防御系统(Theatre Missile Defence System,TMD)的需要,开始了对微型推进剂系统的大量研究。TMD 拦截器需要完全可控的轨控、姿控系统(Divert and Attitude Coutrol System,DACS)来控制拦截器的机动飞行,通过侧向推力修正预测拦截误差并制导动能弹头直接碰撞目标,进行有效的拦截,变推力室技术在姿控、轨控发动机领域具有广泛的应用。

近 20 年,美国、俄罗斯、中国、日本、印度及西欧各国等研制出一批高性能固体火箭发动机,技术发展水平得到很大提升。美国对潜地导弹三叉戟 Ⅱ－D5、地-地导弹民兵 Ⅲ 的固体发动机陆续进行更新、更换。在保持这些发动机的主要结构尺寸和性能的条件下,采用了一些新技术、新材料和新工艺,提高了发动机的可靠性和服役期。在战术导弹领域,研制并改进了低空拦截导弹爱国者(PAC－3)、高空拦截导弹泰特(THAAD)、陆基中段拦截导弹(GB1)以及舰载中段拦截导弹标准-3(SM－3)的有关固体发动机。这些发动机技术先进,能适应相关飞行弹道和环境的要求。另外,美国有关大学和公司经长期预先研究和技术攻关,成功研制出推力可调固体发动机,并正式应用于战术导弹中。

在航天运载领域,美国进行了碳纤维缠绕壳体的大型固体助推器研制,并在 AlesI 火箭中得到了应用。20 世纪 90 年代后期,为米诺陶、金牛座以及飞马座等固体运载火箭第 Ⅲ ～ Ⅳ 级研制出技术先进的固体火箭发动机。

为保持固体推进技术的领先和持续发展,美国实施了一系列专项计划,主要有以下方面:

(1) 综合高性能推进计划。1995—2010 年分三阶段实施,目标是提高战略、战术导弹和航天用固体发动机的比冲、质量比、可靠性,并降低成本。目前计划已完成,并将相关技术集成到发动机中进行了地面试车,为后续研究和应用奠定了基础。

(2) 美空军战略系统维持计划,目的是提高战略武器性能、降低成本以及开展老化监测。

(3)1997 年开始,美能源部资助伊利诺伊大学建立了固体发动机仿真中心(The Center for Simulation of Advanced Rockets,CSAR),并且联合有关大学,集中了 100 多位教授和研究生,成立计算科学、流体力学、燃烧和含能材料以及结构和材料 4 个研究组,目标是对固体发动机正常和非正常工作进行全系统仿真。至 2002 年,研究组研制的改进版仿真软件已达到项目要求。

俄罗斯在 20 世纪 90 年代研制出高性能的白杨 M(SS - 27)固体洲际导弹并定型服役。2000 年后,俄罗斯开始研制潜地固体战略导弹布拉瓦,历经多次飞行失利后,终获成功,于 2012 年开始装备服役。在白杨 M 的基础上,俄罗斯又研制了多弹头的亚尔斯固体洲际导弹和先锋型多头有动力分导导弹。这两型导弹发动机采用了高性能有机纤维、多维编织 C/C 喉衬、C/C 扩张段和延伸锥、柔性喷管、丁羟四组元或含高能氧化剂、三氢化铝等高能物质的推进剂,发动机性能达到很高水平。其中,C-300,C-400,C-500 等地空导弹、伊斯嵌德尔地-地战术导弹等,表明战术固体发动机水平不断提高。俄罗斯还在固体火箭冲压、固体姿轨控发动机等方面进行了大量研究,其成果已应用于多型号发动机。

欧洲在 20 世纪 90 年代,成功研制出直径为 3.05 m,装药量为 240 t 的阿里安-5 固体助推器。法国在圭亚那建设了先进的大型装药、总装厂,成功研制出推进剂连续混合设备。

欧洲航天局研制了三级固体运载火箭"织女星"(Vega),三级发动机都采用了碳纤维壳体、丁羟推进剂、柔性喷管以及低成本高性能的喉衬材料。其中第一级发动机直径为 3 m,装药量为 88 t,是至今世界上装药量最大的整体级固体发动机,织女星火箭于 2012 年 2 月 13 日首次发射成功。

法国研制的 M51 潜地战略导弹为三级固体发动机,第一、二级直径为 2.3 m,第三级直径为 1.15 m,采用碳纤维壳体、柔性喷管以及丁羟推进剂等,已飞行成功,开始装备部队。

欧洲联合研制的固体火箭冲压发动机为动力、流量可调的远程空-空导弹流星(Meteor),飞行试验已成功,开始批量生产。

欧洲关于钝感低易损推进剂的研制起步早、进展快,制定了配套的试验标准。法国也研制出 NEPE 推进剂。德国研制了双脉冲固体发动机,进行了飞行试验。荷兰在硝仿肼研制中一直处于国际领先水平。

日本是固体推进技术发展比较快的国家之一,吸收美国有关技术后,成功研制出 H2 系列固体助推器和 M5 固体运载火箭,制定了继续推进 M-V 计划,希望使火箭在快速发射、低成本上取得更大进展。

近 20 年来,印度的固体推进技术发展迅速,研制了直径为 3.2 m、长为 25 m、分三段、装药量为 200 t 的大型固体助推器。同时,按联合制导导弹发展计划(1GMDP)研制了烈火 1~5 地-地固体系列导弹、K15 潜射固体导弹以及 PAD 防空系列导弹,印度的固体推进技术水平和研制生产能力目前都已达到了很高的水平。

近 20 年来,中国根据国家航天技术的发展规划和武器装备的需求,固体推进技术取得了快速发展,技术水平不断提高,主要体现在以下方面:

(1)以固体火箭发动机为动力的地-地导弹形成了近、中、远、洲射程系列型号,防空导弹形成了近、中、远射程和低、中、高空域的系列导弹,以及各种射程的空-空、空-地、空-舰和各种射程和用途的战术火箭等。成功研制了通信卫星、气象卫星远点发动机、运载火箭的上面级发动机以及载人运载火箭的逃逸救生火箭等。

(2)单项技术方面:HTPB,NEPE,XCDB 及无烟少烟等推进剂广泛应用,有机纤维、碳纤维壳体,EPDM 绝热层,多维编织 C/C 喉衬,以柔性、珠承全轴摆动喷管为代表的推力向量控制技术等都已成功应用。发动机地面标准比冲达 $2\,400 \sim 2\,499$ N·s/kg,真空比冲 $2\,842 \sim 2\,920$ N·s/kg,发动机质量比达 $0.91 \sim 0.93$。

(3) 新技术、新材料研究不断取得新进展,多脉冲固体发动机、推力可调固体发动、固体姿轨控发动机和固体火箭冲压发动机等已突破技术关键,开始工程应用。燃烧及稳定性研究,流场研究,药柱结构完整性研究,发动机贮存寿命、可靠性及安全性研究,新型高能物质合成及制造以及新型功能助剂的研制和应用都取得了重大进展。

综合国内外的发展情况可以看出以下两点:

(1) 世界各国航天运载或导弹武器的研究不断发展,近 20 年继续研制了一批高性能的固体发动机或采用新技术、新工艺的发动机。中国、印度等国固体推进技术发展迅速,水平和能力不断提升。

(2) 为了保持固体推进技术的持续发展,有关国家制定并开展了专项计划,组织力量开展预先研究、技术攻关和集成演示试验,并取得重大进展。

1.3 固体火箭发动机的基本组成和工作过程

1.3.1 基本组成

固体火箭发动机一般由安全点火装置、燃烧室壳体、内绝热层、装药、喷管扩张段、推力向量控制机构、推力中止装置等部件组成,见图 1-3。

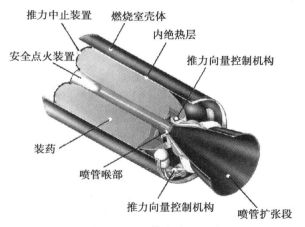

图 1-3 固体发动机组成

安全点火装置包含安全保险机构和点火装置。安全保险机构一般情况下处于保险状态,可阻断由机械、热、电等引起电爆管或发火管发火的火路,不使发动机点火。当接到打开指令时,安全保险机构由保险状态转换到工作状态,使火路畅通。当起爆管或发火管通电发火时,即可点燃点火装置和发动机。安全点火装置视发动机具体结构特点,可位于发动机头部或尾部。有些中小型发动机可不设计安全机构,主要采用钝感火工品等措施确保点火安全。

燃烧室壳体是发动机的主要承受力部件,往往也是弹、箭体的组成部分。它要承受燃烧室内压,发动机在贮存、运输、起吊、发射和飞行中的各种外载荷和喷管向量控制,反向喷管打开对壳体及其连接区域的作用载荷。壳体一般由高强度、超高强度钢、铝合金、钛合金或高强纤维/树脂复合材料缠绕制成,要求承载能力高、质量轻以及工艺性好。

内绝热层黏结于燃烧室内壁,防止燃烧室壳体在高温、高压以及高速燃气作用下产生过高温度和烧蚀。当前,常用的内绝热层材料以丁腈橡胶、三元乙丙橡胶和硅橡胶等为基体,加入二氧化硅、纤维等填料和一些其他组分制成,还有高硅氧酚醛、碳酚醛等制品。在燃烧室不同部位,视工作条件不同,将其设计成不同材料或不同厚度。一般要求内绝热材料导热系数低、烧蚀率低、密度低并满足一定的力学性能、黏结性能和工艺要求。

装药是固体推进剂按所设计的药型,采用严格的工艺在燃烧室中直接浇铸成形的,或在专门模具中成形。装药在发动机燃烧室中有规律地燃烧,使化学能转化为热能和动能,产生的推力规律符合设计要求。装药结构还要在固化降温、环境温度变化、贮运、发射、飞行和工作压强等条件下保持完整。

衬层位于燃烧室装药与绝热层之间,主要起黏结作用。一般来说厚度只有 $0.6 \sim 1$ mm,但具有十分重要的作用,影响界面的黏结可靠性和燃烧室的贮存寿命。

大多数固体发动机装药都在其前、后端或一端设计有人工脱黏结构,用来降低推进剂固化降温、环境温度变化和发动机工作过程中产生的过大局部应力。

喷管是将装药在燃烧室中燃烧产生的高温、高压燃气,经喷管膨胀加速排出产生推力的重要部件。它对热防护、抗烧蚀、热结构设计及采用的材料要求很高。喷管的推力向量控制方案,目前世界各国主要采用结构轻、工作可靠性高的柔性全轴摆动方案,也有采用珠承和球窝全轴摆动喷管方案的,早期的单轴四喷管摆动、液体或燃气二次喷射方案已很少应用了。

推力向量控制机构用来驱动和控制喷管按一定角度或角速度摆动,有电动式、电液式和燃气涡轮泵增压式等。

有些发动机喷管受长度或结构限制,将喷管一部分潜入燃烧室中,或将扩张段设计成可折叠和展开延伸式等。

有些发动机为满足导弹不同射程要求,需在发动机上设计反向喷管或泄压装置。它们按指令打开后,使正推力为负或很低,以提供较好的分离条件。

中远程导弹采用的大型发动机,为了防止导弹因飞行故障对航区落点产生重大影响和损失,往往要求固体发动机设计自毁系统。当接到自毁指令时,可将发动机燃烧室壳体切开或部分壁厚切开,使发动机泄压,导弹终止飞行。

1.3.2 工作过程

固体火箭发动机的工作过程如下:

(1)电发火管通电:采用地面或弹上电源给电发火管通电,电压一般为(27 ± 3)V,单个电发火管电流大于 5 A。

(2)点火药盒或点火发动机工作:电发火管将点火药盒或点火发动机点燃,其工作时间一般小于 0.3 s,点火压强为 $7 \sim 10$ MPa。

(3)燃烧室药柱被点燃,其化学能转换为热能:点火药盒的火焰将燃烧室药柱的某局部表面点燃,然后火焰向药柱整个表面迅速扩散,由于火焰扩散速度可达每秒千米以上,可视为整个药柱表面被瞬时点燃；药柱点燃后，在燃烧室内形成高温（$T \approx 3\,500\ \text{K}$）、高压（$p \approx 5 \sim 20\ \text{MPa}$）燃气，使药柱中贮存的化学能转换为热能。

（4）燃气流经喷管以超声速气流喷出，使热能转换为动能，形成火箭向前运动的推力。燃烧室中的高温高压燃气流经喷管时，燃气在喷管收敛段收缩后被加速，燃气在喉部加速至声速，然后在扩张段急剧膨胀，燃气压强和温度下降而气流速度剧增，在喷管扩张段出口的燃气速度可高达 $3 \sim 4\text{Ma}$，使热能最大限度地转换为动能，形成推力推动火箭向前运动。

固体火箭发动机能量转换过程如图 1-4 所示。

图 1-4 固体火箭发动机能量转换过程

1.4 固体火箭发动机的特点

1.4.1 固体火箭发动机的主要优点

（1）结构简单：与其他直接反作用式喷气推进动力装置相比，这是一个最大、最基本的优点。固体火箭发动机零部件的数量最少，且部件的结构形状也并不复杂。同液体火箭发动机相比，固体火箭发动机结构简单，质量较轻，制造容易，成本较低，且除了喷管的推力矢量控制装置以外，它没有转动的部件。

（2）使用方便：固体火箭发动机是预先装填好的完整的动力装置，且结构简单，日常维护、运输比较方便，可以装在车、船或飞机上，机动性很好，发射工作也很简单，只要接通点火电源就可以起动。因此，固体火箭发动机得到了广泛的应用。

（3）能长期保持战备状态：装填好的固体火箭发动机可以长期置于发射架上或发射井内，根据需要可随时进行发射，这对于武器装备，特别是对防御性武器来说，是一个突出的优点。

（4）工作可靠性高：任何一个系统，其整体的可靠性等于各个部件的可靠性的乘积，零部件越少，其可达到的可靠性就越高。正是由于固体火箭发动机的结构简单、零部件少，因此出现故障的机会就少，具有较高的可靠性。统计数据表明，在 15 000 次各种型号的固体火箭发动机试验中，其可靠性达到了 98.14%，这对于高性能的动力装置来说，是一个很高的数字。

（5）质量比高：固体火箭发动机结构简单，且固体推进剂的密度较大，故可使固体火箭发动机的体积缩小；高强度材料的应用，使发动机的壳体质量大为减小，因此固体火箭发动机可以获得比较高的质量比。质量比是指推进剂质量与发动机（包括推进剂）总质量之比。质量比越高，对于提高火箭飞行器的总体性能越有利。

另外，固体火箭发动机可以在高速旋转的条件下工作，可确保飞行器稳定旋转。

1.4.2 固体火箭发动机的主要缺点

（1）比冲较低：与液体推进剂相比，固体推进剂的比冲较低，目前局限于 3 000 m/s 以下。从双基推进剂到复合推进剂或改性双基推进剂，海平面比冲在 2 000 ～ 2 500 m/s。液氢＋液氧推进剂比冲为 3 880 m/s；液氟＋液氢推进剂比冲为 4 100 m/s（理论值）。因此努力寻找提高固体推进剂比冲的新途径,是发展固体火箭发动机的主要目标。

(2) 工作时间较短:固体火箭发动机工作时间较短,主要有两方面的限制:① 通常不对受热部件进行冷却,在高温、高压和高速气流条件下只能短时间工作。虽然可以采用耐热材料和各种热防护措施,但工作时间仍受较大限制。② 受装药尺寸的限制,燃烧时间不能太长。固体火箭发动机最适宜于短时间大推力的任务,最短在 1 s 以下,甚至以毫秒计。因此,时间过长的工作任务是不适宜于固体火箭发动机的应用的。

(3) 发动机性能受气温影响较大:固体推进剂的燃速随着外界环境温度(即装药初温)的变化而变化,使发动机的性能(如燃烧室压强、推力方案及药柱力学性能等)也随之发生变化。夏季高温,发动机推力增加,工作时间缩短;冬季低温,推力减小,工作时间延长。对于发动机性能参数的这种变化,必须采取一定的措施,才能使其满足某些规定任务的要求。目前已研制出燃速对初温敏感系数很小的固体推进剂,使这一缺点在很大程度上得以克服。

(4) 可控性能较差:固体火箭发动机一经点燃,不能随意熄火和再起动,只能按照预定的推力方案工作,直至燃烧结束。因此固体火箭发动机很难根据临时的需要人为地调节推力的大小,或实现多次重复起动。在推力方向的控制方面,目前已有一些切实可行的方案,如:摆动喷管、柔性接头以及二次注射等。

(5) 保证装药稳定燃烧的临界压强较高:对于双基推进剂,其燃烧临界压强为 $3 \sim 6$ MPa,对于复合推进剂,其燃烧临界压强为 $1.5 \sim 2$ MPa。否则,固体推进剂就不能正常或稳定燃烧。这样就必然会增加发动机的负荷,从而增大发动机的消极质量。

固体火箭发动机的这些缺点,必然会影响它的发展和使用。但是,随着科学技术的发展,可以逐步减少甚至消除这些缺点的影响,或者利用其优点来弥补其缺点,因此固体火箭发动机的整体性能仍在不断提高,使固体火箭发动机成为应用最广泛的火箭发动机之一。

1.5　固体火箭发动机的应用范围

1. 作为动力装置,广泛应用于各种类型火箭导弹的推进

在中近程火箭和导弹中,包括各种无控火箭、反坦克导弹,地-地、地-空、空-空、空-舰、舰-空和舰-舰导弹,都采用固体火箭发动机,对于需要两级推力的导弹,可以采用两级发动机:① 大推力、短时间的起飞发动机;② 小推力、长时间的续航发动机,也可采用单室双推力的固体火箭发动机。

2. 作为主动力装置,在宇航中的应用不断增加

固体火箭发动机可以达到很高的质量比,有利于减轻质量,常用作空间任务的末级轨道发动机或卫星运载的远地点发动机,作为空间任务的典型实例是美国的航天飞机,它采用两台大型固体火箭发动机作为起飞助推器。

3. 作为辅助动力装置,广泛用于航空和宇航领域

固体火箭发动机可以使飞行器获得一定的速度增量,以校正轨道或导弹的飞行弹道;也可用来产生反推力,使飞行器减速着陆,或多级火箭级间分离;飞机起飞时,采用固体火箭发动机作为起飞助推器,可以缩短起飞滑跑距离或增加起飞质量;由于固体火箭发动机起动迅速,常用作飞行救生、弹射座椅的应急动力装置。固体火箭发动机作为辅助动力装置,将广泛地应用

于航空和宇航领域。

1.6 固体火箭发动机技术的发展动向

固体火箭发动机技术在以往的几十年中取得了巨大的进展,特别是 20 世纪 80 年代以来,随着战略导弹固体化和固体火箭发动机在航天领域内的广泛应用,固体火箭发动机技术取得了全面发展和进一步的完善,并进入一个更快的发展阶段。其总趋势是进一步提高性能、减轻质量、降低成本、延长工作寿命、提高费效比和工作可靠性。不同的发动机其发展重点会有所不同,例如,战略导弹用固体火箭发动机向小型化、机动化方向发展;航天飞机用固体助推器向超大型化、高可靠性方向发展;战术导弹用固体火箭发动机向模块化、标准化、通用化、多样化、高性能和强环境适应性的方向发展;等等,从以下方面具体阐述。

1.6.1 固体火箭发动机设计技术的发展

如前所述,固体火箭发动机的主要组成包括燃烧室壳体、主装药、点火器和喷管四大部件,其中发动机总体设计技术、固体推进剂主装药的配方及成形工艺、壳体材料及制造工艺、喷管设计及其材料与制造工艺等是最为关键的环节,直接影响固体火箭发动机的性能。因此,固体火箭发动机设计技术的发展动向主要包括发动机总体设计技术、主装药设计技术、燃烧室壳体设计技术及喷管设计技术等方面。

1.发动机总体设计技术

对固体战略导弹弹道进行仿真计算,结果表明,一、二、三级固体火箭发动机的结构质量每减轻 1 kg,导弹射程相应地增加 0.6 km,3 km,16 km 左右,因此,减轻发动机的整体结构质量是发动机设计者追求的目标之一。

(1)继续提高发动机比冲:主要采用更高能量的推进剂,提高发动机工作压强,增大高空发动机膨胀比。在发动机总体设计中,选择合适的参数和构型,以提高装药的装填系数、燃烧效率和喷管效率。

(2)继续提高发动机质量比,选用比强度、比刚度高的材料,或防热、抗烧蚀性好的材料。通过精细化设计和制造,以实现轻质可靠。

(3)提高发动机的使用性能:如发动机工作环境适应性、安全性、耐用性、可靠性和维护保障性等;开展复杂使用环境,极端温湿度,各种力、热、电磁、海洋等各种载荷环境研究和产品的环境设计;开展发动机安全性研究、安全性设计和安全规范制定等,低易损性发动机研究、试验和设计;开展固体发动机老化机理、破坏模式、寿命预示、健康监察和寿命设计等研究。这是一项工作量大、技术难度高、周期长、投资大的项目,也是必须持续开展研究的项目。

(4)进一步开展多脉冲,推力大小可调节,高性能固体姿控,轨控,高速、高加速等发动机研究及应用;进一步开展固-液、固体火箭冲压、固体燃料冲压、固体水冲压、固体涡轮冲压、膏体等发动机研究,拓宽固体推进技术应用领域。

(5)数字化设计和仿真技术是发动机设计现代化、精细化的发展方向。进一步加强基础研究,完善理论分析和建模,使发动机工作过程、结构造型、各种工作和环境载荷、贮存老化及安全性等方面都能较精确地计算、预示和仿真。

近年来,国内外发动机设计者正在进行整体级固体火箭发动机结构概念(Integrated

Stage Concept,ISC）的研究。整体级发动机是将各级固体火箭发动机组合成一个整体，取消级间段，目的是减少结构部件、缩短飞行器的长度。采用整体级结构发动机的飞行器，其射程比相同体积的常规结构增加 20% ～ 30%，比相同质量的常规结构增加 5% ～ 10%。实现整体级发动机的技术方案有多种形式。例如，将下级发动机的前封头藏在上一级发动机喷管的出口锥内，将上一级发动机的喷管和后封头藏在下一级发动机的反向前封头内，等等。但是不管采用哪种技术方案，都需要解决相应的新概念、新技术等问题，例如反向封头的材料、最佳形状等问题。

2. 主装药设计技术

为了进一步提高装填密度，减少余药和应力集中，近年来研制的大型战略导弹用固体火箭发动机广泛采用三维结构装药设计（如翼柱型、锥柱型等），三维结构装药设计是装药设计技术发展的主要方向之一，但三维结构装药设计导致了药柱通道内复杂的燃气流动问题，因此三维流场分析成为固体火箭发动机流场分析的主要方向之一。

在提高装填密度、减少余药和应力集中的同时，避免侵蚀燃烧的出现也是发动机设计者所关注的主要问题之一，因此，装药设计应根据发动机的具体结构、任务用途等的不同进行相应的调整。例如，对于长径比很小的航天器上面级固体火箭发动机，可采用头部满装药的柱槽或锥槽型药柱；对于长径比很大的大型航天固体助推器，多采用分段式装药设计，且不同段可采用不同的药柱结构，以适应工艺制造的需要。

战术导弹用固体火箭发动机的装药设计多以星型为主，但已明显向高装填密度的药型过渡，且常采用组合药型，如端面燃烧型与星型组合、圆柱型与圆锥型组合等，以实现既可改变推力方案又能保持高性能的目的。

小型军用航天固体助推器、末修末敏固体发动机等多采用单根或多根管状装药，以满足快速点火、减少侵蚀燃烧和降低碎药率等的设计要求。

发动机内绝热层在惰性质量中所占比例较大。为优化设计，采用低密度、耐烧蚀、低导热的内绝热材料，如目前大量使用的三元乙丙绝热层；低残渣、耐烧蚀、抗冲刷绝热层；富氧气氛中长时间耐烧蚀、隔热性能好的固体冲压补燃室轻质绝热层，如有机硅绝热层等；低特征信号绝热层；等等。

衬层是装药和绝热层间的黏结层，虽然厚度很小，但其对黏结性能、工艺性能、贮存性能要求很高，对发动机的工作可靠性和贮存寿命影响较大。衬层配方及工艺应与推进剂配方进行一体化设计，开展界面形态、破坏机理、影响因素、性能表征及测试方法研究，以进一步提高衬层及相关界面的黏结性能。

3. 燃烧室壳体设计技术

为了减轻发动机整体结构的质量，在燃烧室壳体设计中采用新的结构材料和热防护材料，是壳体设计发展的主要方向，也是改善发动机整体质量特性的基本方向。例如，采用高比强度纤维缠绕复合材料（该材料主要由高强度、高模量、低密度的有机纤维和高性能的树脂结合而成）作为燃烧室壳体材料，可使发动机的质量比达到先进水平。据报道，美国三叉戟-Ⅰ和 MX 导弹的第一级发动机上采用了凯芙拉（Karlar）纤维复合材料，使发动机质量比分别达到了0.91 和 0.925。20 世纪 80 年代美国研制的高强度碳纤维的比强度又比凯芙拉纤维高出约21%，因而三叉戟-Ⅱ D-5 导弹的第一、二级和航天飞机助推器都采用了这种材料。目前美国研制的聚丙烯基纤维和聚乙烯纤维的比强度又有了较大幅度的提高。

　　国内的先进发动机也在大量使用高强度碳纤维缠绕壳体,典型碳纤维和有机纤维的主要性能见表 1 - 1。

表 1 - 1　典型碳纤维和有机纤维的主要性能

序号	材料	纤维抗拉强度 /MPa	模量 /GPa	密度 /(g·cm⁻³)	断裂伸长率 /(%)
1	T300HK,3K,6K,12K	3 530	230	1.76	1.5
2	T400 - 1K	4 410	250	1.80	1.8
3	T700	4 900	230	1.80	2.1
4	T800	5 490	294	1.81	1.9
5	T1000	7 060	294	1.82	2.4
6	PBO	5 800	280	1.56	2.5
7	有机纤维 K - 49	3 620	120	1.45	2.5
8	APMOC	4 116 ～ 5 600	140	1.45	3 ～ 3.5
9	F3,F3A	4 200 ～ 4 400	120 ～ 145	1.45	2.8 ～ 3.6

　　战术导弹用固体火箭发动机大多采用高强度合金钢(如 D6AC 钢、D406A 钢以及马氏体时效钢等)或钛合金材料,目前正在发展合金钢材料和纤维缠绕材料的复合壁壳体。

4. 喷管设计技术

　　为了提高发动机的比冲,除了采用高能推进剂以外,改善高温燃气在喷管内的流动过程以降低性能损失也是喷管设计技术发展的重要方向。

　　(1)增大第二、三级火箭发动机喷管的面积比,使燃烧产物的热能在喷管中更多地转变为动能。为了满足高空发动机喷管大面积比的要求,20 世纪 60 年代后期,美国就开始研究大面积比的可延伸式喷管。这种喷管在不使用时可把喷管的一部分收缩起来以适应火箭发动机尺寸的限制,在使用时,收缩的部分迅速打开,以增大喷管的面积比。据报道,某上面级固体火箭发动机采用了两节套筒式可延伸喷管,使面积比由原来的 47.6 增大到 175.2,使比冲增加了 156.8 m/s。

　　(2)改进喷管型面的设计方法,降低扩张损失和二相流损失。在改进喷管内燃气流动过程、提高喷管性能的同时,喷管部件设计的另一趋势是简化结构、减小质量、提高耐烧蚀性和可靠性。为了提高喷管喉部的耐烧蚀性能,在抗烧蚀材料方面,常采用多晶石墨、热解石墨以及难熔金属等作为喉衬材料。20 世纪 70 年代,C/C 复合材料的出现给喷管结构设计带来重大改革。目前,大型战略导弹采用轻质、耐烧蚀的 C/C 复合材料制成的潜入喷管和可延伸喷管,可大大减小喷管结构质量,降低喷管喉部烧蚀率。

　　20 世纪 80 年代初期,战术导弹无喷管发动机技术的出现也引起了研究者的广泛注意。计算表明,经过合理设计,无喷管发动机的比冲可达有喷管发动机比冲的 90%,总体性能提高 10%,研制成本可降低 10% ～ 20%,但无喷管发动机的许多理论和关键技术有待于进一步研究。

1.6.2　固体推进剂的发展

　　固体推进剂的发展与火箭发动机的特定任务有关。例如,战略和战术导弹用的火箭发动机中的固体推进剂，其技术要求重点有所不同；对于航天用固体火箭发动机中用的固体推进剂，因为它处于特殊的真空环境中，所以对它也有特殊的要求。一般而言，为了适应不同需要，固体推进剂的发展主要由下面 3 个指标来确定。

1. 能量指标

固体推进剂的能量指标主要是指它的爆热、比冲和体积比冲。理想的固体推进剂不但具有高的比冲，还具有大的密度。20 世纪 50 年代以后，由于研制了聚硫、聚氨酯及聚丁二烯等固体推进剂，固体推进剂的比冲有了明显提高，从 1 950 m/s 逐步提高到接近于 2 450 m/s。到了 20 世纪 70 年代后期，美国赫克里斯公司研制成功、目前正得到迅速发展的硝酸酯增塑的聚醚型 NEPE 推进剂已具有较高的能量、较宽的温度适用范围和良好的低温延伸率。其密度可达 $(1.85 \sim 1.86) \times 10^{-3}$ kg/cm³，燃烧效率高达 96%，燃速在 $5 \sim 30$ mm/s 内可调，在温度为 313 K 下使用寿命长达 25 年，理论比冲比端羟基聚丁二烯复合推进剂高 10%；缩水甘油叠氮化物预聚醚型推进剂具有更高的能量、更低的危险性和大范围燃速可调的特点，且能消除氯化氢尾烟，同时具有原材料来源可靠、制备方法简单等优点。因此对于高性能、高燃速的脉冲发动机和低燃速、长时间工作的燃气发生器来说，GAP 推进剂具有广泛的用途。

2. 使用性能

固体推进剂的使用性能通常是指推进剂的力学性能、防老化性能、工艺制备性能、无烟、无毒、对温度和振动的敏感性等。例如，对于战术导弹用固体火箭发动机而言，无烟和燃烧产物不产生强烈的红外线就是一项重要的要求。目前，为了提高武器的生存能力和命中精度，减轻环境污染，无烟或微烟固体推进剂的研究工作得到了大力发展。

固体推进剂无烟化的主要途径之一是采用改性双基体系（如复合改性双基、交联改性双基和复合双基等），添加硝胺炸药奥克托金和黑索金以提高比冲，添加高分子黏合剂以改善低温力学性能。

当前，实现复合推进剂少烟化的主要途径是降低铝粉和过氯酸铵的含量。

3. 燃烧性能

固体推进剂的燃烧性能通常是指推进剂的燃速、临界压强以及与点火、熄火、不稳定燃烧等有关的性能。

飞行器的巡航、速度助推、制动、分离、逃逸和纠偏等，通常要求固体推进剂具有很宽的工作范围，有的则要求推进剂具有极低或极高的燃速，这些都是推进剂研究工作需要解决的问题。

基于上述指标，当前固体推进剂的发展趋势是，根据固体火箭发动机任务的需要，重点突破，兼顾其他指标，如近期发展的方向有高能推进剂（着重突破能量指标）、高燃速推进剂（着重突破燃烧性能）、无烟推进剂（着重突破使用性能）。总之，固体推进剂逐渐向能量指标、使用性能以及燃烧性能各方面的综合改进方向发展。

1.6.3 发动机可控能力的改善

固体火箭发动机的一个主要缺点是可控能力差，很难适时控制。因此，改善它的可控能力成为固体火箭发动机技术发展中的重要课题。需解决的问题主要包括以下几点。

1. 推力方向控制

为了保证飞行器按规定的轨道飞行,必须对其进行制导或控制,同时为了在飞行过程中补偿飞行干扰(例如风等)和固体火箭发动机本身的误差(如推力偏心、质心飘移等),也需要对飞行器进行控制。为了实现对飞行器飞行稳定性、机动性和姿态的控制,其必要条件是产生一个能改变飞行器机动性和姿态的控制力矩,这就是推力方向控制的任务。

推力方向控制的种类很多,其中最通用的是机械式可动喷管和二次喷射。

在机械式可动喷管系统中,柔性接头喷管、液浮轴承／摆动密封喷管均具有代表性,它们取代了过去的燃气舵、偏流环等,获得了相当广泛的应用。对于多喷管发动机,则可采用单向摆动喷管或滚动喷管,以实现对推力方向的控制。固体火箭发动机技术的进一步发展,要求研制出更轻、更可靠、成本更低的推力方向控制系统。20 世纪 70 年代后期,美国出现的全碳-碳"热球窝"摆动喷管具有结构简单、质量小、摆角大等优点,是一种很有前途的推力方向控制系统。

在二次喷射推力方向控制方法中,主要有两种途径:一是在喷管扩张段加入二次射流,通过激波诱导进行方向控制;二是在喷管的喉部加入二次射流以避免激波的产生,并在实现相同的推力方向偏角时减小推力的损失。

2. 推力大小控制

如果说推力方向控制是对固体火箭发动机可控性的最基本要求,那么实现推力大小控制则是对固体火箭发动机可控性的重大突破。目前已经研究和正在研究的推力大小控制方案主要有:① 脉冲调制式,即多个脉冲发动机按需要使其中一个或多个工作,以调节推力大小;② 燃气流量调节式,即利用不同燃速、不同形状和尺寸的推进剂组成的药柱,并按照事先规划好的顺序进行燃烧,可以得到规定的推力-时间曲线,利用针栓等执行机构改变发动机喷管喉部截面积来调节推力大小,利用燃气发生器向发动机中引入燃气以改变推力大小;等等。总之,要求固体火箭发动机根据飞行情况适时地改变推力,这是一个非常困难的任务,还有很多具体问题有待解决。

3. 多次启动技术

欧美各国早就进行了固体火箭发动机多次启动工作的研究,提出过多种方案,如自燃液体控制型(如固-液混合发动机)、阀门控制型(如膏体推进剂脉冲发动机)、喷喉面积控制型(如喉部调节锥式发动机)、盐熄火与水熄火控制型(即阻燃剂熄火式脉冲发动机)、预制隔离装置型(即多脉冲发动机)等。上述方法均有利弊,各自适合于不同用途的发动机。具有多次启动功能的固体火箭发动机有着广泛的应用前景,特别是用在航天飞行器上。因此,得到结构简单、工作可靠而又能多次启动和熄火的固体火箭发动机,是固体火箭技术发展中有待解决的问题之一。

近年来,多脉冲固体火箭发动机已经在国内外广泛使用,其大部分为双脉冲形式。该种形式的发动机实现了固体发动机以预先设计的工作模式进行工作,可对脉冲间隔时间进行调节,从严格意义上讲,只是部分实现了多次启动。

1.6.4　发动机燃烧理论与诊断技术的发展

1. 燃烧理论及实验研究

近年来,固体火箭发动机的燃烧问题,无论在稳态燃烧、瞬态过渡燃烧、不稳定燃烧、燃烧加速度效应、燃烧转爆轰和金属添加剂的燃烧等方面,还是在理论和实验方面都进行了大量的研究,并取得了很大的进展。

研究推进剂稳态燃烧机理的主要方式是建立各种简化的稳态燃烧模型,以探索推进剂的可燃极限、燃烧规律、燃速与压强等因素的依赖关系和燃烧效率等,进而得出一些工程上实用的计算公式,但对于火焰在燃烧面上的分布和催化剂对燃烧性能的影响等问题,仍有待于进一步研究。

在不稳定燃烧方面,相关人员对线性声不稳定燃烧的研究做了大量的工作,如声波运动的线性分析、声增益和声阻尼的相互作用、非声不稳定性以及声不稳定燃烧的线性理论预估等。同时,研究发动机燃烧不稳定性的实验装置和测量技术也有很大发展,如 T 形燃烧室、旋转阀、调制喷管、阻抗管、燃烧器、微波装置和激光装置等,但对非线性声不稳定燃烧的研究还不是很成熟。

对于点火或压强急升、熄火或推力中止以及反向喷管打开等瞬态过渡燃烧过程,在机理、实验观测、理论模型及各种参量对过渡燃烧过程的影响等方面都进行了许多研究工作,但到目前为止,对于这些瞬态过渡燃烧的了解与分析程度仍然是有限的。对于推进剂的点火化学动力学过程、点火延迟、火焰传播、多相体耦合传热传质以及点火期间发动机压强形成速率、发动机熄火过程动力学等方面也缺乏足够的认识。

此外,为了改善发动机的燃烧过程,合理选择燃烧室工作压强及燃烧室的体积装填密度,成为提高固体推进剂燃烧完全程度、保持较高质量特性的手段之一。

2.燃烧诊断技术

固体火箭发动机燃烧诊断的主要任务是采集能反映发动机工作进程的各种信息,主要有固体推进剂各燃烧反应区的压强、温度、速度、浓度及其随时间的分布,火焰峰的位置与传播速度,火焰结构与反应流场的显示,粒子尺寸分布,固体燃料燃烧表面与亚表面状况及其化学结构,燃烧产物的温度分布、组分浓度与信号特征等。近年来,先进的、不干扰流场的、快速响应的实验诊断技术的发展,为固体推进剂燃烧机理等的研究提供了有效手段。利用这些技术手段,可以测量固体推进剂燃烧表面附近及整个流场内的火焰结构和特性,使定量测量燃烧流场内各处参量的数值成为可能,而且具有较高的空间和时间分辨率。

常用的燃烧诊断技术有探针法(热电偶温度探针、气动式速度探针、气体取样探针等)、普通摄影／摄像法(高速摄影／摄像、电影显微摄影)、干涉量度法(全息摄影、纹影法、阴影法等)、光谱法(辐射计法、红外吸收法、质普法等)、电子能谱法(X 射线光电子能谱等)、粒子尺寸分析法(显微镜、马尔文粒子分析仪等)、流速测量法(激光多普勒测速仪 LDV、相位多普勒粒子分析仪 PDPA、粒子成像测速仪 PIV、平面多普勒测速仪 PDV、分子示踪测速仪 MTV、全息粒子成像测速仪 HPIV 等)、燃速测量法(稳压式燃速仪、密闭燃烧器、声发射、微波法、超声波法、X 射线法等)以及燃烧导纳测量法(T 形燃烧器、旋转阀、阻抗管等)。随着现代实验技术与光电仪器设备的迅速发展,各种新的诊断方法层出不穷,上述技术可以用于发动机点火和熄火等瞬态燃烧现象的研究、二相反应流和燃烧不稳定性研究、检测大型药柱的缺陷、裂纹和脱黏以及研制各种先进的推进装置等,因此成为发动机燃烧研究的重点发展方向之一。

今后,在固体推进剂燃烧理论研究方面,应向着建立更真实的燃烧模型的方向发展,上述先进的燃烧诊断技术必将有助于其开发和研究。

1.6.5　发动机计算机辅助设计与仿真技术的发展

计算机技术已广泛应用于固体火箭发动机的设计工作中。例如,技术论证、方案选择、参数优化、部件设计和性能预估等。计算机技术的应用使发动机设计做到了最优化、程序化、模块化以及自动化等，明显提高了其设计质量和效率，大大缩短了研制周期，降低了研制成本，提高了发动机的可靠性。

在计算机辅助设计方面，20 世纪 80 年代，国外就出现了用于热力计算、气动计算、传热计算和飞行器总体方案初步选择等较完整的单项或总体计算程序。例如，1981 年美国推出的固体火箭发动机优化设计程序 SPOC，可通过分别调节 36 个参数（如药柱结构和尺寸、壳体和装药结构、推进剂配方和燃速等）来实现发动机质量、总冲、冲质比和排气速度中任何一个参数的优化；1987 年法国推出的固体助推器使用的计算机辅助初步程序 PAPAO 和固体火箭发动机装药设计使用的计算机辅助设计程序 MIDAP；20 世纪 90 年代末期由西北工业大学航天学院推出的固体火箭发动机计算机辅助设计专家系统；等等。今后的计算机辅助设计将朝着考虑的参数更多、功能更全、运算速度更快、计算精度更高以及集成性、可视化、交互性和用户友好性更好的方向发展。图 1－5 为固体火箭发动机综合设计平台。

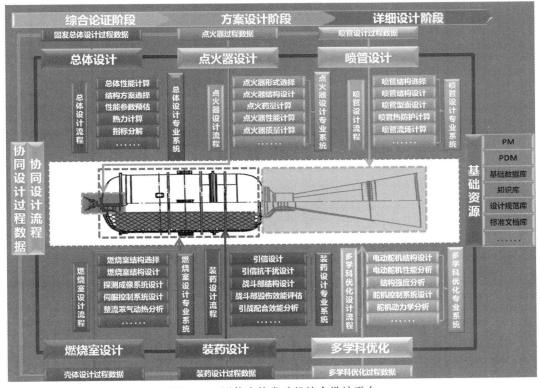

图 1－5　固体火箭发动机综合设计平台

在发动机性能仿真方面，包含发动机内、外流场仿真计算程序，发动机理论性能和实际性能的预估等，其作用是用输入参数和约束条件模拟发动机的工作条件，通过数值计算，预示发动机的性能和工作效果。图 1－6 为固体火箭发动机综合仿真试验及验证平台。

对于发动机内流场计算，从不可压到可压、从定常到非定常、从零维到多维、从无黏到有黏、从单相到多相不断发展，而大型固体火箭发动机复杂的三维燃面退移边界形成的燃气流动需要用三维、多相、黏性、非定常流的复杂数值仿真才有希望获得有效的结果。目前，流场数值仿真计算软件正向着内、外流场计算一体化的方向发展，并在计算模型中考虑到所有的效应（激波效应、黏性混合效应、化学动力学效应以及两相流效应等），建立全耦合的计算模型。

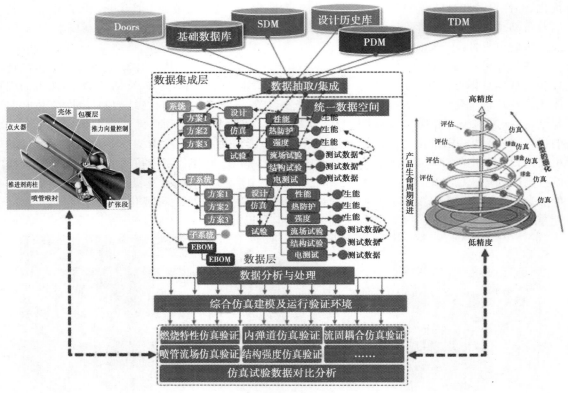

图 1-6　固体火箭发动机综合仿真试验及验证平台

对于发动机的性能预估,美国空军火箭推进实验室在 1975 年推出了著名的 SPP 程序,经修改,发展成为美国火箭发动机性能预估的标准参考程序。该程序采用了一系列经验或半经验公式,估算出每项独立的损失系数,以将发动机的理论性能修正为实际性能。经验证,SPP 对发动机比冲和推力(总冲)的预估精度相当高,其预估值和实验值的相对误差可分别小于 ±0.5% 和 ±0.3%。

20 世纪 80 年代以来,各国从不同的角度对金属推进剂发动机、无喷管发动机和固体冲压发动机等的性能进行了大量的数值仿真研究,取得了可喜的成果。此外,多年来,国内外还对大型固体火箭发动机进行了相似理论和相关性研究,包括燃速相关性、烧蚀相关性、能量相关性以及缩比发动机的模拟技术等。

计算机技术在实验测量数据的处理方面也取得了很大发展,稍具规模的实验室都配备有小型计算机或与大型计算机连接,以对测量参数和实验过程进行实时处理。

上述各方面的工作正在蓬勃开展,并与计算机图形显示技术和相应的实验研究相结合。展望未来,随着实验研究和设计计算方法不断取得新成就,必将更好地促进固体火箭发动机的发展。

第2章　固体火箭发动机参数

表征固体火箭发动机性能和工作质量的基本参数有推力、喷气速度、流率、特征速度、推力系数、工作时间、总冲和比冲等,基本参数的影响因素较多,各因素之间又相互联系。

2.1　推　　力

推力是火箭发动机的一个主要性能参数,飞行器依靠发动机的推力起飞加速,克服阻力,完成预定的飞行任务。

火箭发动机的推力是指发动机工作时作用于发动机全部表面(包括内、外表面)上的气体压力的合力,如图 2-1 所示,根据气体动量变化或发动机内、外表面上的压强分布推导推力公式,可得到在大气中飞行的火箭发动机的推力计算式(不考虑局部的附面层效应)

$$F = q_m v_e + (p_e - p_a)A_e \qquad (2-1)$$

式中:F—— 推力;

q_m—— 燃气质量流率;

v_e—— 燃气出口截面速率;

p_e—— 燃气出口截面压强;

p_a—— 大气压强;

A_e—— 喷管出口截面面积。

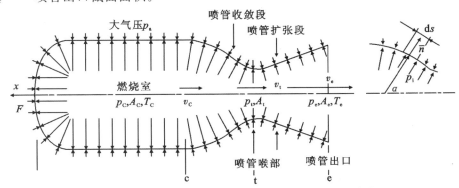

图 2-1　作用在发动机内、外表面上的气体压力的合力

从式(2-1)可知,作用在火箭上的推力由两部分组成:

(1)动推力,其大小取决于燃气的质量流率和喷气速度,它是推力的主要组成部分,通常占总推力的 90% 以上。在发动机设计中,为了获得更高的喷气速度,需要采用能量更高的推进剂,并保证推进剂的化学能在发动机内尽可能多地转换为燃气的动能,在此基础上,再通过改变燃气的质量流率来改变推力,以达到设计的要求。

(2)静推力,它是喷管出口处燃气压强与外界大气压强不一致导致的,不一致的程度与喷管工作状态有关。对于喷管尺寸已定的发动机,静推力则与工作高度有关。

由式(2-1)可见,当喷管出口压强 p_e 等于外界大气压强 p_a 时,静推力就消失了,只有动推力。发动机只有在某个特定的高度上工作才能满足 $p_e - p_a$,称 $p_e - p_a$ 的状态为设计状态,此时的推力成为特征推力;当发动机在真空中工作时,$p_a = 0$,此时的推力称为真空推力。

当火箭飞行高度增加时,外界大气压强 p_a 逐渐减小,推力则逐渐增大,喷管会出现不同的工作情况。

喷管设计和非设计工作状态对推力的影响如图2-2所示。

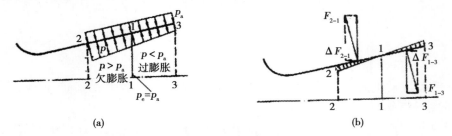

图 2-2　喷管设计和非设计工作状态对推力的影响

第一种情况:若 $p_e > p_a$,即喷管出口面上的燃气压强高于外界压强,此时气体到了喷管外面,还要继续膨胀,燃气压强继续降到外界压强值。通常把这种膨胀称为膨胀不足或欠膨胀。

第二种情况:当外界压强 p_a 恰好等于燃气出口压强 p_e 时,气流在喷管出口处没有膨胀产生,这种情况称为完全膨胀,此状态为最佳设计状态。

第三种情况:若 $p_e < p_a$,即排气压强小于大气压强,这时压强推力出现负值,则发动机总推力降低。另外,这时在喷管出口处气流将发生分离现象,排气速度急速下降,因而也使发动机推力降低,见图2-3。喷管出口面上的压强小于外界压强的情况,通常称为膨胀过度或过膨胀。

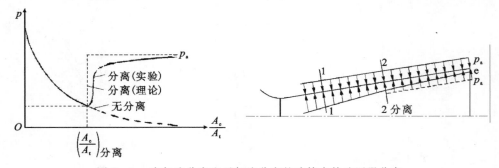

图 2-3　有气流分离和无气流分离的喷管内外壁压强分布

应避免第一和第三种情况产生,理想状态是第二种情况,发动机出口压强通常设计成排气压强等于或略高于周围环境压强,即喷管工作状态一般处于欠膨胀状态或完全膨胀状态。

2.2　喷气速度

一般为了便于研究燃气在喷管中的膨胀流动过程,假设喷管中的流动是一维定常流动、流动过程为理想等熵且不考虑传热和摩擦、燃气在流动过程中组分不变且燃气的定压比热是常量。根据燃气流动能量方程等,经过推导得到喷气速度公式如下:

$$u_e = \sqrt{\frac{2k}{k-1} \frac{R_0}{m} T_f \left[1 - \left(\frac{p_e}{p_c} \right)^{\frac{k-1}{k}} \right]} \qquad (2\text{-}2)$$

式中(下角标 e 为喷管出口截面)：

k——比热比；

R_0——摩尔气体常数,8.314 4 J/(mol·K)；

T_f——燃烧温度；

m——燃烧产物的平均摩尔质量；

p_c——燃烧室压强。

由喷气速度式(2-2)可以看出,影响喷气速度 u_e 的因素可以分为两个方面:一方面是推进剂的性能,反映在燃烧温度 T_f、比热比 k 和平均摩尔质量 m；另一方面是喷管的膨胀压强比 p_e/p_c。

燃烧温度越高,可以用来转换成燃气动能的热能就越多,喷气速度越大,因此提高喷气速度的重要途径就是采用高能推进剂,以提高燃烧温度。

燃气摩尔质量越小,单位质量推进剂所产生的气体体积越大,喷气速度就越高。

喷气速度随 k 增大而略有减小,k 值的大小要取决于燃烧产物的组分和燃烧温度,k 一般在 $1.1 \sim 1.3$ 之间变化,对喷气速度的影响很小。

膨胀压强比 p_e/p_c 的大小反映了燃气在喷管中的膨胀程度,压强比越小,膨胀进行得越充分,有更多的热能转换为动能,可以达到更高的喷气速度。当 p_c 一定时,降低膨胀压强比的唯一办法是加大喷管出口截面,可显著增加喷气速度,但又要受到结构上的限制,同时出口截面增大,又会使其结构质量增加,进而影响发动机的总体性能,从而两者应综合考虑。

2.3　喷管质量流率、流率系数、特征速度

喷管的质量流率是决定推力大小的一个重要因素,而且是发动机工作的主要参数,在稳态工作条件下,喷管的燃气流率也就是推进剂的消耗率。一般情况下,按照质量守恒的原则,通过喷管任意截面的流率都是一样的,但喷管临界截面处的气流速度恰好为声速,是一个特征截面,它又是扼流截面,在分析时一般作为研究流率的基准截面。

根据质量守恒方程：

$$\dot{m} = \rho u A = \rho_t u_t A_t = 常量 \qquad (2\text{-}3)$$

式中:t——喷管临界截面；

ρ——燃气密度,g·cm^{-3}；

u——燃气流速,m·s^{-1}；

A——截面积,m^2。

结合喷管中任一截面的流速为

$$u = \sqrt{\frac{2k}{k-1} R T_f \left[1 - \left(\frac{p}{p_c} \right)^{\frac{k-1}{k}} \right]} \qquad (2\text{-}4)$$

根据等熵过程方程：$\rho/\rho_c = (p/p_c)^{1/k}$

和状态方程：$\rho RT = p$，可得到

$$\dot{m} = A\sqrt{\frac{2k}{k-1}p_c\rho_c\left[\left(\frac{p}{p_c}\right)^{\frac{2}{k}} - \left(\frac{p}{p_c}\right)^{\frac{k-1}{k}}\right]} \tag{2-5}$$

令

$$\Gamma = \sqrt{k}\left(\frac{2}{k+1}\right)^{\frac{k+1}{2(k-1)}}$$

则喷管质量流率的公式表达为

$$\dot{m} = \Gamma\frac{p_c A_t}{\sqrt{RT_f}} \tag{2-6}$$

从式(2-6)可以看出，流率与喷管入口滞止压强和喷管喉部面积成正比，与燃烧产物的RT_f平方根成反比。比热比的影响较弱。

为了使质量流率公式变得更简明，令流量系数C_D为

$$C_D = \frac{\Gamma}{\sqrt{RT_f}} \tag{2-7}$$

则质量流率可表示为

$$q_m = C_D p_c A_t \tag{2-8}$$

流量系数C_D反映了燃烧产物的热力学性质，主要由推进剂组分决定。在固体火箭发动机中，通常使用特征速度C^*代替流率系数，特征速度C^*定义为流率系数的倒数，其表达式为

$$C^* = \frac{1}{C_D} = \frac{\sqrt{RT_f}}{\Gamma} \tag{2-9}$$

特征速度C^*是推进剂的性能参数，它的量纲与速度相同，但它是一个假想速度，只是用它来表示推进剂燃烧过程对质量流率的影响。C^*的数值仅与燃烧产物的热力学性质，即燃烧温度、燃烧产物平均分子量和比热比有关，而与喷管流动过程无关，它是反映推进剂能量特性的参数，见图2-4。C^*值越大，可达到更大的喷气速度，意味着推进剂能量越高。C^*与推力之间的关系为

$$F = C_F C^* \dot{m} \tag{2-10}$$

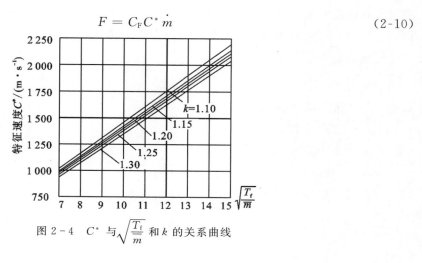

图2-4　C^*与$\sqrt{\dfrac{T_f}{m}}$和k的关系曲线

2.4　推　力　系　数

根据热力学和气体力学的有关知识,同样可以推导出发动机喷管出口的排气速度 v_e 和质量流率 q_m 的数学表达式,分别为

$$v_e = \sqrt{\frac{2k}{k-1}RT_f \left[1 - \left(\frac{p_e}{p_c}\right)^{\frac{k-1}{k}}\right]} \tag{2-11}$$

$$q_m = \Gamma \frac{p_c A_t}{\sqrt{RT_f}} \tag{2-12}$$

式中:k —— 比热比;

Γ —— 比热比 k 的函数,$\Gamma = \sqrt{k} \left(\frac{2}{k+1}\right)^{\frac{k+1}{2(k-1)}}$;

A_t —— 喷管喉部面积;

T_f —— 燃气温度。

则用一个系数简化推力公式的形式,得:

$$F = C_F p_c A_t \tag{2-13}$$

式中:C_F —— 推力系数,表示为

$$C_F = \Gamma \sqrt{\frac{2k}{k-1}\left[1 - \left(\frac{p_e}{p_c}\right)^{\frac{k-1}{k}}\right]} + \frac{A_e}{A_t}\left(\frac{p_e}{p_c} - \frac{p_a}{p_c}\right) \tag{2-14}$$

推力系数是一个无量纲系数,它是表征燃气在喷管中膨胀过程的完善程度,即表征喷管性能的参数,C_F 愈大,表示燃气在喷管中膨胀得愈充分,即燃气热能愈充分地转换为燃气的动能。由于 k 的变化范围较小,故 C_F 的取值范围在 $1 \sim 2$ 之间。

由推力系数公式可见,推力系数主要是喷管面积比 A_e/A_t 的函数,见图 2-5,在 k 和 p_c/p_a 一定时,随着面积比的增加,推力系数先增大,到某一最大值后逐渐减小,这也反映了喷管工作或膨胀状态的变化,即欠膨胀($p_e > p_a$)、完全膨胀($p_e = p_a$)和过度膨胀($p_e < p_a$)三种状态。

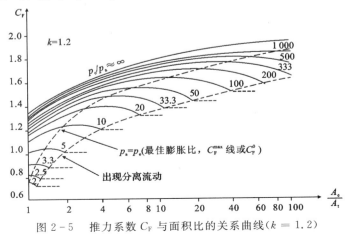

图 2-5　推力系数 C_F 与面积比的关系曲线($k = 1.2$)

当压强比 p_e/p_a 增大时,相当于 p_c 不变 p_a 减小,推力系数增加,说明推力系数是随工作高度的增加而增大的。

当 $p_e = p_a$ 时,喷管在完全膨胀状态下工作,推力系数可写成

$$C_F^0 = \Gamma \sqrt{\frac{2k}{k-1}\left[1 - \left(\frac{p_e}{p_c}\right)^{\frac{k-1}{k}}\right]} \tag{2-15}$$

C_F^0 称为特征推力系数,它是喷管面积比和比热比的函数,与燃烧室压强和外界大气压强无关。

用 C_F^0 表示推力系数的公式为

$$C_F = C_F^0 + \frac{A_e}{A_t}\left(\frac{p_e}{p_c} - \frac{p_a}{p_c}\right) \tag{2-16}$$

推力系数与大气压强 p_a 有关,而 p_a 随着高度的升高而减小,在真空中 $p_a = 0$,所以对给定的发动机,推力系数 C_F 将随着发动机工作高度的升高而增大,在真空中达到最大值,此时推力系数叫真空推力系数,用 C_{Fn} 表示,并有真空推力

$$F_n = C_{Fn} p_c A_t \tag{2-17}$$

2.5　固体火箭发动机的高度特性

图 2-6 中给出了某设计定型(即推进剂性能、发动机工作参数 p_c、结构参数 A_t、A_e 等均确定不变)的火箭发动机的推力随工作高度变化的情况。从图中可以看出,推力随工作高度的变化比较显著,当发动机在真空中($p_a = 0$)工作时,推力达到最大值。由此可推出,对设计定型的发动机,真空推力是其最大推力。因为,根据计算推力的基本式(2-1)可知,发动机推力是由喷气的反作用力和作用在发动机外表面大气压强的合力所组成的,而喷气的反作用力只决定于发动机内部的工作过程,与外界大气的状况无关。因此,对于一个已设计定型的发动机喷管来说,工作高度的变化对喷气的反作用力无影响,只影响发动机外表面大气压强的合力,且随着工作高度的增加,环境压强 p_a 下降,发动机外表面大气压强的合力减小,发动机的推力增加。当发动机在真空条件下工作时,大气压强等于零,推力达到最大值,这就是发动机的高度特性。

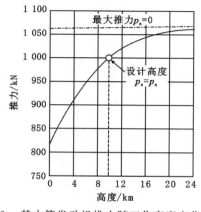

图 2-6　某火箭发动机推力随工作高度变化的情况

2.6　　固体火箭发动机工作时间和燃烧时间

固体火箭发动机工作时间 t_a 是初始压强 p_i 建立到有效工作终点压强 p_{fe} 之间所对应的时间间隔,包括从点火起动、产生推力开始,到发动机排气过程结束、推力下降到零为止,可以根据发动机的压强-时间曲线来确定。发动机工作时间通常按下列方法确定:从发动机点火后推力上升到10%最大推力或其他规定推力(或压强)的一点为起点,以发动机熄火后推力下降到10%最大推力或其他规定推力(压强)的一点为终点,这两点间的间隔时间作为发动机的工作时间,如图 2-7 所示。

除发动机工作时间外,还经常用到药柱燃烧时间 t_b。燃烧时间是指药柱表面开始点燃到肉厚燃烧结束的时间间隔。燃烧时间比发动机工作时间短。确定燃烧时间的具体方法是:确定燃烧时间的起点和确定发动机工作时间的起点一样,但终点则是推进剂肉厚的燃烧结束点,具体确定方法是在发动机的压强-时间曲线上的工作段后部和下降段前部各作一条切线,两切线夹角的角等分线与压强-时间曲线的交点所对应的时间作为计算燃烧时间的终点。

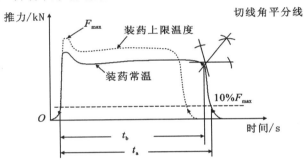

图 2-7　　固体火箭发动机工作时间、燃烧时间确定示意图

2.7　　总冲和比冲

固体火箭发动机的总冲量(简称"总冲")是指发动机推力的冲量,在推力不变的情况下,是指推力与时间的乘积。一般情况下,推力是随时间变化的,因此,发动机的总冲量定义为推力对工作时间的积分,具体如下:

$$I = \int_0^{t_a} F \mathrm{d}t \tag{2-18}$$

总冲是火箭发动机的重要性能参数,它包括发动机推力和推力持续工作时间,综合反映了发动机工作能力的大小,发动机总冲越大,则火箭射程越远或发射的载荷越大。要达到同样的总冲,可以采用不同的推力与工作时间的组合,这需要根据火箭的用途来选择。

对于不同任务的发动机,不仅有总冲量大小的要求,而且还有推力随时间变化规律的要求。因为同样的总冲量可以采用大推力、短时间方案,也可采用小推力、长工作时间的方案。不同的推力-时间变化规律直接影响火箭飞行速度的变化规律,并且对发动机结构、药柱形式和燃面变化规律等也有不同的要求,应根据不同的战术技术要求来确定。

固体火箭发动机的比冲量(简称"比冲")是燃烧 1 kg 质量推进剂所产生的冲量,比冲是推力冲量与消耗推进剂质量之比,发动机在工作阶段的平均比冲可用下式计算:

$$I_s = \frac{I}{m_p} \tag{2-19}$$

式中:m_p—— 药柱质量;

$\quad\quad I$—— 推力冲量;

$\quad\quad I_s$—— 比冲。

比冲是发动机的重要质量指标之一,它主要取决于推进剂本身能量的高低,也与发动机中工作过程的完善程度有关,比冲对火箭性能有重要影响。若发动机总冲已给定,发动机比冲量愈大,那么为了获得同样的总冲量,所需推进剂的质量就愈小,因此整个发动机的结构尺寸和质量都可减小。反之,若推进剂质量给定,发动机比冲量愈大,则总冲量也愈大,因而导弹的射程就愈远。

比冲与特征速度及推力系数的关系为

$$I_s = C^* C_F \tag{2-20}$$

$$I_s = \sqrt{\frac{2k}{k-1} R T_0 \left[1 - \left(\frac{p_e}{p_c} \right)^{\frac{k-1}{k}} \right]} \tag{2-21}$$

由此可知,发动机比冲量的高低,首先取决于推进剂能量特性 C^*,其次取决于燃气在喷管内膨胀过程的完善程度 C_F。

下面根据式(2-21)分别讨论各个因素对比冲的影响。

1. 喷管面积比对比冲的影响

比冲随面积比 A_e/A_t(或膨胀压强比 p_e/p_c)变化的规律和推力系数完全相同(见图 2-8)。在压强比 p_c/p_a 给定的情况下,比冲随面积比的增加先增大后减小,中间经过一个最高点,最高点对应于比冲的最大值。只有在设计状态(即完全膨胀状态 $p_e = p_a$)时,比冲最大。

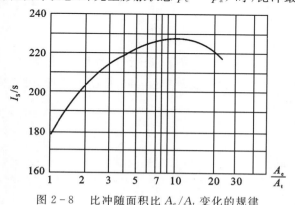

图 2-8　比冲随面积比 A_e/A_t 变化的规律

2. 飞行高度对比冲的影响

在喷管面积比 A_e/A_t 一定的情况下,比冲随压强比 p_c/p_a 的增加而增大,见图2-9。压强比 p_c/p_a 增加,即工作高度增加,大气压强 p_a 要减小,因此比冲要增大。当大气压强 p_a 减小到零时,比冲达最大值,此时的比冲称为真空比冲。

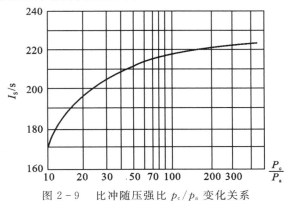

图 2 - 9　比冲随压强比 p_c/p_a 变化关系

3. 燃烧室压强对比冲的影响

提高燃烧室压强 p_c 可以增加比冲。当发动机的工作高度一定时,大气压强 p_a 就是定值,此时提高燃烧室压强 p_c,就使压强比 p_c/p_a 增大,比冲也就增加,见图 2 - 10。

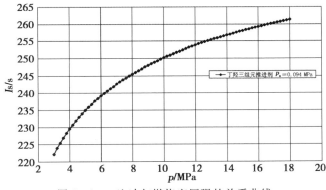

图 2 - 10　比冲与燃烧室压强的关系曲线

2.8　发动机参数对火箭总体飞行性能的影响

固体火箭发动机质量比 λ 定义为

$$\lambda = \frac{m_p}{m_i} \tag{2-22}$$

式中: m_p —— 发动机装药量;

　　　m_i —— 发动机总质量。

发动机的质量比直接影响火箭总体的飞行性能,根据著名的齐奥尔科夫斯基公式,导弹主动段终点速度可表示为

$$v = I_s \cdot \ln\left(1 + \frac{m_p}{m_{oc} + Q}\right) \tag{2-23}$$

式中: I_s —— 发动机比冲;

　　　m_p —— 发动机药柱质量;

　　　m_{oc} —— 发动机结构质量;

   Q—— 弹体结构及有效载荷。

导弹主动段终点速度与导弹射程密切相关,速度越大,射程也越远,通常希望在 Q 值一定的条件下,射程越远越好,也就是导弹主动段终点速度越大越好。从式(2-23)可知,为获得最大速度,就要求提高比冲 I_s 和减轻发动机结构质量 m_{oc}。

提高发动机质量比的途径:

(1)选用先进的、结构质量较小的材料;

(2)提高发动机装填密度和推进剂的力学性能,增加发动机的推进剂质量;

(3)提高设计水平和采用先进的加工工艺。

若将火箭发动机串联起来,可得到多级火箭,多级火箭最大末速度为

$$v_{max} = \sum_{i=1}^{n} v_i = \sum_{i=1}^{n} (I_{si} \ln \mu_i) \tag{2-24}$$

一般来讲,多级火箭多采用两级或三级,最多为四级。这是基于多级火箭的结构复杂,可靠性降低的缘故。

第3章　　固体推进剂燃烧和内弹道学

3.1　固体推进剂分类

固体推进剂制成的主装药是发动机的重要组成部分,固体推进剂有特定的组成、制造工艺和主要性能。

3.1.1　固体推进剂一般要求及分类

固体推进剂是发动机的能源,又是工质源,在燃烧室中燃烧,将推进剂中的化学能释放出来,转换成热能,以进行进一步的能量转换。同时,燃烧生成的燃烧产物又是能量转换过程的工质,它作为能量的载体,携带热能,再流经喷管的下一个能量转换过程,膨胀加速,将热能转换成燃气流动的动能,使燃气以很高的速度喷出喷管,形成反作用推力。这就是固体火箭发动机的能量转换过程,作为能源和工质源的固体推进剂,从根本上决定了发动机的能量特性,并在一定程度上影响能量转换过程的效率,从而成为发动机的重要组成部分,为保证发动机的性能,对固体推进剂提出了一系列基本要求,具体如下:

(1)固体推进剂必须具有足够高的能量。推进剂是通过燃烧释放能量的,必须具有燃烧所需的全部物质,包括燃料组元和氧化剂组元,从而可以独立完成燃烧过程。作为燃料组元,可以用某些高能金属燃料(Al,Mg,B,Be 等)来增加能量;作为氧化剂组元,以含氧量多的物质为主,要求能释放出来的自由氧含量高,以增加整个推进剂的能量;燃料组元和氧化剂组元的选择要求燃烧后的气体生成量大,有利于能量转换效率的提高,以得到更高的比冲;为了使单位体积的推进剂具有较高的能量,要求推进剂的密度较高。

(2)固体推进剂要能形成固体药柱,必须具有必要的力学性能,以保持药柱的完整性。

(3)要求推进剂的燃烧性能好,燃烧性能是指推进剂在燃烧过程中表现出来的各种特性,诸如是否容易点火、燃烧是否容易进行完全、是否容易产生不稳定燃烧、燃烧速度是否适应发动机整体性能需要等。

(4)要求推进剂性能稳定,推进剂的物理化学性质随时间和环境的变化应该降至最低,具有好的物理安定性和化学安定性。推进剂药柱在生产出来以后要进行长时间贮存,要经受各种气候条件的循环变化,为了保证发动机的性能稳定,要求推进剂的安定性好,必要时需加入少量的安定剂、防老剂等等。

(5)其他一些要求,如:要求推进剂的生产经济性好,生产工艺简单方便、容易成形,性能容易达到;原材料容易取得、成本低;处理简单,运输贮存方便;对环境和人身健康无妨碍,安全性好;等等。

按照推进剂的细微结构,固体推进剂的分类如图 3-1 所示。

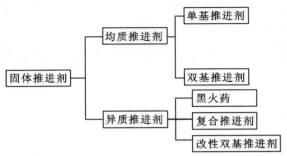

图 3-1　固体推进剂的分类

3.1.2　复合固体推进剂

双基推进剂比冲偏低,在大型发动机上应用的都是复合推进剂。典型的现代复合推进剂由氧化剂、金属燃料和高分子黏合剂为基本组元组成,加入少量的添加剂以改善推进剂的各种性能,其中氧化剂和金属燃料都是细微颗粒,共同作为固体含量充填,与黏合剂基体形成具有一定机械强度的多组元均匀混合体。具体成分及要求如下:

(1) 氧化剂。氧化剂为金属燃料和黏合剂的燃烧提供所需的氧,是主要的能源,含量达到 $60\% \sim 80\%$,成为构成推进剂的最基本组元,具体要求如下:氧含量高或自由氧含量高、生成焓高、密度大、气体生成量大、物理化学安定性好、与其他组元相容性好、经济性好。

(2) 黏合剂。黏合剂的主要作用是黏结氧化剂和金属燃料等固体粒子,使其成为弹性基体,使推进剂成为具有必要的力学性能的完整结构,也是推进剂的主要能源和工质源,具体要求如下:具有良好的黏结性能和力学性能(具有足够的强度、弹性模量、伸长率)、工艺性好、燃烧放热量高、气体生成量大、生成焓高、物理化学安定性好以及成本低等。

(3) 金属燃料。为了提高能量,现代复合推进剂中都采用燃烧热值较高的金属燃料作为基本组元之一。它还可以提高推进剂的密度,要求其具有燃烧热值高、密度大、与其他组元相容性好、耗氧量低等特性。

(4) 固化剂。固化剂是热固化黏合剂系统中不可缺少的组成部分,使黏合剂组元的线型预聚物转变成适度交联的网状结构的高聚物,使推进剂具有必要的机械强度。

(5) 增塑剂。增塑剂的作用有两个:一是降低未固化推进剂药浆的黏度,增加流动性,利于浇注;二是降低推进剂的玻璃化温度,改善其低温力学性能。

(6) 其他添加剂。除以上各组元外,推进剂中还有少量的其他添加剂,如燃速催化剂、防老剂以及稀释剂,等等。

3.1.3　复合固体推进剂制造工艺

复合推进剂目前大部分都采用浇注成形,其主要程序如下:

(1) 物料准备。物料准备包括各组元原材料的质量检验、性能测定、配比称重以及燃烧室壳体和芯模的准备。

(2) 混合。混合是推进剂生产中的一个基本工序,将推进剂各组元长时间搅拌混合均匀,形成流动性较好的可以浇注的药浆。

（3）浇注。浇注是将混合均匀的药浆注入事先准备好的装有芯模的燃烧室中。浇注的方法有插管浇注法、底部浇注法和真空浇注法，真空浇注法是目前广泛采用的一种浇注方法。

（4）固化。推进剂浇注后，需在专用的固化罐中进行固化，控制固化的温度和温度变化速率，当推进剂的强度、硬度以及伸长率达到要求或性能稳定后，固化过程才算完成。

（5）后续工作。在固化过程结束后，后续工作包括脱模、整形、质量检验和性能测试等。图3-2所示为固体推进剂装药总装过程。

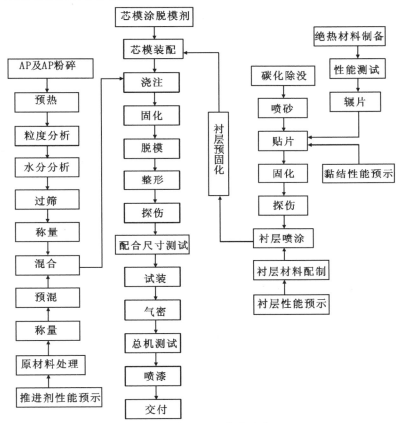

图 3-2　固体推进剂装药总装过程

3.1.4　固体推进剂的性能

固体推进剂的各项性能用来表征推进剂满足发动机各项要求的程度，固体推进剂的主要性能如下。

1. 能量特性

作为火箭推进系统的能源和工质源，固体推进剂的能量特性最终表现为比冲。从影响比冲的因素来看，特征速度 C^* 是表征推进剂能量水平的一个合适的参数，目前缺乏较好的能量直接实测特征速度方法，一般特征速度 C^* 的数值大都需要通过换算才能得到。用每千克推进剂燃烧所释放的热量来表征其能量水平，称为"爆热"。根据燃烧条件的不同，有定容下的爆热和定压下的爆热,火箭发动机中的燃烧一般被看作是定压条件下的燃烧,其释放的能量相当于定压下的爆热。

2.力学性能

固体推进剂药柱在生产、贮存、运输和使用过程中要承受各种载荷,这些载荷使推进剂药柱产生应力和应变,如果超过其力学性能的允许范围,将会出现裂纹、脱黏等,从而破坏药柱的完整性,导致发动机不能正常工作。为了保证发动机可靠工作、药柱完整,要求固体推进剂具有足够的力学性能,这些性能包括抗拉强度、弹性模量以及伸长率等,还包括随工作温度、加载速率和作用时间的变化特性。

一般来说,对推进剂力学性能的具体要求应根据药柱在受载荷情况下的应力应变分析来确定,它主要取决于药柱结构、受载情况以及工作温度范围等等。

对于贴壁浇注式发动机,通常需要考虑药柱强度问题,特别是内孔构型比较复杂的药柱。在生产、贮存、运输和使用过程中,它承受温度载荷、重力和加速度载荷、压力载荷和冲击、振动。应力应变的最大值往往出现在药柱与壳体的黏结面上和药柱的内表面上,容易引起药柱与壳体结合面或包覆层的脱黏和药柱内表面的脆裂,还有由于蠕变引起的过度变形。在温度载荷的影响下,推进剂膨胀系数比金属壳体的热膨胀系数要大得多,在固化冷却后药柱要承受较大的拉伸,如果药柱抗拉强度不过于低,则延伸率是应该主要考虑的力学性能。由于推进剂的延伸率在低温下最低,抗拉强度在高温下最低,因而常以低温下的延伸率和高温抗拉强度来要求贴壁浇注推进剂药柱的力学性能。一般要求在最低使用温度下,延伸率应大于 30%;在最高使用温度下,抗拉强度应大于 0.9 MPa。

3.燃烧特性

固体推进剂的燃烧特性中最重要的是燃速特性,是指推进剂燃速的高低及其受工作条件影响而变化的规律。除燃速特性外,固体推进剂的燃烧特性还包括推进剂的点火特性、不稳定燃烧特性等。

4.贮存安定性

复合推进剂的安定性问题主要是防止老化。此外还有贮存中某些组元的迁移、低温结晶及吸湿等,一般通过人工加速老化试验来预测贮存期。

5.安全性能

固体推进剂是一种易燃易爆的物质,通常需要鉴定其危险品等级,测定其对外界刺激的敏感度,包括热感度、冲击感度和摩擦感度等。

3.2　固体推进剂燃烧学

固体发动机中固体推进剂的燃烧过程复杂,是一个推进剂燃烧的物理化学过程,燃烧的理论研究还不够完善;推进剂在燃烧过程中遵从平行层燃烧规律,尽管燃烧过程中影响燃速的因素较多,但工程上是可以通过工艺进行调节的。固体发动机燃烧压强随燃速变化而变化,通过设计可以得到所需要的压强变化规律。

3.2.1　固体推进剂的燃烧

在固体火箭发动机中,推进剂的燃烧是一个重要的工作过程,其中的氧化剂组元和燃料组元经过燃烧反应生成高温、高压的燃烧产物,将蕴藏的化学能转换为燃烧产物的热能,实现发动机的第一次能量转换。同时,燃烧产物(主要是燃气)又是整个能量转换过程的工质,其不仅是热能的载体,也是随后在喷管中膨胀加速、将热能转换为动能的膨胀过程的工质,而推力就是依靠一定质量的燃烧产物高速向后喷射而产生的。因此燃烧过程既释放能量、影响燃烧产物的喷射速度,又生成工质、决定喷射质量。两个作用合在一起,直接影响发动机的推力,对发动机的主要性能起决定性作用。双基推进剂和复合推进剂燃烧模型如图 3-3 所示。

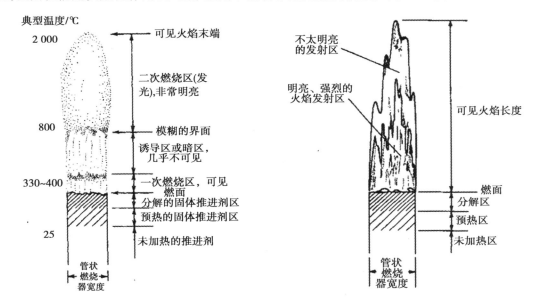

图 3-3　双基推进剂和复合推进剂燃烧模型

为了确保发动机工作稳定可靠、获得尽可能高的性能,对燃烧过程有一些要求,主要如下:① 燃烧稳定,该要求是发动机正常工作的一个最基本的要求,推进剂一经点燃,随后就要求燃烧过程稳定地发展下去,直至燃烧结束,中间不允许有任何熄火或不正常的波动;② 有尽可能高的燃烧效率,使推进剂的化学能尽可能充分转换,燃烧产物得到更多的热能,以便进一步提高发动机的实际比冲;③ 燃烧过程按照设计的要求以预定的速度生成燃烧产物。

要满足上述要求,除了所用推进剂必须具备必要的性能外,还要在燃烧室中创造适当的条件,对于固体推进剂来说,主要条件是要使燃烧室的压强保持在一定范围内。此外,燃烧所需的空间、燃烧产物在燃烧室中的停留时间、燃气的流动条件等,也都同满足上述要求有关系。

固体推进剂是由多种组元组成的物质,结构相当复杂,其燃烧过程包括一系列物理化学过程,不但与推进剂组元的物理化学性质有关,还与燃烧室的条件有关,且在高温、高压条件下进行,使得燃烧过程的试验研究相当复杂,在过去的几十年里,该领域取得了许多研究成果,随着固体火箭发动机的应用和不断发展,对固体推进剂燃烧过程的研究也不断深入,固体推进剂的燃烧理论在不断完善,发动机的性能也在不断改进。

3.2.2 固体推进剂燃速

固体推进剂的燃速是表征其燃烧特性的一项重要指标,它是推进剂燃烧速度或燃烧速率的简称。在燃烧过程中,推进剂装药燃烧表面沿其法线方向向推进剂里面连续推进的速度就是燃速。如果在微元时间 $\mathrm{d}t$ 内,燃烧表面沿其法线方向向里推进的距离为 $\mathrm{d}e$,则燃速为

$$r = \frac{\mathrm{d}e}{\mathrm{d}t} \tag{3-1}$$

单位为米/秒(m/s)或毫米/秒(mm/s),由于 $\mathrm{d}e$ 是用沿燃面法线方向的直线距离来量度的,因此这个燃速又叫直线燃速或线燃速。

在推进剂比冲一定的条件下,发动机的推力为 $F = \dot{m}I_s$,推力取决于喷管的质量流率 $\dot{m}$,在稳态工作时,$\dot{m}$ 也就是燃烧产物的质量生成率,即

$$\dot{m} = \rho_p A_b r \tag{3-2}$$

由于推进剂的密度 ρ_p 是定值;A_b 是装药燃烧表面的面积,由装药的几何形状和尺寸决定;只有燃速 r 受燃烧过程影响。因此为了达到预定的推力,必须保持预定的燃速。

推进剂燃速的大小决定于两方面的因素:① 推进剂本身的性质,由推进剂的组成所决定。不同的氧化剂和燃料、不同的燃速催化剂以及不同的氧化剂粒度组成不同的推进剂,其燃速特性的差别可以很大。通常,在发动机工作条件下,缓燃推进剂的燃速可达几毫米每秒,甚至不到 1 mm/s,速燃推进剂的燃速则可达几十毫米每秒,此外推进剂的密度、推进剂成形工艺方法等也对燃速有影响。② 推进剂燃烧时的环境,也就是发动机的工作条件,如燃烧室工作压强、推进剂的初温、流经药柱表面的气流速度、发动机在飞行中加速度场的作用和装药的受力应变情况等,都会对燃速产生影响,其中以压强的影响最大。

推进剂的燃速随工作条件的变化规律叫作燃速特性,燃速特性是固体推进剂的一个重要性能,是发动机设计计算中必须知道的一项原始参数。推进剂燃烧过程非常复杂,理论燃速公式不能用于定量计算中,故工程中常用经验公式确定燃速。

3.2.3 装药燃烧表面的变化

装药开始燃烧时,燃烧表面的面积由装药的几何形状和尺寸所决定,可以根据装药设计进行计算,在燃烧过程中燃面如何变化,除了装药的几何形状和尺寸外,还要看燃烧表面如何推进,根据前期研究,需要进行如下假设:① 整个药柱的燃烧表面同时点燃;② 装药成分均匀,燃烧表面各点的条件相同;③ 燃烧表面上的各点都以相同的燃速向药柱里面推进。根据上述条件,在燃烧过程中,装药的燃烧表面始终与起始燃烧表面平行,形成了所谓"平行层燃烧规律"。

根据几何燃烧定律,装药燃烧表面在燃烧过程中的推进演变类似于光学中光波前沿在各向同性介质中传播的惠更斯原理。按照平行层燃烧规律,只要给定初始燃烧表面及推进距离,就可以根据装药几何关系计算出相应的燃面。实际燃烧过程受各种条件的影响,不会十分均匀,但在一般发动机中大体上满足要求,有一些需要修正。

随着燃烧表面的推进,其面积可能产生各种不同的变化,其变化取决于装药设计(几何形状和尺寸),也可用阻燃层包覆部分装药表面以防止其参与燃烧。按照燃烧表面变化规律,将装药分为等面燃烧、增面燃烧和减面燃烧三大类。

3.2.4　燃速与压强的关系

燃速与压强的关系直接影响发动机的内弹道特性,对于大多数推进剂来说,燃速随压强的增加而显著增加;有的推进剂则随压强的增加而增加较少,或者保持不变;少数推进剂在一定范围内燃速甚至随压强的增加而减少。推进剂的组成不同,影响的规律也不同,这是因为推进剂组元的改变,使燃烧的物理化学过程改变。控制燃速的因素不同,在不同条件下压强对燃速影响的机理不同,影响的程度也不同。

在发动机的工作压强内,一般采用指数燃速规律来描述燃速与工作压强的关系,其燃速表达式(经验公式)为

$$r = ap^n \tag{3-3}$$

式中:r——燃速;

a——燃速系数;

p——燃烧室压强;

n——燃速的压强指数。

其中 a,n 由实验确定,其值与压强无关,取决于推进剂的性质,但上述经验公式有其使用的压强范围,超出其范围,经验公式便不一定适用。公式中 n 是一个无量纲的数值,其大小表示压强变化对燃速的影响程度,其值愈小,压强对燃速的影响愈小,对发动机性能比较有利。

在比较大的压强范围内,相当多的推进剂表现出压强指数随压强增加而减小的趋势,其燃速关系式(经验公式)为

$$\frac{1}{r} = \frac{a}{p} + \frac{b}{p^{1/3}} \tag{3-4}$$

式中:r——燃速;

a,b——与压强无关的推进剂常数,可由试验确定;

p——燃烧室压强。

工程上测定燃速特性有不同的方法,一般有燃速仪和声发射测速仪。利用各种燃速仪测试燃速,操作简便,容易控制工作条件,推进剂消耗很少,但是燃速仪的工作条件与发动机的实际情况毕竟存在一定的差异,从燃速仪中得到的数据需要经过一定的修正才能用于发动机。

一般为了使测定的燃速特性更接近发动机中的实际情况,还经常采用标准发动机进行燃速测试,在严格控制测试条件的情况下,可以得到更加可靠的数据。

3.2.5　燃速与推进剂初温的关系

推进剂的初温是指推进剂装药燃烧前的温度。如果没有经过恒温处理,推进剂的初温由其环境温度所决定。推进剂的燃速受初温的影响较为显著,随着初温的升高,燃速增加。

推进剂的初温是影响燃速的另一个重要因素。在相同的燃烧室压强下,初温对燃速的影响可表示为

$$r_i = r_{st} \exp[\sigma_p (T_i - T_{st})] \tag{3-5}$$

式中:T_{st}——标准温度,通常规定为 20℃;

T_i——药柱初温;

r_{st}——在某给定压强下,标准初温时的燃速;

r_i——在相同压强下,初温为 T_i 时的燃速;

σ_p——燃速的温度敏感系数。

燃速的温度敏感系数 σ_p 表示初温变化对燃速的影响,其定义就是:在压强不变的条件下,初温变化 1 ℃ 所引起的燃速相对变化量,现有固体推进剂的燃速温度敏感系数为 0.1% ~ 0.3%。

3.2.6 其他因素对燃速的影响

1.侵蚀燃烧

燃烧表面流动的气体也会对燃速造成影响,这种现象通常被称作侵蚀燃烧。流速越大,燃速也越大,从而越影响发动机的性能。

为了避免侵蚀燃烧的影响,发动机设计时通常采用 J 原则:

$$J = \frac{A_t}{A_p} \tag{3-6}$$

式中:A_p——药柱通气面积;

A_t——喷管喉部面积。

通常规定 $J < 0.6$。

2.加速度

试验证明,垂直于燃烧表面并指向推进剂的加速度作用使燃速增加。加速度对燃速的影响机理还需完善。

3.旋转

试验证明,旋转对发动机的燃速会产生一定影响,在转速超过一定阈值后,推进剂的燃速会显著增加,使发动机内弹道产生较大变化,其机理可能为旋转引起燃烧室气 - 固两相切向运动造成的。这种现象在高速旋转的炮射导弹中较为常见。

3.2.7 燃速的调节与控制

燃速特性取决于推进剂本身的性质,最主要的是取决于组成推进剂的组元的性质,各组元的物理化学性质不同,燃烧过程有很大差异,燃速特性也不同。除组元的物理化学性质以外,对燃速特性有明显影响的是推进剂参数(混合比、氧化剂颗粒尺寸、燃速调节剂、工艺成形方法等),有些因素可以用来在一定范围内改变推进剂的燃速特性,以便满足使用要求,同时,燃速特性波动需控制在一定的允差范围内。

1.混合比

在基本组元一定的条件下,改变氧化剂燃料的混合比,不仅影响推进剂的能量特性,也影响其燃速特性。混合比的改变使燃烧温度改变,使得火焰对推进剂固相的热反馈改变,进而影响燃速。混合比的改变直接影响推进剂的能量特性(比冲),一般只有在某些特殊情况下才以牺牲比冲来得到所需的燃速。

2.颗粒尺寸

氧化剂颗粒的粗细是影响推进剂燃速的一个重要因素:颗粒越细,燃速越高。

3.燃速调节剂

往推进剂中加入少量的燃速调节剂是改变燃速的一种比较有效的手段,它用化学的方法来催化加速(或抑制)燃烧过程中的某些化学反应,从而使燃速改变。

4. 工艺过程

推进剂成形的方法和过程不同,对推进剂的微观结构会产生影响,使推进剂的密度在小范围内有所变化,从而影响燃速。

3.3　内弹道学的含义

3.3.1　内弹道学定义

内弹道学是从枪炮技术中引入的一个名词,它研究发射过程中弹丸在膛内的运动和膛内压强的变化。在固体火箭发动机的早期研究中,也将发动机内部工作过程作为内弹道问题来研究,核心问题是确定燃烧室内的压强随时间的变化,所谓内弹道计算,就是计算燃烧室的压强。随着发动机的发展,燃气流动速度增大,燃烧室内的压强不仅随时间变化,而且沿轴向变化,压强在燃烧室流场中是空间分布的,燃烧室压强计算逐渐发展成燃烧室内的压强和气动流场计算。

燃烧室的压强是发动机工作中一个十分重要的参数:① 发动机的主要性能直接取决于燃烧室的压强(推力公式 $F = C_F p_c A_t$),对一定的发动机来说,推力系数和喷管喉部截面积可以看作是定值,从而推力与燃烧室压强成正比;② 推进剂的燃速随压强变化而变化,压强越高,燃速越快,对一定的装药来说,燃烧层的厚度是一定的,其燃烧时间随压强的升高和燃速的增大而减小,从而燃烧室压强又是决定发动机工作时间的一个重要因素;③ 燃烧室压强又是保证发动机工作稳定和正常的一个必要条件,为了使推进剂稳定燃烧和达到比较完全的燃烧,必须确保燃烧室压强高于推进剂的临界压强。

燃烧室是一个主要承受内压的部件,各部分的受力大小取决于压强的高低,为了进行强度计算,必须先确定燃烧室内可能出现的最大工作压强,最大工作压强直接影响发动机的结构质量,最终影响发动机的性能。

3.3.2　燃烧室内的压强

固体火箭发动机燃烧室的压强是随时间而变化的,通常将它分为三个阶段:上升段、工作段和下降段。

发动机起动,先依靠点火装置的点火药燃烧产生的高温燃气点燃点火装置,再由点火装置产生更多燃气,加热药柱部分表面,点燃主装药,由此产生的燃气向下游流动,引燃其余燃面,这是一个火焰传播过程,通常叫作点火过程。只有主装药点燃后,推进剂在全部燃面上开始燃烧,才有较大的燃气生成量,从而使燃烧室内燃气质量迅速增加,压强也迅速增加,很快达到工作压强,这就是压强上升段。

从进入工作段开始,燃烧室内已经充满了高压燃气,燃气的生成量和从喷管的流出量大体达到平衡,因而压强变化比较平缓,此时为工作段。如果不考虑燃气的流动和燃烧室内压强的差异,在工作段压强的变化规律可按"零维"公式计算:

$$p_c = \left(C^* \rho a \frac{A_b}{A_t} \right)^{\frac{1}{1-n}}$$

(3-7)

式中：p_c—— 燃烧室平衡压强；

  ρ —— 推进剂密度；

  C^* —— 特征速度；

  A_t —— 喷管喉部面积；

  a —— 推进剂燃速系数；

  A_b—— 药柱燃面。

从式(3-7)中可以看到，在推进剂配方和喷管喉部面积确定的情况下，燃烧室的燃气压强可通过适当设计燃面变化予以保证。

当药柱燃烧结束时，发动机压强便进入拖尾段，此时由于燃烧已经结束，只有燃气的排出，燃烧室内的燃气质量迅速减小，因而压强迅速下降。

3.4　固体火箭发动机燃烧室不稳定现象

从固体火箭发动机在第二次世界大战中首次使用开始，燃烧不稳定问题一直困扰着各国研究者。在固体火箭发动机研制过程中，一旦出现不稳定燃烧问题将耗资巨大，导致项目延期甚至取消。几乎各个国家的研究项目中都曾出现过不稳定燃烧，包括美国、俄罗斯、法国、中国等，为人熟知的项目有标准导弹（Standard Missile）、响尾蛇（Sidewinder）、三叉戟（Trident）、地狱火（Hellfire）和民兵（Minuteman）等。

发动机的燃烧不稳定（性）有时就是指不稳定燃烧现象，有时则表示发动机发生不稳定燃烧现象的倾向或可能性，主要表现为工作压强、装药燃速等变量以发动机燃烧室声腔的固有频率做周期或近似周期性的振荡，还时常伴随着平均压力-时间曲线和推力-时间曲线的不规则振荡，发动机或飞行器在工作过程中产生强烈振动，在装药的燃烧表面有凹坑或波纹，发动机工作时产生异常声响和刺鼻气味，使壳体温度剧烈上升，内绝热层被烧穿等，图3-4给出了两种典型的不稳定燃烧压强-时间曲线。

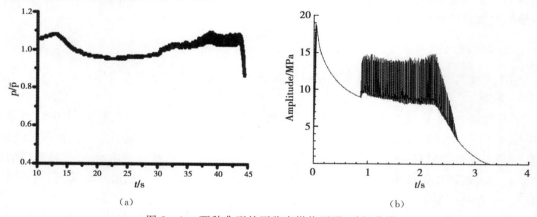

图3-4　两种典型的不稳定燃烧压强-时间曲线

(a) 线性不稳定曲线；(b) 非线性不稳定曲线

固体火箭发动机在工作过程中出现不稳定燃烧可能会造成以下严重后果：

（1）发动机壳体或推进剂装药破坏，甚至爆炸；

（2）发动机性能参数改变，内弹道异常，不能实现预期的推力方案；

（3）传热加剧和受热部件过热，导致发动机破坏；

（4）强烈的压强振荡使导弹或飞行器的其他部件失灵甚至毁坏，导致发射任务失败；

（5）降低燃烧效率，导致发动机性能降低。

近年来，国内外某些型号的战术导弹在飞行过程中出现了不同程度的不稳定燃烧现象，主要表现为以下特点：① 具有很强的破坏作用，有时可能会引起发动机解体；② 具有很高的复杂性，发动机几何构型、装药种类和工作参数等各种因素都对燃烧不稳定有影响；③ 具有很强的随机性，表现为同一批次的固体火箭发动机其中一部分在工作过程中是稳定燃烧的，而另一部分则会发生不稳定燃烧，有些在研制时期稳定燃烧，但飞行试验时却会不稳定燃烧；④ 不稳定燃烧的抑制具有较大的难度，没有确定的抑制方法，只能根据经验进行处理。

3.4.1　不稳定现象的分类

燃烧室中具有周期性的压强振荡称为不稳定现象，振幅超过平均压强的 5% 为"粗暴燃烧"，振幅低于平均压强的 5% 为"平稳燃烧"。根据固体火箭发动机燃烧室产生的不稳定特征，进行如下分类。

1.按照发生机理可以分为声不稳定和非声不稳定

声不稳定，可认为燃烧室是一个封闭的声腔，其边界是燃烧表面、壁面和喷管喉面，振荡介质是燃气和推进剂。在燃烧过程中，当某个微弱扰动发展起来的压强振荡与燃烧室声腔声振的固有频率一致时，便发生声不稳定燃烧，即声不稳定燃烧是燃烧过程与声振过程相互作用的结果。其特点为测得的压强振荡频率与燃烧室空腔的声学频率（燃烧室和装药几何构型）一致，通过改变结构和推进剂特性可以减轻或消除。对于声不稳定，以圆柱形燃烧室空腔为例，从声模态振型角度可以分为轴向、切向和径向振型（声波的传播方向），如图 3-5 所示。

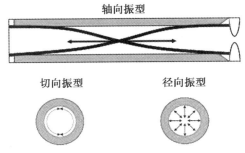

图 3-5　固体火箭发动机声腔振型

非声不稳定是与声特性无关的燃烧不稳定，包括低频振荡（低于燃烧室声腔的基波频率）、喘息燃烧。这两种方式与发动机的特征长度 L^* 有关，因此非声不稳定又称为 L^* 不稳定。

2.根据压强振荡频率可以分为高频、中频和低频不稳定

高频主要指频率在 1 000 Hz 以上，中频主要指 100 ~ 1 000 Hz 之间，低频主要指 100 Hz 以下。结合分段式发动机构型特点，本节主要研究中、低频轴向声不稳定。

3.线性不稳定与非线性不稳定

线性不稳定是发动机内部时刻存在的小扰动被放大的现象，压强振幅很小，振荡的波形是正弦波,即简谐振荡。振幅按指数规律增长、其相对增长率为常数。这种振荡在理论分析中可以用线性微分方程来描述,并应用迭加原则,其对平均压强和平均推力影响不大。

非线性不稳定是线性不稳定发展的结果,压强振幅已增长为极限值,需用非线性微分方程来描述,数学分析也比较困难。振荡发展到一定程度,使平均压强和平均推力发生改变。

据此,本节研究的声涡耦合所引起的不稳定现象属于声不稳定,其所表现出来的压强振荡频率属于中频、低频不稳定。

3.4.2 不稳定现象的影响因素

固体火箭发动机中不稳定现象的影响因素众多,根据各因素对不稳定性的作用机制,分为增益机制和阻尼机制(见图3-6),且各种增益机制和阻尼机制相互之间存在耦合作用。发动机中的不稳定问题是这些影响因素共同作用的结果。

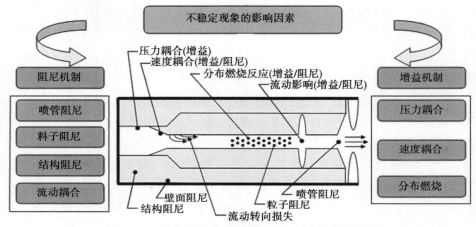

图 3-6 固体火箭发动机中的不稳定现象影响因素

1. 增益机制

(1)压力耦合响应:推进剂燃面处燃烧的增益作用或与声压的耦合作用。

(2)速度耦合响应:声振速度对推进剂燃面处燃烧过程的增益和衰减作用。

(3)分布燃烧响应:声场与从推进剂燃面喷出的金属粒子之间的耦合作用。

2. 阻尼机制

(1)喷管阻尼:当声压波传到发动机喷管喉部时,一部分能量穿过喉部辐射到外部环境中,这是四种阻尼中最大的。

(2)粒子阻尼:取决于流场中粒子的质量分数及其尺寸,只针对于燃烧产物中含有固相的推进剂。

(3)流动耦合:流场与声场之间的耦合。流动耦合作用在推进剂燃面边界层附近的产生大致有两种理论:① 流动转向损失,从燃面垂直喷出的燃烧产物得到轴向的加速,速度方向的变化是流动转向损失的起因;② 边界层损失,垂直于燃面流动的边界层,有时将其称为Flandro边界层项,为了理解这一现象,需要分析涡量和声边界层。另一种流动耦合作用是涡脱落。

(4)结构阻尼:声压振荡引起的发动机变形而产生的。

3.5　固体火箭发动机声涡耦合现象

固体发动机燃烧室产生不稳定现象的主要因素可以归纳为金属粒子分布式燃烧、声涡耦合以及推进剂燃烧响应,固体火箭发动机中的涡脱落形式如图 3-7 所示。其中,声涡耦合是引起固体火箭发动机工作过程中压强振荡最主要的因素之一。从不稳定的分类上来讲,声涡耦合引起的压强振荡仍属于声不稳定范畴。该机理涉及燃烧室声腔的声学特性和发动机燃烧室内流场中的旋涡运动,属于典型的交叉学科应用问题。

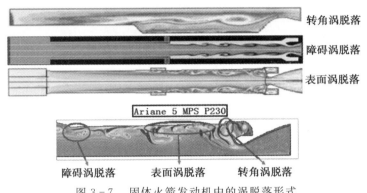

图 3-7　固体火箭发动机中的涡脱落形式

3.5.1　声涡耦合机理的表述

声涡耦合机理表述为:当涡脱落的频率与燃烧室声场的固有频率接近时,将产生共振,从而引起压强振荡,因此,可以认为声涡耦合是触发机理。该机理涉及三种类型的频率,依次为旋涡脱落频率、燃烧室声腔固有频率以及压强振荡频率,并且压强振荡频率必然与声腔的某阶固有频率相等,这说明声涡耦合引起的压强振荡属于声不稳定,旋涡脱落频率与声腔固有频率为因,压强振荡频率为果,只有确定了这三种频率才能够说明声涡耦合机理存在与否。在经典声学理论中,声腔的轴向各阶固有频率可以用下式求解得出:

$$f_{an} = \frac{nc_0}{2L} \tag{3-8}$$

式中:an——声学(acoustics)频率的下标,区别于下文的旋涡脱落(vortex shedding)频率的下标 v 以及压强振荡的下标 p;

　　　n——轴向频率的阶数;

　　　c_0——当地声速;

　　　L——声腔的轴向长度,对于固体火箭发动机而言,L 指的是从燃烧室前封头到喷管喉部之间的距离。使用上述公式可以对固体火箭发动的轴向固有频率进行预估。

旋涡的脱落频率可利用 FLUENT 软件对发动机开展两相流动的大涡模拟计算求解得出。当旋涡脱落频率 f_v 与声腔轴向某阶轴向固有频率 f_a 接近时,得出:

$$\frac{nc_0}{2L} = \frac{U(m-a)}{l(Ma + 1/\beta)} \tag{3-9}$$

式中：l—— 旋涡脱落点与旋涡撞击点之间的距离；

$\qquad m$—— 距离 l 内的旋涡的数量；

$\qquad U$—— 主流速度；

$\qquad \beta$—— 旋涡传播速度与主流速度之间的关系；

$\qquad a$—— 旋涡撞击下游壁面到产生声的延迟 τ 与周期 T 之比；

$\qquad Ma$—— 当地马赫数。

从式(3-9)可以看出，声涡耦合导致的压强振荡与燃烧室的流场参数、声学特性及几何形状有关。

3.5.2　声涡耦合机理在固体火箭发动机设计中的应用

对声涡耦合机理进行剖析的最终目的是将其应用于全尺寸固体火箭发动机中。

(1)流动的逆压梯度将在很大程度上影响边界层分离和旋涡的产生，从声涡耦合的角度出发，在固体火箭发动机中尽量避免出现逆压流动，可以减小产生声涡耦合的可能性。

(2)对于内孔式燃烧的固体推进剂火箭发动机而言，随着内孔装药的燃烧，燃烧室的主流速度降低。根据无量纲数斯特劳哈尔数的定义，涡脱落的频率也随之降低。这意味着存在最大的涡脱落频率 $f_{v}\text{-max}$。由式(3-8)得知，燃烧室的轴向各阶固有频率与燃烧室长度成反比。因此，存在一个最小的轴向固有频率 $f_{a}\text{-min}$(基频)，基频随着燃烧室长度的减小而变大。因此，如果 $f_{v}\text{-max}$ 小于 $f_{a}\text{-min}$，则发生声涡耦合的概率较小。反之，则很有可能发生声涡耦合从而引起压强振荡。2001 年，印度 Karthik 等人在开展冷流试验中观察到了该现象，称之为频率的锁频(Lock-on)现象，如图 3-8 所示。因此，在大型发动机中，$f_{v}\text{-max}$ 与 $f_{a}\text{-min}$ 出现交集的可能性较大，即在大型发动机中涡脱落能耦合的固有频率的阶数越多，越容易出现声涡耦合和模态转换。

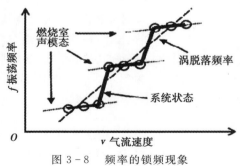

图 3-8　频率的锁频现象

3.6　固体火箭发动机不稳定燃烧的验证方法

在发动机的设计研制过程中，获得推进剂的压强耦合响应函数有重要意义：① 使用压强耦合响应函数较小的推进剂激发不稳定燃烧的概率较小；② 发动机燃烧稳定性的预估与分析都离不开压强耦合响应函数，其是频率和推进剂组分的函数，同时也受工作条件(平均压力或平均气流速度)的影响。目前的理论方法还不能精确计算出指定推进剂的响应函数或声导纳，普遍的做法是依靠 T 型燃烧器实验获取所需的数据。一般流程为：① 对所研究发动机发生不稳定燃烧时刻的声腔进行声学分析,得到此时的声腔固有频率;②针对该固有频率进行多次 T 形燃烧器实验,得到所用推进剂试样的压强耦合响应函数值;③ 通过改变原装药配方,降低推进剂试样的压强耦合响应函数,使发动机出现不稳定燃烧的概率降低。

T 形燃烧器的主要特点是喷管位于燃烧室的中部,这样可以减少声能损失,容易激发振荡。T 形燃烧器通常采用管状燃烧室,在燃烧室两端分别安装两块大小一致(厚度一样)的推进剂,并使其同时点燃,这样使得全部燃烧表面处在相同的声环境中。当完全符合设计要求时,两块推进剂试样同时燃烧完毕。

当出现轴向声压振型时,T 形燃烧器两端各阶固有频率的压强振荡最大,与推进剂试样燃烧耦合产生的增益最大,且两端的声波速度、横向流动速度以及平均流速均为 0,从而消除了速度耦合响应的影响,如图 3-9 所示。

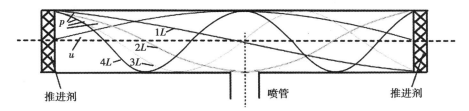

图 3-9　T 形燃烧器基本结构图及轴向声压振型(1 ~ 4 阶)和声速振型

两端脉冲器打开后,声波在 T 形燃烧器内来回振荡,其振荡幅值的变化规律可以表示为

$$p = p_0 e^{\alpha t}$$

式中:p_0——初始时刻的声压振荡幅值;

　　　α——压强振荡幅值增益常数,当 $\alpha > 0$ 时振荡放大,当 $\alpha < 0$ 时振荡减小。

根据 T 形燃烧器内的声能关系、推进剂参数及燃烧室长度,可以得到推进剂燃烧压强响应函数与增益常数 α_c 的关系:

$$R_p^{(r)} = \frac{\alpha_c \overline{p}}{4 f a \rho_p \overline{r_p} \left(\frac{S_B}{S_C} \right)} \left(\frac{a_m}{a} \right) \qquad (3-10)$$

式中:α_c——燃面增益常数;

　　　$\overline{p}$——平均压强;

　　　f——声腔频率,由声学分析得到;

　　　a_m——实测声速($a_m = 2fL$);

　　　a——理论声速(由燃烧产物温度确定);

　　　ρ_p——推进剂密度;

　　　$\overline{r_p}$——推进剂燃速;

　　　S_B——推进剂燃面面积;

　　　S_C——燃烧器横截面积;

　　　$\dfrac{S_B}{S_C}$——装药燃烧表面与通道横截面积之比。

除推进剂燃面增益常数外的其他参数均可以通过计算得出,T 形燃烧器实验就是为了得到增益常数 α_c。将这些参数值代入式(3-10)计算,便可以获得相应频率下的响应函数。

第4章 固体发动机总体设计及仿真技术

4.1 总体设计任务

固体火箭发动机总体设计任务是依据导弹总体设计提出的技术要求,选择并确定发动机总体设计方案,计算发动机性能,确定发动机主要设计参数、结构形式、主要结构材料、固体推进剂类别和药柱形式等。在此基础上完成发动机内流场、外防热传热以及模态等特性分析,提出发动机各部件的具体设计要求,同时为各部件设计提供输入参数。

此外,在整个发动机研制过程中负责协调各部件结构和设计参数等有关技术问题,根据研制工作进展情况,及时与导弹总体协调发动机的性能、精度、可靠性、连接部位的结构和尺寸等技术问题,提供其所需理论、实验数据和图纸。

导弹总体对发动机提出的技术要求包括工作性能要求、质量和结构尺寸、环境以及经济性等。这些要求都反映在设计任务书中,它是发动机设计的主要依据。一般包括以下内容。

4.1.1 发动机用途

发动机的用途主要指所用导弹的类型(地-地、地-空等)和级别(助推器、主发动机等)。对于大部分的发动机来说,设计是在原型发动机的基础上改进设计,例如:增加射程、提高性能或改变用途等。即使对于一个全新的发动机,其技术基础仍是某些成功设计的发动机,因此对于现有发动机的深入了解和设计经验的积累是发动机设计中必不可少的工作。

4.1.2 性能指标

(1)发动机总冲及其偏差。

(2)发动机比冲及其偏差。

(3)推力方案。

(4)发动机工作时间。

(5)推力控制。

(6)可靠性。

4.1.3 约束条件

为保证导弹总体布局和主要技术指标的实施而向发动机提出的直径、长径比、总质量、质量比、质心位置和级间分离等约束条件。

4.1.4 环境条件

(1)贮存环境:库房和阵地的温度、湿度、盐雾和油雾浓度、霉菌等,以及发动机贮存状态和年限。

（2）运输环境：运输方式、运输距离和运行速度等。

（3）使用环境：发射方式、发射时的天候和飞行区间的天候、发动机点火程序和高度。

（4）飞行环境：飞行高度、速度、加速度、振动和冲击等。

（5）勤务处理及经济方面的要求：贮存和阵地的维护和保养，以及发动机研制成本和造价等。

4.2 发动机结构形式及其选择

发动机的结构形式既取决于导弹的总体布局，又直接影响它们的性能。所以，确定发动机结构形式应与导弹总体设计相配合。

4.2.1 发动机结构形式

发动机的结构主要指燃烧室、喷管及其连接结构，它们的形式主要取决于发动机的用途、弹体布局和装药形式等因素。

（一）发动机结构与用途和弹体布局的关系

发动机的结构形式在很大程度上取决于发动机在导弹上的部位，即弹体布局。弹体布局是指战斗部、发动机、控制系统和稳定系统等的部位安排，以及外形和气动特性等，而这些又取决于导弹的用途和性能要求。发动机在弹体中的布局位置不同，对其推力特性和结构就有不同的要求。

1. 弹道导弹发动机

弹道导弹主要用来攻击敌后方具有战略意义的固定目标，一般射程较远，要求发动机的推力较大、工作时间较长。通常，弹道导弹采用多级发动机方案。根据著名的齐奥尔科夫斯基公式，导弹主动段终点速度可表示为

$$v = I_s \cdot \ln\left(1 + \frac{m_p}{m_{oc} + Q}\right) \tag{4-1}$$

式中：I_s—— 发动机比冲；

$\quad\quad m_p$—— 发动机药柱质量；

$\quad\quad m_{oc}$—— 发动机结构质量；

$\quad\quad Q$—— 弹体结构及有效载荷。

由式（4-1）可知，要达到最大飞行速度，其途径无非是提高比冲或质量比。前者主要取决于推进剂种类，是有一定限制的；质量比也是有限度的，过分增加装药量，会增加发动机的结构质量，从而导致得不偿失的结果。采用多级方案，可将工作完毕的发动机依次抛掉，以减少导弹的无用结构质量，但分级不宜太多，一般以 2～4 级为宜。如民兵导弹（见图 4-1）即为 3 级串联结构。

图 4-1 民兵导弹串联形式

弹道导弹发动机结构通常具有以下特点：

（1）一般采用贴壁浇铸的内孔燃烧药柱，这样既可以实现大推力、长工作时间，达到射程远的目的，又解决了大尺寸药柱的制造、支撑及室壁隔热问题。

（2）燃烧室壳体一般采用中间为圆筒段，两端为半椭球封头的结构。燃烧室头部装有点火装置。为传递推力和与弹体连接，在前、后封头处均设计有连接裙。

（3）喷管一般都采用潜入式的，这样可以缩短发动机的轴向尺寸。现代导弹多采用单喷管，早期有采用多喷管（一般为 4 个）的。

2.地-空战术导弹发动机

地-空战术导弹用于拦截飞机、空-地导弹和战术弹道导弹等，因此要求其尽快达到追击速度，多采用助推和续航两级发动机的结构形式。

地-空导弹助推器的工作特点是推力大、工作时间短。发动机装药一般选用多根管状或速燃星形药柱。为保证在使用温度范围内推力变化控制在允许范围内，常采用可更换喷管或可调喷管结构。

地-空导弹发动机多采用大肉厚内孔燃烧药柱或高燃速端面燃烧药柱。燃烧室结构与其他小推力固体火箭发动机大体相同。

采用两级发动机的地-空导弹，有可分离和不可分离两种，一般高空地-空导弹多采用可分离结构，低空和超低空地-空导弹常采用不可分离结构（即双推力发动机）。

在海湾战争中的美国爱国者地-空导弹采用的是单级发动机，壳体采用 D6AC 钢挤压而成，药柱为端羟基聚丁二稀制成的开槽管状药柱。

3.空-空战术导弹发动机

空-空战术导弹是由飞机发射的用以攻击并摧毁空中目标的武器。第二次世界大战后，空-空导弹得到迅速发展，成为世界各国的主要空战武器。目前世界上已研制出 80 多种空-空导弹，按其射程可分为近、中、远三类：射程在 20 km 以下的为近程，20 ～ 50 km 的为中程，50 km 以上的为远程。

空-空导弹发动机经常有单推力和双推力两种，目前采用较多的是双推力方案，其有较好的飞行性能，单推力与双推力对比如图 4 - 2 所示。

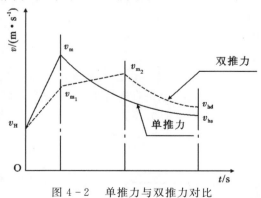

图 4 - 2　单推力与双推力对比

由图 4 - 2 中曲线可见，在相同时间内，如果射程相同（两曲线下的面积相等），则在该时间内双推力发动机的末速度大于单推力发动机的末速度，这表明双推力发动机的性能优于单推力发动机。另外,双推力发动机在整个飞行期间,速度变化较平稳,有利于控制飞行。

实现单室双推力的方法:

(1)不改变喷管喉径,采用不同燃速的两种推进剂药柱,这两种药柱可前后放置,也可同心并列放置。前者推力比受燃速比的限制较小,后者受其影响较大。

(2)不改变喷管喉径,采用一种推进剂的两种药形,通过燃面变化实现双推力。该方法简单易行,但推力比调节范围较小。

(3)采用不同燃速的推进剂和不同药形,即同时用调节燃速和燃面的方法实现双推力。该方法有较大的灵活性,推力比调节范围宽,实际应用较为广泛。

(4)采用可调喷管改变推力大小,可得到较宽的推力比调节范围,但结构复杂。典型的单室双推力发动机的推力-时间曲线如图 4-3 所示,各符号含义见表 4-1。

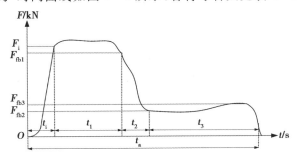

图 4-3　典型的单室双推力发动机推力-时间曲线

表 4-1　变量符号含义

项目	符号	单位
各段工作时间	t_1, t_2, t_3	s
发动机工作时间	t_a	s
延迟时间	t_i	s
初始推力	F_i	kN
各段结束时刻推力	F_{fbi}	kN
海平面平均推力	$\overline{F}_i$	kN

双推力发动机除用于空-空导弹外,也广泛用于地-空导弹。双推力发动机的主要优点是结构简单、工作可靠、无级间分离以及成本低。缺点是转级时助推级的消极质量去不掉,单室双推力在续航段的能量损失较大。

近几年,单室双推力发动机出现了一种较新的替代模式,即双脉冲发动机。双脉冲发动机,是用隔离装置将发动机燃烧室分隔成多个脉冲燃烧室,各脉冲燃烧室各有一套独立的脉冲药柱和点火系统,共用同一个喷管,发动机通过弹上程序控制,进行多次关机与启动,实现多次间歇式推力,通过合理调节推力分配及各级脉冲间隔时间,实现导弹飞行弹道的最优控制和发动机能量的最优管理。

脉冲发动机的具体工作过程为:发动机点火指令发出后,启动第 Ⅰ 脉冲点火系统,引燃第 Ⅰ 脉冲药柱,当第 Ⅰ 脉冲药柱燃烧完成后,发动机自然熄火;间隔一段时间后,根据导弹飞行状态和目标情况,由弹上程序控制,再次启动第 Ⅱ 脉冲点火系统,引燃第 Ⅱ 脉冲药柱,依靠 Ⅱ 级工作压强打开隔离装置,在第 Ⅱ 脉冲药柱燃烧完之后,发动机自然熄火。如此反复,直到发动机工作结束,从而实现发动机多次启动、多次熄火的目的。

脉冲发动机主要优点：

（1）多任务多射程攻击能力。脉冲发动机能够提供多次间断的推力-时间曲线，发动机在飞行过程中通过多次启动与关机，控制导弹的飞行弹道和能量，从而使导弹兼备空对空、空对地以及近距格斗和超视距拦截多任务多射程能力。

（2）射程更远、杀伤区域更大。单推力和单室双推力发动机使导弹连续加速，由于导弹阻力和升力与速度平方成正比，既增加了导弹弹翼尺寸，又造成了较大的能量损失，降低了导弹的末速度和射程。双脉冲导弹在助推段完成后熄火一段时间，导弹进行惯性飞行，这样能避免导弹的速度过大，从而减小导弹的阻力，提高导弹的射程和杀伤区域，射程可增加 20% ～ 30%，如图 4-4 所示。同时，较小的导弹速度减小了弹头的气动加热，减缓了弹头的烧蚀。

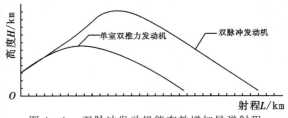

图 4-4　双脉冲发动机能有效增加导弹射程

（3）机动性更强、末速度更高。双脉冲发动机同导弹的制导和控制系统相结合，捕捉到目标后，在导弹性能指标最优的时刻第二次启动发动机，末速度可提高 20%，如图 4-5 所示，导弹在有动力飞行状态下进行姿态控制，有效地消除了导弹的中段制导误差，提高了导弹的制导精度和打击机动目标的能力，使导弹具有更高的机动性。

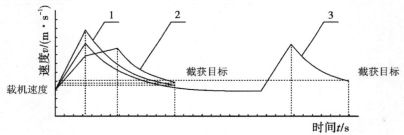

图 4-5　双脉冲发动机能有效增加导弹飞行时间及末速度

（4）不可逃逸区更大。导弹攻击的"不可逃逸区"是指导弹处于有动力飞行（发动机工作段）可以达到的最大区域。在这一区域内，导弹的机动能力处于最佳状态。双脉冲发动机能有效增加导弹飞行时间及末速度，末速度可提高 20%，有效延长导弹有动力飞行的时间和距离，最大限度地扩大"不可逃逸区"，可扩大 1.5 ～ 2 倍。

双脉冲发动机可以为防空反导导弹、双射程空-空导弹、地-地弹道导弹等武器系统提供先进的动力平台，优化导弹的飞行弹道，从而大幅提高导弹的机动性，提高防空反导导弹拦截精度，提升地-地弹道导弹的变轨突防能力，实现空-空导弹的双射程功能，拓展导弹的使用范围。

国外已有多种战术导弹型号运用脉冲固体火箭发动机，特别是在防空型战术武器上的应用。如美国的 SRAM-A、SRAM-T 近程攻击导弹、PAC-3 MSE 导弹、SM-3 舰空导弹、CKEM 紧凑动能反坦克导弹以及 Javelin 反坦克导弹；俄罗斯"凯旋"C400 系统配置的两种新型导弹及 Kh-55 改进型常规空-地巡航导弹；德国的 TLVS 中程地-空导弹 LFK-NG、HFK2000 防空导弹；意大利的 Idra 防空导弹；英国研制的 ARAM 导弹；以色列的 Stunner 防空反导导弹。

（二）发动机结构与药柱的关系

药柱的形状在很大程度上根据发动机用途和性能来确定。按药柱形状可以分为端面燃烧（一维），侧面燃烧（二维）和端、侧面同时燃烧（三维）药柱。

1. 端面燃烧药柱发动机

其特点是工作时间长、推力小；燃气直接与室壁接触，因此室壁必须采取良好的绝热措施；发动机工作过程中，质心位置变化大，会影响导弹控制性能。为了减弱这种影响，若采用这种发动机作为串联的续航发动机，可将其置于助推发动机前靠近导弹质心处。为了解决排气问题，可采用斜喷管或长尾喷管结构。

2. 侧面燃烧药柱发动机

这是一种广为应用的发动机，它又可分为下述两种。

（1）内孔燃烧药柱发动机，药柱本身具有隔热作用，减轻了壳体工作时的受热问题。由于采取贴壁浇铸，既解决了壳体受热问题，也解决了大直径药柱的制造工艺和支撑问题。这种发动机燃面较大，多用于推力较大、工作时间较长的情况，常用作各类导弹的主发动机。

（2）内外侧面燃烧药柱发动机，典型的是单根或多根管形药柱发动机。药柱的内、外表面可同时燃烧，故可用于推力大、工作时间短的情况，例如用作各类导弹的助推器。这种发动机的最大优点是药形简单、制造容易、燃面恒定以及可获得等推力。燃气与室壁直接接触，壳体受热严重，工作时间较长时应采取防热措施。药柱是自由装填到燃烧室中的，需解决其支撑和固定问题。

3. 端、侧面同时燃烧药柱发动机

端侧面同时燃烧药柱发动机的药柱燃烧方向是三维的，这类药柱有翼柱形、锥柱形、开槽管形以及变截面和端面燃烧的星形、车轮形等。翼柱形和锥柱形药柱发动机是同期发展起来的一种高装填分数、无余药发动机，适用于长时间工作的大中型发动机。

（三）发动机结构的分类

前面已提及各种发动机结构，可按药柱形状、装填方式、喷管形式、喷管数量和推力方案来对它们进行分类（见图 4-6）。

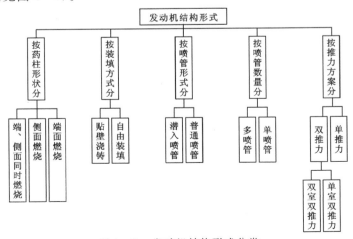

图 4-6　发动机结构形式分类

4.2.2 发动机主要结构形式选择

1.选择发动机结构形式的原则

(1) 发动机性能应满足规定的技术要求。

(2) 发动机结构应紧凑、质量应小。

(3) 工艺性良好、研制费用低、研制周期短。

2.壳体结构形式

(1) 封头型面:对金属壳体有椭球、球形等;对纤维缠绕壳体有椭球、平面以及等张力等型面。

(2) 直段:圆柱形和圆锥形,通常采用圆柱形。

(3) 连接裙:直筒型、内翻边和外翻边等。

(4) 前、后接头连接形式:螺纹、法兰和卡环等。小尺寸连接且无象限定位要求时,常采用螺纹连接;大尺寸连接时通常采用法兰形式;小直径壳体且要求用装填式药柱时,通常采用卡环形式。

3.装药形式

通常采用的药型有端面、圆管、圆管带锥、星孔、车轮、星球、翼柱及嵌金属丝等形式。

药型选择应根据发动机的用途、推力控制程序、发动机质心变化要求、工作时间长短、推进剂燃速的可能调节范围及推进剂力学性能等因素选取,在满足上述因素的条件下,尽量使药柱的体积装填分数 η_v 最大。各种药型的 η_v 范围可参见表 4-2。

表 4-2 各种药型的 η_v 范围

药型	端面	车轮型	星孔	翼柱	球型
η_v	~1.0	0.65~0.70	0.75~0.85	0.85~0.95	0.9~0.95

4.喷管结构形式

喷管结构形式有固定、摆动、延伸、潜入、长尾喷管以及斜置喷管等,扩张段型面有锥形和特型等。喷管结构形式通常要根据总体要求选取。

5.点火装置结构形式

按点火部位分类有头部点火和尾部点火,按结构分类有药盒式、火箭发动机式和远距离发火装置等。通常,战术小发动机采用药盒式,大型发动机采用火箭发动机式点火装置。

6.安全机构形式

安全机构主要有 TA 系列、DZ 系列(用于远距离发火装置)和低通滤波器等。

7.推力终止结构形式

推力终止一般采用反向喷管形式,反喷管类型按开孔方式分为预开孔和直接切割两类,通常采用预开孔方式;按打开机构分类有滚珠式和线形爆炸器切割式。

4.3　发动机主要材料选择

4.3.1　壳体材料

壳体材料主要根据对发动机质量比的要求和壳体长细比（或刚度要求）选取，尽量选用工艺成熟和廉价的材料。主要壳体材料有：

（1）金属壳体材料：高强度钢有 25CrMnSiA 和 30CrMnSiA；超高强度钢有 D406A，D406B，28Cr3SiNiMoWVA，37SiMnCrNiMoVA，45NiCr1VA 等。

（2）复合材料：玻璃钢、有机纤维（凯芙拉-49，F-12），碳纤维（T-700、T-800、T-1000）。

（3）接头和连接裙材料：铝合金、钛合金和全复合材料裙。

4.3.2　推进剂

推进剂应根据能量、燃速和力学性能等要求进行选择。

复合固体推进剂是以橡胶类高分子黏合剂为弹性基体（连续相），固体氧化剂和金属燃料等为填料（分散相），并具有一定力学性能的多相混合物的含能复合材料，属于非均质固体推进剂。目前，常用的黏合剂为端羟基聚丁二烯（HTPB），氧化剂为高氯酸铵（AP），金属燃料铝粉（Al），固化剂为甲苯二异氰酸酯（TDI），增塑剂癸二酸二辛酯（DOS）及交联剂三（2- 甲基氮丙啶氧化磷）（MAPO），键合剂三氟化硼三乙醇胺络合物（T313），燃速催化剂辛基二茂铁、三氧化二铁（Fe_2O_3），降速剂草酸铵（AO）等。

三组元 AP/AL/HTPB 即丁羟推进剂为目前应用最广泛、成本最低以及技术最成熟的经典复合固体推进剂。其中 AP 含量约 70%，Al 含量约 17%，HTPB 含量约 9%，其余为增塑剂、力学性能和燃烧性能调节剂等，固含量高达 88%。HTPB 黏合剂高分子链的羟基与固化剂的异氰酸酯基团、交联剂等发生交联化学反应，形成具有一定形状和力学性能的高分子黏弹性基体，AP，Al 等粉料分散在弹性体中。

四组元推进剂 AP/NA/Al/ HTPB 是为提高推进剂能量及降低燃烧产物 HCl 含量，而在三组元配方基础上用硝胺 HMX 或 RDX 部分取代 AP，含量一般在 20% 以内。若四组元配方中的 Al 含量降低，使燃烧产物中的一次烟雾 Al_2O_3 含量降低，这样的四组元配方也称少烟推进剂。

高能 NEPE 推进剂，用大量液态硝酸酯（NG）或混合硝酸酯（NG/BTTN）作含能增塑剂，与聚乙二醇 PEG 混合成含能的硝酸酯增塑的聚醚黏合剂，加入 HMX(RDX)，Al，AP 等组分组成 NEPE 推进剂。由于双基药常用的硝酸酯引入到复合推进剂，使能量大幅度提高，从性能和大尺寸发动机装药工艺两方面看，集双基和复合推进剂优点于一身。

叠氮推进剂是用含能的黏合剂叠氮缩水甘油醚（GAP）取代 NEPE 推进剂中的惰性 PEG 黏合剂，使推进剂能量提高。

贫氧推进剂即富燃料推进剂，用于固体火箭冲压发动机。推进剂主要由黏合剂、氧化剂和燃料组成，富燃料推进剂二次燃烧所需的氧来自空气，配方中的氧化剂含量降低，一般含量为 25% ～ 45%。金属燃料含量为 25% ～ 45%，常用硼、镁、镁铝合金等作为金属燃料。

低易损性推进剂，是指受到外界刺激（热、机械）作用时，推进剂的危险性响应和二次损害作用低而能安全接受使用。HTPB 推进剂不能通过慢速烤燃试验,NEPE 推进剂不能通过殉爆试验。在保持或稍降低配方能量的情况下,目前常用含氧高的黏合剂如端羟基聚醚(HTPE)、端羟基聚酯(HTPC),利用其高的含氧量,有利于降低配方中 AP 含量,实现推进剂的低易损性。

4.3.3 壳体绝热层材料

目前,国内外发动机绝热层分为以下三类:

(1)柔性绝热层,通常以高分子弹性体材料为基体,用于贴壁式装药结构和包覆套装药柱;柔性绝热层的基体主要是指各种橡胶材料,如丁腈、三元乙丙(EPDM)和硅橡胶等。当前应用最广、性能最好的是 EPDM,其密度 $\rho = 0.87\ \mathrm{g \cdot cm^{-3}}$ 是通用橡胶中最低的,而且比热容大、气密性好、耐老化性和低温性能优良、烧蚀率低、强度和延伸率也较好。采用 EPDM 绝热层的先进固体发动机较多,如美国 MX 导弹、"三叉戟-2"导弹以及日本 M-5 火箭等。我国 EPDM 绝热层也已在多种型号发动机上使用。

(2)硬质绝热层,其中一类是以高分子树脂材料为基体,用于自由装填式装药的燃烧室以及与火焰接触的部位,如固体发动机燃烧室要经受高超声速热流冲刷的烧蚀环境,材料应具备高的成碳率和高的碳化层强度,才能耐高温和高速气流的冲刷。能满足这些要求的树脂主要是主链为芳核或杂环,并在固化后能形成双链形梯型结构或网状结构的高聚物。在耐高温树脂中,耐热性能最好的是聚苯并咪唑、聚苯并噻唑和聚苯撑,它们的起始分解温度分别为 $580℃$,$470℃$,$405℃$。在 $1\ 000℃$ 高温下失重量仅为 $22\% \sim 33\%$。这些芳核杂环缩合的高聚物,主链的刚性虽然很大,但由于保持线性结构,因而并不呈现脆性,作为硬质绝热层基体材料特别有利。然而,由于这些树脂价格昂贵,在实际使用过程中受到了限制。常用的硬质绝热层基体材料是各类酚醛树脂。典型的有耐热酚醛、聚酚醛、新酚Ⅱ、钡酚醛和钼酚醛等。它们的耐热性能虽不如前面所述的新型树脂,但若与高硅氧玻璃布带搭配使用,仍具有良好的耐烧蚀性和抗冲刷性。酚醛类树脂的缺点是韧性差、延伸率很低。其中,新酚Ⅱ经改性后韧性有一定提高,酚醛树脂具有高含碳量、高芳基化、高相对分子质量、高交联密度、高碳化率、低分解气压和低收缩率等特性,工艺性能好、价格低廉,因此它作为发动机内绝热层的热防护材料而获得广泛应用。另外一类硬质绝热层是以编织碳纤维为骨架结构,通过浸入丁腈橡胶、酚醛改性丁腈和三元乙丙橡胶胶液而制备的编织结构硬质绝热层。

(3)由柔性和硬性两类材料组合的多层式绝热层,兼有柔性绝热层和硬性绝热层的优点,具备良好的抗冲刷和耐烧蚀性能,是高过载发动机绝热层的首选绝热材料,适用于任何装药结构。图 4-7 所示为复合结构绝热层示意图。

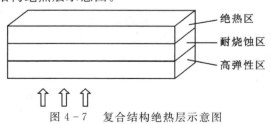

图 4-7 复合结构绝热层示意图

4.3.4　喷管材料

喷管材料应根据发动机类型、工作压强和工作时间等进行选择,喷管材料主要有:

(1)喷管结构材料:30CrMnSiA,D406A,也有不少采用铝合金和钛合金材料。

(2)喉衬材料:钨渗铜、石墨(T-704、T-705)、石墨渗铜、热解石墨、毡基 C/C、多维编织 C/C 等。

(3)烧蚀材料:碳毛板、高硅氧／酚醛模压或布带缠绕、碳带缠绕、C/C(铺层、针刺、编刺)等。

(4)隔热材料:石棉酚醛树脂类(如 5-Ⅱ)、高硅氧／酚醛模压或布带缠绕等。

4.4　发动机总体参数选择

(1)总体初步确定以下指标:发动机直径(D_c)、发动机总冲(I)、工作时间(t_a)。在进行发动机方案论证时,还需总体确定以下指标:发动机总冲指标是在什么条件下的要求(当地还是海平面);发动机使用温度范围;发动机工作高度;等等。

(2)总体的论证思路:先在给定初步技术指标的条件下,要求发动机提供发动机结构布局图、推力-时间数据、秒流量-时间数据、发动机质心-时间数据、转动惯量-时间数据。总体根据这些数据计算外弹道,根据计算结果对发动机的推力-时间进行再次确定,直至满足总体要求为止。

(3)发动机方案论证思路:先根据总体的技术要求,对指标进行分解。在已知发动机直径、总冲、时间和质量比的条件下,对发动机工作参数进行选取。

先选定推进剂,推进剂主要包括丁羟三组元推进剂、丁羟四组元推进剂、N-15B 推进剂、N-15 推进剂和 H-16 推进剂,其主要性能指标见表 4-3。

表 4-3　各种推进剂的主要理论性能指标

种类	比热比	燃烧室温度 K	特征速度 m·s^{-1}	比冲 s
丁羟三组元推进剂	1.16	3 500	1 578	263
丁羟四组元推进剂	1.16	3 550	1 602	266
N-15B 推进剂	1.16	3 630	1609	268
N-15 推进剂	1.16	3 763	1 637	273
H-16 推进剂	1.16	3 850	1 643	274

注:工作压强为 7.0 MPa,最佳膨胀比为 9.74,环境压强为 0.101 3 MPa。

4.4.1　发动机工作压强的确定

为了满足发动机总体指标中的总冲要求,选择发动机的平均工作压强是至关重要的。

随着发动机工作压强的增加,发动机的消极质量和发动机的比冲都增加,在总冲不变的情况下,比冲的增加又可以减少装药量。因此,设计时应尽量减小消极质量。在使推进剂能量得到充分利用的同时,使发动机消极质量尽量小,以使发动机冲质比 $\lambda m_i = \dfrac{I}{m_i}$ 最大。

总体要求的总冲指标为地面测试值,因此发动机按环境压强0.094 MPa进行设计(图4-8为设计高度与环境压强的关系)。根据总体的要求,选取不同的设计高度,确定环境压强。

在设计高度上,发动机比冲与压强存在以下关系:

$$I_s = \sqrt{\frac{2k}{k-1}RT_0\left[1-\left(\frac{p_e}{p_c}\right)^{\frac{k-1}{k}}\right]} \tag{4-2}$$

式中:k—— 比热比;

R—— 燃烧产物气体常数;

T_0—— 燃烧室出口处的总温;

p_e—— 喷管出口截面处压强。

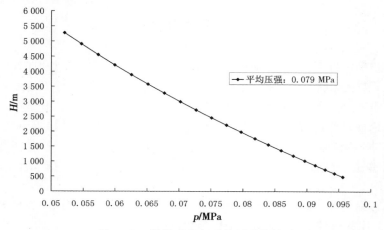

图4-8 设计高度与环境压强的关系

若燃烧室压强增大,则比冲增大。三组元推进剂比冲与燃烧室压强的关系曲线如图4-9所示。表4-4为几种常用推进剂在标准状态下,发动机比冲与燃烧室压强的关系。

表4-4 常用推进剂的比冲随燃烧室压强变化关系

p/MPa	三组元 /s	四组元 /s	N-15B/s	N-15/s	H-16/s
3	221.9	224.7	226	230.1	231.1
4	229.3	232	233.5	237.8	238.8
5	234.6	237.6	239	243.3	244.4
6	238.8	241.7	243.2	247.7	248.8
7	242.2	245.2	246.7	251.1	252.2
8	245.1	248.2	249.6	254.2	255.3
9	247.6	250.6	252.1	256.7	257.9
10	249.7	252.9	254.3	259	260.1
11	251.6	254.7	256.2	260.9	262
12	253.4	256.4	258	262.7	263.9
13	254.9	258.1	259.6	264.3	265.5
14	256.3	259.5	261	265.7	266.9
15	257.7	260.8	262.3	267.1	268.3

续表

p/MPa	三组元 /s	四组元 /s	N-15B/s	N-15/s	H-16/s
16	258.8	262	263.6	268.4	269.6
17	259.9	263.2	264.7	269.5	270.7
18	260.9	264.2	265.7	270.6	271.7

注：膨胀比为 9.733，环境压强为 0.101 3 MPa，发动机效率为 0.925。

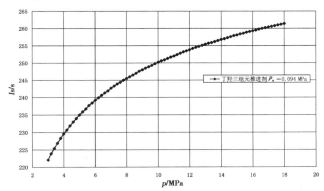

图 4-9　三组元推进剂比冲与燃烧室压强的关系曲线

在总冲一定时，一方面，提高工作压强，使比冲提高，推进剂质量减小，使发动机质量减小；另一方面，燃烧室壳体壁厚随工作压强而增加，使发动机质量增加。因此存在一个"最佳工作压强"，使发动机质量比冲最大，即

$$\left(\frac{\mathrm{d}m_i}{\mathrm{d}p_c}\right)_I = 0 \tag{4-3}$$

$$m_i = m_c + m_n + m_{ig} + m_p + m_s \tag{4-4}$$

式中：m_c—— 壳体质量；

m_n—— 喷管质量；

m_{ig}—— 点火装置质量；

m_p—— 推进剂质量；

m_s—— 其他结构质量。

喷管质量与工作压强关系不太大，m_{ig}，m_s 与工作压强几乎无关，可以不考虑它们随压强的变化，于是式（4-3）可写为

$$\left(\frac{\mathrm{d}m_c}{\mathrm{d}p_c} + \frac{\mathrm{d}m_p}{\mathrm{d}p_c}\right)_I = 0 \tag{4-5}$$

由于 $m_p = I/I_s$，有 $\left(\dfrac{\mathrm{d}m_p}{\mathrm{d}p_c}\right)_I = -\dfrac{I}{I_s^2}\dfrac{\mathrm{d}I_s}{\mathrm{d}p_c} = -\dfrac{m_p}{I_s}\dfrac{\mathrm{d}I_s}{\mathrm{d}p_c}$，代入式（4-5），得：

$$\frac{1}{m_p}\left(\frac{\mathrm{d}m_c}{\mathrm{d}p_c}\right)_I - \frac{1}{I_s}\frac{\mathrm{d}I_s}{\mathrm{d}p_c} = 0 \tag{4-6}$$

通过作图法，给出一组 p_c 值，分别算出壳体质量和推进剂质量，绘制 m_c - p_c 和 m_p - p_c 曲线；再将它们叠加，绘制 $(m_c + m_p)$ - P_c 曲线，见图 4-10，此曲线上极小值对应的压强即为式（4-6）的最优解。

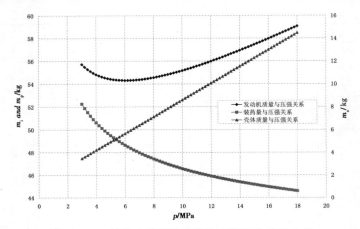

图 4 - 10　某发动机质量与燃烧室压强的关系曲线

通过分析,图4-10的发动机平均工作压强为6 MPa时,此时针对发动机的冲质比最大。对应发动机的比冲为240 s。

4.4.2　发动机膨胀比的确定

发动机比冲由下式确定:

$$I_{sp} = \eta C_f C^*$$ (4-7)

式中:C^*——理论特征速度;

　　C_f——喷管特性;

　　η——冲量损失系数,$\eta = \eta_c \eta_n$;

　　I_{sp}——发动机实际比冲。

影响C^*的因素有推进剂种类、发动机工作压强及药柱结构形式;影响C_f的因素有喷管膨胀比、喷管内燃气比热比。

推进剂特性C^*的确定有两种方式:① 根据以往同类发动机的实测值;② 根据选定推进剂的配方进行热力计算,计算结果要乘以特征速度的效率。理论值可参照表4-2的数据。

理论推力系数表达式为

$$C_f = \Gamma \sqrt{\frac{2k}{k-1}\left[1-\left(\frac{p_e}{p_c}\right)^{\frac{k-1}{k}}\right]} + \frac{A_e}{A_t}\left(\frac{p_e}{p_c} - \frac{p_a}{p_c}\right)$$ (4-8)

式中:Γ——燃气比热的函数;

　　k——比热比;

　　p_e——喷管出口平均压强;

　　p_c——燃烧室工作压强;

　　p_a——环境大气压强;

　　A_e——喷管出口面积;

　　A_t——喷管喉部面积。

压强比 p_e/p_c 可由下式叠代计算得到

$$\frac{A_{e}}{A_{t}} = \frac{\Gamma}{\left(\dfrac{p_{e}}{p_{c}}\right)^{\frac{1}{k}} \sqrt{\dfrac{2k}{k-1}\left[1-\left(\dfrac{p_{e}}{p_{c}}\right)^{\frac{k-1}{k}}\right]}} \tag{4-9}$$

从能量利用观点看,获得最大推力的条件是使喷管在完全膨胀状态下工作。由于导弹飞行高度是变化的,外界大气压强 p_{a} 也在变化,而燃烧室压强是一定的,所以喷管的设计条件只是在弹道的某一点上才能实现。在这一点以前的弹道段内,喷管是过膨胀的,即 $p_{e} < p_{a}$,而在此点以后,喷管是欠膨胀的,即 $p_{e} > p_{a}$。无论是哪种情况,都将使发动机推力或比冲降低。

另外,由于推进剂的燃速随药柱的初温变化而变化,因此燃烧室压强也将随之变化。对于一般的双基推进剂,使用温度在 $-40 \sim 40\,℃$ 范围内变化时,所引起的燃烧室压强变化可达 4 MPa。这样,即使导弹在同一高度上飞行,使用温度的变化也会使压强比产生变化,所以不可调节的喷管对于某一固定膨胀比来讲,喷管不可能在整个发动机工作期间都处于设计状态下($p_{e} = p_{a}$)工作。

下面讨论根据发动机冲质比最大原则选择膨胀比。

膨胀比的大小直接影响喷管结构质量的大小,仅仅按照最佳出口压强来确定膨胀比是不行的。因此,在选择膨胀比时不能单纯追求比冲最大,而应兼顾喷管结构质量。在发动机总质量中,喷管质量通常占发动机结构质量的 $20\% \sim 30\%$,有时还更高。因此,应按冲质比最大原则来选择膨胀比。

通常情况下,用作图法求解使冲质比最大的膨胀比步骤如下:

(1) 作 m_{n}-ε_{A} 关系曲线:给出一系列 p_{e}/p_{c} 值,由式(4-9)算出 ε_{A},再计算不同 ε_{A} 条件下的喷管质量 m_{n},从而作出 m_{n}-ε_{A} 的关系曲线,如图 4-11 所示。

(2) 作 C_{F}-ε_{A} 关系曲线:由式(4-8)分别算出 ε_{A} 和 C_{F} 关系,从而可绘制出 C_{F}-ε_{A} 关系曲线(图 4-11)。再由式(4-7)计算出 I_{s} 与 ε_{A} 的变化关系,如图 4-12 所示。进而可以计算出 m_{p}。分别绘出 m_{n}-ε_{A} 和 m_{p}-ε_{A} 曲线,如图 4-13 所示。

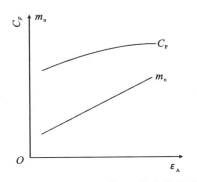

图 4-11　m_{n},C_{F} 与 ε_{A} 的变化关系

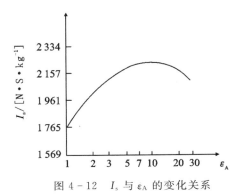

图 4-12　I_{s} 与 ε_{A} 的变化关系

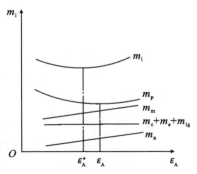

图 4-13　发动机及其各主要部分的质量与 ε_A 的关系

(3) 作 m-ε_A 或 λ-ε_A 关系曲线　冲质比 λ 的表达式为

$$\lambda_{m_i} = \frac{I}{m_i} = \frac{C_F p_c A_t t_a}{m_m + m_p} \tag{4-10}$$

燃烧室压强 p_c 及喷管喉部面积 A_t 确定后，m_n，m_p 和 C_F 与 ε_A 的关系便可确定，加上燃烧室壳体质量 m_c 和其他结构质量，就得到发动机结构质量 m_m，最后用叠加法求得发动机质量 m_i 与 ε_A 的关系。m_i-ε_A 曲线的极小值(见图 4-13)或 λ_{mi}-ε_A 曲线的极大值(见图 4-14)所对应的 ε_A 即为最佳值 ε_A^*。

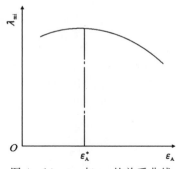

图 4-14　λ_{mi} 与 ε_A 的关系曲线

由固体火箭发动机原理可知，在喷管完全膨胀状态附近，ε_A 的变化所引起的 I_s 的变化是比较缓慢的。所以，通常选择发动机在欠膨胀状态下工作。这样，既可以使 I_s 较大，又可以使喷管减短，质量减小，从而获得较大的冲量质量比。

用数值法或作图法求解，可同时求得最佳工作压强及其对应的喷管膨胀比，但是应采取 $D_e \leqslant D_c$ 的约束(喷管出口外径 ≤ 发动机外径或总体的外径要求)。根据统计数据，第一级发动机和在低空工作的发动机，通常取 $\varepsilon_A = 4 \sim 12$；在高空工作的发动机，膨胀比可选得大些，例如末级和远地点发动机，一般取 $\varepsilon_A = 15 \sim 100$。

4.4.3　发动机喉径的确定

在发动机平均膨胀比确定以后，平均工作压强通过 4.4.1 的方法确定，则推力系数已经确定，发动机推力可由总冲和工作时间确定。根据推力计算公式(4-11)，即可得到喷管的平均喉

径 A_t 的大小,根据喷管喉衬材料及烧蚀率,即可确认发动机的初始喉径大小。

$$F = C_F p_c A_t \tag{4-11}$$

4.5　发动机流场仿真技术

固体火箭发动机工作过程复杂,涉及不可压流、可压流、多相流、气相与凝聚相燃烧、传质与传热、烧蚀、结构振动与破坏以及流动与结构耦合等多个学科方向,是强烈的多学科交叉耦合。

在固体火箭发动机研究过程中,发动机点火试验是重要的研究手段,但试验周期长、经费高,特别是大型固体火箭发动机试验耗费特别高,在未经充分验证情况下进行试验,如果失败,将难以承受巨大的损失。对于空-空或地-空导弹飞行条件,环境特殊,存在较大的加速度,难以在地面进行真实条件下的试验模拟,需要开展数值模拟工作。同时发动机内工作环境恶劣,发动机内的高温、高压燃气,金属颗粒燃烧和两相流运动都难以进行准确的实验测试。仅凭经验、半经验设计方法不能满足现代先进燃烧室的设计要求,因此数值计算成为先进固体火箭发动机设计的有力工具。

发动机总体方案确定后,一般涉及以下几个方面的仿真分析工作:发动机内流场仿真分析、发动机模态仿真分析、发动机两相流仿真分析、发动机燃烧不稳定大涡模拟、发动机点火瞬态模拟、发动机羽流模拟,等等。

本节结合实例对其中最为常见的内流场仿真和两相流动进行介绍。

4.5.1　发动机三维稳态两相流颗粒沉积数值计算

固体火箭发动机在某些工作状态下会在较大的过载下工作。燃烧室内的氧化铝粒子在大过载条件下会形成聚集,粒子浓度大幅度增加形成稠密两相流。这种高温稠密粒子流会对燃烧室内绝热层形成强烈冲刷,破坏发动机热结构。由于发动机内两相流动通过实验测试难度极大,所以数值模拟成为较好的分析手段。

针对该工程实际的发动机在飞行加速度条件下发动机内部流场参数(冲击速度、冲击角度及粒子浓度)的分布特性,基于 Fluent 软件建立了固体发动机加速度条件下内流场模型。

根据计算模型和计算工况,为了节约计算资源,将模型简化为对称结构。

1. 网格的操作

(1) 读入网格文件:选择 File → Read → Case……。

(2) 检查网格:选择 Grid → Check,检查网格的一个重要原因是确保最小体积单元为正值,Fluent 无法求解最初为负值的体积单元。

(3) 光滑网格:选择 Grid → Smooth/Swap……,如果网格划分时,采用了非结构化网格,建议进行网格光滑操作,优化畸形网格,如图 4 - 15 所示。

2. 模型操作

(1) 选择求解器模型:选择 Define → Models → Solver……,选择基于压力的三维耦合稳态求解,如图 4 - 16 所示。

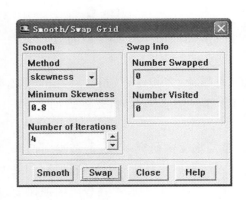

图 4 - 15　光滑网格

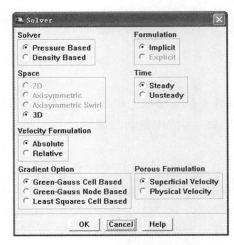

图 4 - 16　选择求解器模型

（2）激活能量方程：选择 Define → Models → Energy,勾选能量方程复选框,激活能量方程。

（3）选择湍流模型：选择 Define → Models → Viscous,在弹出的黏性模型项中激活 Spalart-Allmaras 模型,如图 4 - 17 所示。

在 Options 选项中,激活 Viscous Heating 黏性热模型。

3. 定义材料属性

选择 Define → Materials,流体物质为空气,密度选择理想气体,黏性（Viscosity）选择 sutherland,热导率（Thermal Conductivity）选择 kinetic-theory,同时根据热力学计算结果,输入燃气的定压比热为 3 437,气体常数为 19.3,如图 4 - 18 所示。

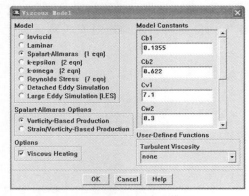

图 4 - 17　选择湍流模型

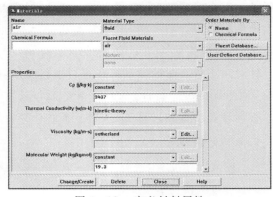

图 4 - 18　定义材料属性

4. 设置初始环境

选择 Define → Operating Conditions,定义大气压强为 0 MPa,根据计算工况设定 X 方向加速度为 146 m/s^2,Y 方向加速度为 135 m/s^2。如图 4 - 19 所示。

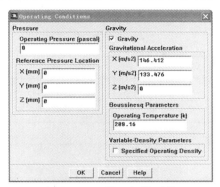

图 4-19　设置初始环境

5. 定义边界条件

（1）入口边界条件：选择 Define → Boundary Conditions，如图 4-19 所示。在 Zone 里面选择定义好的入口边界 inlet，在类型项 Type 内选择质量入口边界条件 Mass-Flow-Inlet，如图 4-20、图 4-21 所示。质量入口参数见表 4-5。

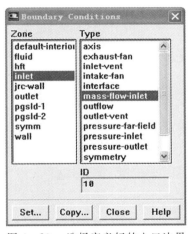

图 4-20　选择定义好的入口边界

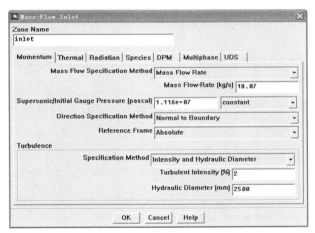

图 4-21　选择质量入口边界条件

表 4-5　质量入口参数

参数	单位	数值
质量流量	$kg \cdot s^{-1}$	18.07
静压	MPa	11.16
燃气温度	K	3 540
湍流强度	%	2
水力学直径	mm	2 500

（2）出口边界条件：出口边界条件选择压力处理 Pressure-Outlet，如图 4-22 所示，压力出口边界条件见表 4-6。

表 4 - 6　压力出口参数

参数	单位	数值
压强	MPa	0.078
燃气温度	K	293
湍流强度	%	10
水力学直径	mm	370

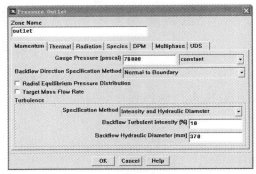

图 4 - 22　出口边界条件

（3）固壁面条件：固壁面选择 wall，见图 4 - 23，默认选择无滑移边界条件 No Slip，绝热条件。

（4）对称面条件：在 Zone 内选择定义好的对称面 symm，在类型项 Type 内选择 symmetry，如图 4 - 24 所示。

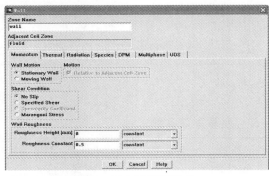

图 4 - 23　固壁面条件

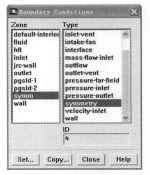

图 4 - 24　对称面条件

6.求解设置

（1）设置求解控制参数：选择 Solve → Control → Solution，将松弛因子调低至 0.2 ~ 0.3，默认选择 SIMPLE 算法，一阶迎风格式，如图 4 - 25 所示。

（2）设置初始条件：选择 Solve → Initialize → Initialize，设置初始压强 1e-06，温度 293 K，如图 4 - 26 所示。

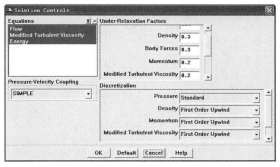 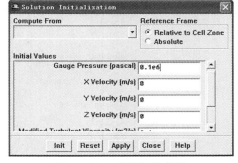

图 4-25 设置求解控制参数 　　　　图 4-26 设置初始条件

（3）设置残差：选择 Solve → Monitors → Residual，将 continuity 项修改为 1e-06，提高计算精度，如图 4-27 所示。

7. 气相计算

选择 Solve → Iterate 执行计算，设置迭代步数为 10 000 步，见图 4-28，单击 Iterate 开始计算。

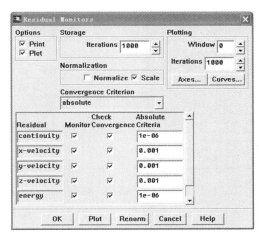 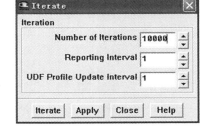

图 4-27 设置残差 　　　　　　　图 4-28 设置迭代步数

8. 保存结果

此步骤操作为保存气相稳态计算结果，选择 Flie → Write → XX-XX. Case & Date。

9. 设置离散相

选择 Define → Models → Discrete Phase Model，如图 4-29 所示。

在 Interaction 项中打开 Interaction with Continuous Phase，此操作将使得离散相和连续相发生相互作用。

在 Number of Continuous Phase Iterations per DPM Iteration 栏中输入 20，此选项控制着在气相每个迭代计算的时间间隔内离散相的迭代解。

在 Max. Number of Steps 栏中输入 2 000，此选项控制每个离散相迭代内的最大迭代步数，这个值可以适当放大。

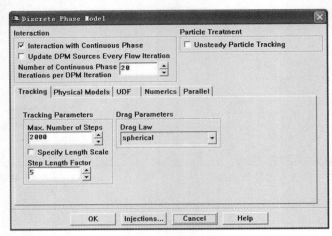

图 4-29　设置离散相

10. 设置入射源

选择 Define → Injections → Create，按照图 4-30 进行设置。颗粒分布选择 rosin-rammier 分布(R-R 分布)，在 Point Properties 内输入凝相颗粒参数，见表 4-7。

表 4-7　凝相颗粒参数

参数	单位	数值
颗粒温度	K	3 540
颗粒速度	m·s^{-1}	0.02
颗粒质量流量	kg·s^{-1}	1.413
最小粒径	mm	10
最大粒径	mm	120
平均粒径	mm	70
分布指数	/	3.5

11. 定义凝相边界条件

(1)凝相入口边界条件：选择 Define → Boundary Conditions，在 Zone 里面选择入口边界 inlet，在类型项 Type 内选择质量入口边界条件 mass-flow-inlet，在 DPM 里面选择 reflect，设置颗粒碰到药面后完全反弹模型，如图 4-31 所示。

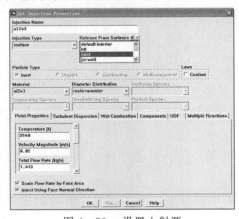

图 4-30　设置入射源

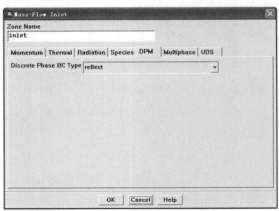

图 4-31　设置凝相入口边界条件

（2）凝相出口边界条件：打开出口边界条件 Pressure Outlet，在 DPM 里面选择 escape，即设置颗粒从喷管出口逃逸，见图 4 - 32。

（3）凝相壁面边界条件：打开后封头和筒段等壁面边界条件 Wall，在 DPM 里面选择 reflect，即颗粒碰到壁面完全反弹，如图 4 - 33 所示。如果发动机含有潜入段，后封头壁面选择 trap，即颗粒喷到潜入段后封头吸附。

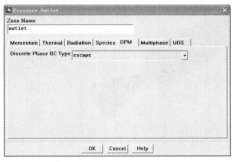

图 4 - 32　设置凝相出口边界条件

图 4 - 33　设置凝相壁面边界条件

12. 离散相计算

设置完成后，选择 Flie → Write → XX - XX - dpm. Case & Date。

保存完成后，选择 Solve → Iterate 执行计算，设置迭代步数 10 000 步，单击 Iterate 开始计算。

13. 后处理

（1）显示全局云图：选择 Display → Views，在右侧 Mirror Planes 里面，选择定义好的对面 symm，点击 Apply。

（2）显示气相压强、温度、速度等云图：选择 Display → Contours，设置面板如图 4 - 34 所示，在 Contours of 下拉菜单选择 Pressure/Staitc Pressure，见图 4 - 35，即可显示压强分布云图，如图 4 - 36 所示。

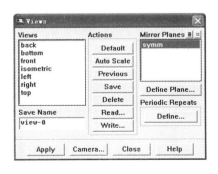

图 4 - 34　显示气相压强、温度、速度等云图

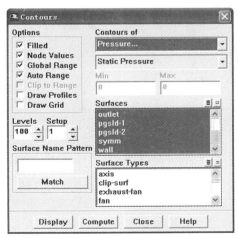

图 4 - 35　设置压强云图

同样地,在 Contours of 下拉菜单选择 Temperature/Staitc Temperature,即可显示温度分布云图,如图 4 - 37 所示。

速度云图显示类似,此处不再一一赘述。

图 4 - 36　压强分布云图

图 4 - 37　温度分布云图

(3) 显示凝相浓度分布:选择 Display → Contours,在 Contours of 下拉菜单选择 Discrete Phase Model/DPM Concentration,如图 4 - 38 所示,在 Surfaces 内选择要显示的面和体,即可显示对应的浓度分布,如图 4 - 39 所示。

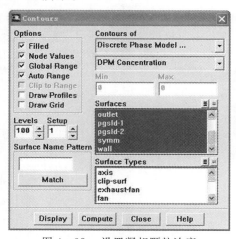

图 4 - 38　设置凝相颗粒浓度

图 4 - 39　凝相颗粒浓度分布

（4）颗粒轨迹分布：选择 Display → Particle Tracks，在 Contours of 下拉菜单选择 Particle Variables，子菜单内可以设置颗粒速度、颗粒粒径和颗粒温度等参数，如图 4 - 40 所示。

如果凝相颗粒数目较大，建议将 Skip 数量增大，否则可能会导致内存不足，Fluent 卡死，显示后的凝相颗粒粒径分布如图 4 - 41 所示。

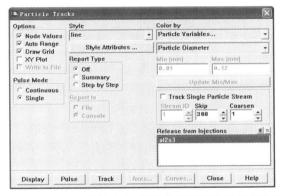

图 4 - 40　设置颗粒速度、颗粒粒径和颗粒温度等参数

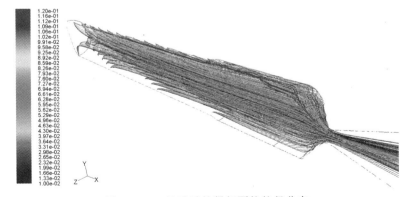

图 4 - 41　显示后的凝相颗粒粒径分布

（5）壁面颗粒参数提取：选择 Report → Discrete Phase → Sample，即可得到任意壁面的颗粒坐标、速度、直径、角度、温度、浓度以及滞留时间等参数，如图 4 - 42 所示。

图 4-42　壁面颗粒参数提取

颗粒与壁面的撞击角度 α 可通过下式计算：

$$\sin\alpha = \frac{XU + YV + ZW}{\sqrt{(X^2 + Y^2 + Z^2)(U^2 + V^2 + W^2)}} \tag{4-12}$$

计算结果详细数据见表 4-8。

表 4-8　后封头段凝相颗粒参数统计

时刻 s	平均粒径 μm	平均速度 m·s^{-1}	平均撞击角度 (°)	颗粒温度 K	壁面冲刷浓度 kg·s^{-1}	滞留时间 s
15	86.6	12.78	50.1	3540	0.23	0.145

14. 计算结果的使用

计算结果分析中应给出凝相颗粒的浓度分布云图和颗粒轨迹云图，不同绝热层壁面上的颗粒速度、角度、浓度、粒径和沉积率等参数，通过烧蚀率拟合公式得到不同部位绝热层的烧蚀率，见下式：

$$r_{max} = r_0 + a\rho_p^{n_1} v_p^{n_2} (\sin\alpha)^{n_3} \tag{4-13}$$

式中：r_{max}——试验条件下绝热层的最大碳化烧蚀率；

　　r_0——绝热层常规化学烧蚀率，通常取 0.1 mm/s；

　　ρ_p——颗粒聚集冲刷浓度；

　　v_p——颗粒冲刷速度；

　　α——颗粒冲刷速度。

另外，通过颗粒的壁面沉积率积分得到发动机的 Al_2O_3 沉积量，特别是潜入喷管的粒子沉积量预示。

系数 a 与 n_1, n_2, n_3 为待确定的未知数，确定过程如下：

(1) 通过地面试验或弯管试验获得相应条件下的绝热层烧蚀数据，即相应条件下的 r_{max}。

(2) 根据内流场计算结果获得相应条件下流场参数，确定关心部位的 r_0, ρ_p, v_p。

(3) 多元回归式(4-13)可以确定系数 a 与 n_1, n_2, n_3，某发动机过载条件下回归得到的烧蚀率公式，见下式：

$$r_{max} = r_0 + 2.968 \times 10^{-3} \rho_p^{0.717} v_p^{0.717} (\sin\alpha)^{0.247} \tag{4-14}$$

（4）计算飞行过载条件下发动机内流场，提取关心部位的内流场参数，同（2）。

（5）将获得的流场参数带入确定系数后的式（4-13），例如式（4-14），可以计算关心部位绝热层碳化烧蚀率，从而可以根据烧蚀率设计绝热层的厚度。如果单纯的丁腈橡胶和三元乙丙橡胶绝热层已经很难实现可靠的热防护，则需要考虑增加一定厚度的硬质绝热材料，将绝热层设计为"多层夹心"结构。

另外，如有需要，计算结果分析中可以给出气相的压强、速度、温度分布云图，尤其是对称面的流线图，对分析喷管潜入区、分段发动机对接部位的粒子运动轨迹和绝热层烧蚀规律很有必要。

15. 两相流计算中需要注意的问题

在固体火箭发动机两相流计算中，一般需要注意以下几个问题：

（1）好的网格质量是数值计算精度的保障，对于不含翼槽结构的药型尽量进行简单剖分后，再进行结构化网格划分；对于复杂模型，也尽量采用结构化网格，否则在局部畸变性较大的网格位置，凝相颗粒浓度容易出现异常。

（2）在两相流计算中，一般是分两步走，首先要将气相计算至收敛，其次是将凝相加入计算过程，这样可以大大节省计算资源。为了节约计算资源，通常不考虑凝相对气相的耦合作用。

（3）在凝相计算过程中一般通常预先调整松弛因子，否则计算过程很容易发散。

（4）对于重点关注的壁面区域，在网格划分前最好单独定义出来，便于处理计算。

（5）凝相颗粒初始粒径分布和质量流量对于后续熔渣沉积量的计算至关重要。

4.6　　旋转对发动机内流场影响计算研究

结合上节对发动机气相流场和两相流场的仿真方法介绍，本节针对某运载火箭的实际飞行工况，对其在旋转条件下的内流场进行仿真分析，结合计算结果对发动机的工作性能影响进行分析。

4.6.1　发动机介绍

某固体火箭发动机由低通滤波器、点火装置、壳体、装药、喷管以及直属件等部件组成，具体三维模型结构见图 4-43。其中壳体采用旋压＋组焊工艺成形，药柱采用前、后翼柱装药形式，喷管采用 C/C 喉衬组合喷管。发动机主要性能指标见表 4-9。

图 4-43　某固体火箭发动机三维模型结构

表4-9   发动机主要性能指标

项目	单位	指标
额定平均推力	kN	436.8
总冲(海平面)	kN·s	≥ 18 046
海平面比冲	N·s·kg^{-1}	250.1
额定工作时间	s	42.17
发动机工作高度	km	0 ~ 40
旋转速度	°	满足 200°/s 的使用要求
装药质量	kg	7 515
质量比	—	≥ 0.87

从表4-9中可以看出,较常规发动机来说,本方案发动机增加了旋转角速度的要求。根据研制经验,长时间在旋转状态下工作的大型固体火箭发动机,其内弹道和绝热性能都会产生一定的变化,而旋转引起的燃烧室气-固两相的切向运动,会使流动和传热产生较大的变化,这些变化会随着旋转角速度的增大而迅速增大,发动机旋转状态流场流线示意如图4-44所示。

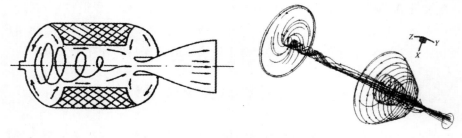

图4-44   发动机旋转状态流场流线

20世纪60年代,美国研制的固体发动机在旋转试车时曾发生了一系列重大事故,国内研制的用于发射卫星的固体发动机在旋转热试车时,也发生过随着旋转角速度的增大而导致发动机壳体前封头绝热层的烧蚀加剧,甚至开口部位窜火的现象。本节主要分析旋转条件对发动机造成的影响,分析发动机的可靠性。

4.6.2   内流场的影响分析

研究静态和旋转条件下的发动机内流场,分为两个典型时刻,一个为发动机工作初始时刻,一个为发动机前、后翼烧尽时刻。具体研究工况见表4-10。

表4-10   计算工况表

仿真序号	工作阶段	旋转角速度[(°)·s^{-1}]	是否考虑凝相颗粒
1	初始时刻	0	是
2	初始时刻	200	是
3	翼烧尽时刻	0	是
4	翼烧尽时刻	200	是

　　给出两个时刻有、无旋转状态下的压力、温度、速度场,如图 4-45 和图 4-46 所示,可见各场的分布云图基本一致,说明 200°/s 的旋转速度并未造成内流场的明显突变。

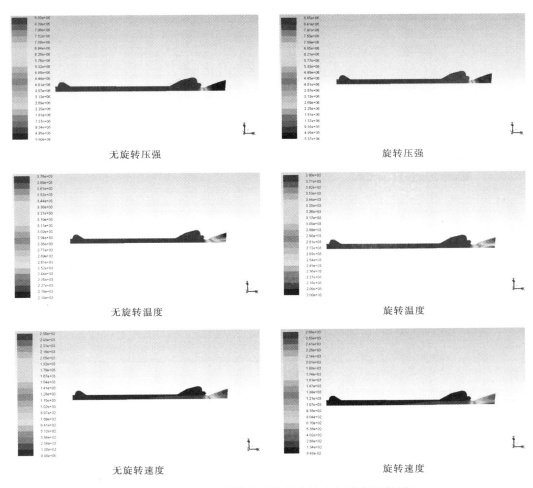

图 4-45　初始时刻静态及旋转流场对比(彩图见插页)

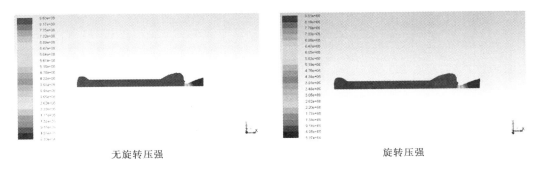

图 4-46　翼烧尽时刻静态及旋转流场对比(彩图见插页)

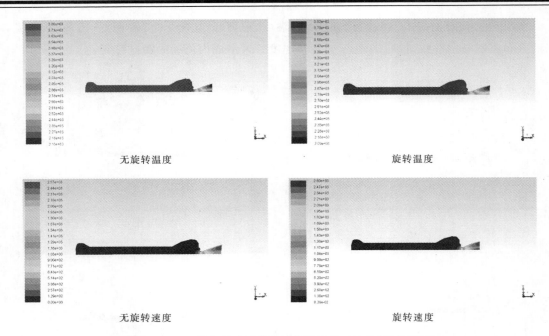

续图 4-46　翼烧尽时刻静态及旋转流场对比（彩图见插页）

　　根据文献记载，旋转对固体发动机燃烧室气-固两相流场的影响较大，本节对旋转条件下固体火箭发动机燃烧室进行了气-固两相湍流流动的数值模拟，首先给出初始时刻、翼烧尽时刻的粒子浓度分布对比云图，见图 4-47、图 4-48。

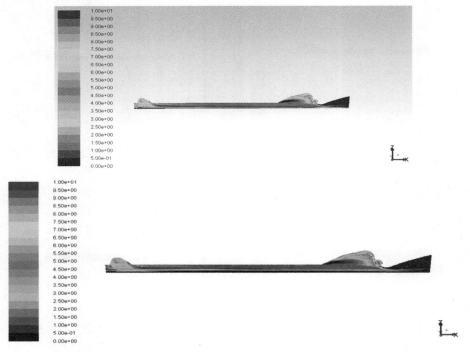

图 4-47　初始时刻有、无旋转状态下凝相颗粒的浓度分布（彩图见插页）

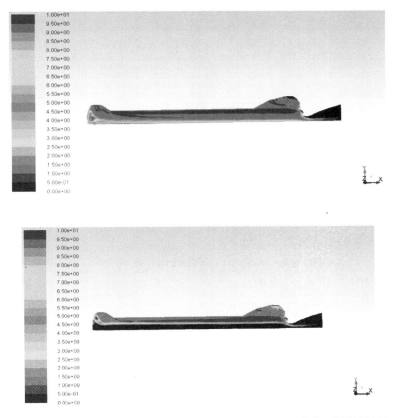

图 4-48　翼烧尽时刻有、无旋转状态下凝相颗粒的浓度分布（彩图见插页）

　　从图中可以看出，在无旋转条件下，粒子高浓度区主要集中在轴线位置；在旋转出现后，粒子高浓度区由中心向两侧偏转；随着燃面退移，高浓度区由前顶盖位置向前封头移动。

　　图 4-49、图 4-50 给出了旋转状态下前封头附近流场的流线和粒子轨迹，可以看到气流和粒子轨迹由于发动机旋转而发生了涡旋，这也是粒子浓度偏转的直接原因；对比初始时刻和翼烧尽时刻，可以发现漩涡强度随燃面退移而增强。

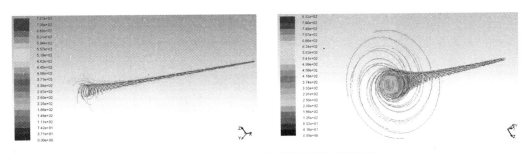

图 4-49　旋转流场气相流线（彩图见插页）

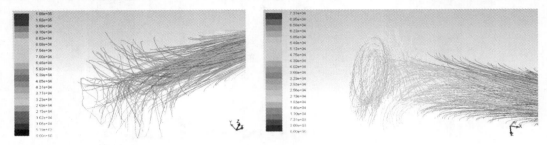

图 4-50　旋转流场粒子轨迹(彩图见插页)

4.6.3　绝热层烧蚀的影响分析

根据文献记载,国内研制的用于发射卫星的固体发动机在旋转工况下,发生过旋转导致发动机壳体前封头或顶盖绝热层烧蚀加剧,甚至窜火的现象。本节重点分析旋转工况对某发动机头部流动的影响以及绝热的适应性改进方案。

图 4-51、图 4-52 为初始时刻、翼烧尽时刻旋转角速度为 200°/s 时发动机纵截面上切向速度的分布云图,从图中可以看出,在轴线位置相同时,燃烧室内沿半径方向的切向速度有先增大后减小的趋势,最大切向速度出现在轴线附近。

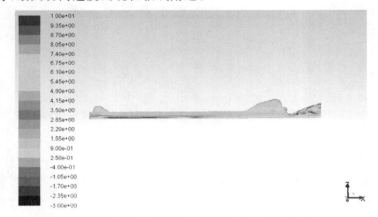

图 4-51　初始时刻旋转流场切向速度分布(彩图见插页)

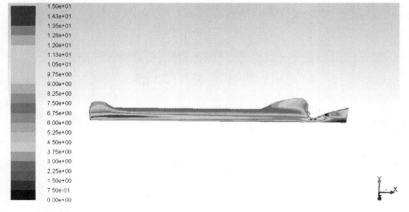

图 4-52　翼烧尽时刻旋转流场切向速度分布(彩图见插页)

在燃烧室内取前封头附近、前翼、筒段、后翼以及后封头附近 5 个截面,作出这些位置切向速度沿半径的变化趋势,见图 4-53、图 4-54。从速度分布可以看出,流场的切向涡的分布呈现出 Rankie 涡分布特点,最大速度出现在直筒段位置,该位置对前封头的烧蚀影响较小,这里不进行详细分析。在前封头顶盖区域,切向涡强度同样较高,切向速度峰值为 6 m/s,涡核半径较小,较靠近轴线位置。翼烧尽时刻,切向涡的分布呈现出较标准的 Rankie 涡的分布特点,涡核半径有所增加,大约 100 mm,出现在前开口附近位置,前封头速度峰值也有所增加,约 12 mm/s。

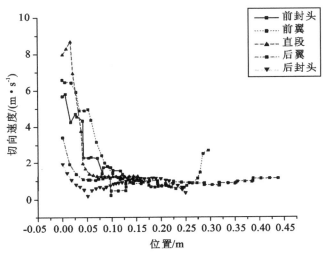

图 4-53　初始时刻切向速度分布(彩图见插页)

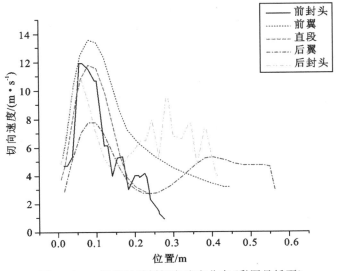

图 4-54　翼烧尽时刻切向速度分布(彩图见插页)

提取前封头位置的粒子浓度分布图,如图 4-55 所示。从图中可以看出,旋转的作用导致前封头粒子浓度有一定增加和集中,粒子浓度的集中位置即为图 4-53、图 4-54 中讨论的涡核位置。

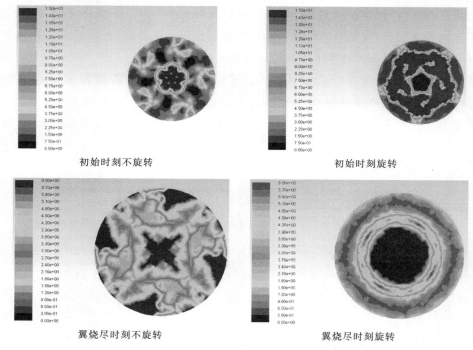

初始时刻不旋转　　　　　　　　　初始时刻旋转

翼烧尽时刻不旋转　　　　　　　　翼烧尽时刻旋转

图 4-55　前封头粒子浓度分布(彩图见插页)

　　查阅文献可知,旋转使得发动机前封头区域的前翼后半部分燃面上的气-固两相加质燃气呈螺旋状沿前封头壁面流向前开口,导致前开口区域的环向涡迅速增强,颗粒浓度增大,沉积加剧,使气-固两相对发动机前开口区域的热反馈迅速增加,严重时直接烧穿发动机的前开口或前顶盖。因此,为了提高发动机的绝热可靠性,对发动机前封头和顶盖的绝热进行适应性更改。

　　前封头绝热变化如图 4-56 所示:① 前封头绝热由 12 mm 厚度增加到 16 mm 厚度;② 增加 4 mm 厚度碳毛板抗烧蚀层,表层软质绝热厚度为 4 mm;③ 碳毛板高度为 400 mm,大于数值计算得到的前封头最大剪切速度出现位置(图 4-53、图 4-54 中 Rankie 涡的涡核半径最大值为 100 mm,直径为 200 mm)。绝热厚度增加导致绝热层质量增加 0.6 kg,装药量减少 0.5 kg,对发动机的装药量及质量比影响较小。

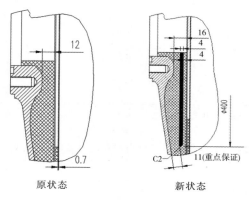

原状态　　　　　　　　　　新状态

图 4-56　前封头绝热变化

　　发动机点火装置同样需要进行适应性设计,采取加强绝热防护措施,适当加厚顶盖绝热层设计,并设计防护罩和防热环,将整个点火装置防护起来,保证其在发动机整个工作过程中的结构可靠,见图 4 - 57 所示。其中,顶盖绝热层由 5 mm 加厚到 8 mm,防热罩设计壁厚为10 mm,防热环设计厚度为 25 mm。由于增加了绝热防护措施,点火装置总质量增加约 2 kg。

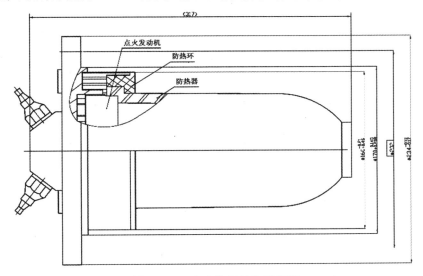

图 4 - 57　　点火装置结构示意图

　　小火箭点火装置的非金属缠绕壳体相当于一个半密闭容器(相对于篓式点火装置),对于顶盖的绝热有一定保护作用。同时非金属缠绕壳体也起到一定的阻尼作用,使燃气向中心流动的回路被阻断,并兼有环向的阻尼作用,有利于减小发动机头部气流的切向速度,与EPKM/C5 前顶盖上碳纤维模压抗烧蚀消旋罩具有相同的作用(见图 4 - 58)。

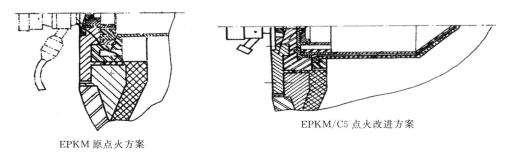

EPKM 原点火方案　　　　　　　　　　EPKM/C5 点火改进方案

图 4 - 58　　前顶盖绝热变化

　　另外,本发动机后封头绝热厚度已经达到 25 mm,且有 5 mm 厚度的碳毛板抗烧蚀绝热层,如图 4 - 59 所示。通过首台地面试验验证,尾部绝热剩余 20 mm 以上,绝热余量充足。相关文献及数值计算结果显示,后封头绝热不是发动机方案的薄弱环节,因此保持后封头的绝热方案不变。

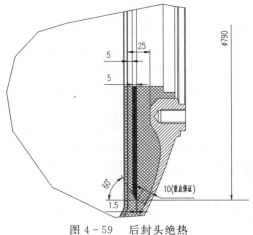

图 4-59　后封头绝热

4.6.4　喷管烧蚀的影响

根据罗盟、武晓松等人发表的《旋转固体火箭发动机统一流场计算》,除燃烧室前封头外,旋转会使喷管内燃气的切向速度形成明显的准强迫涡特性,图 4-60 所示为某发动机喷管在 2 500 r/min(15 000°/s) 旋转条件下喷管内燃气切向速度的分布规律。喷管喉部涡核切向速度峰值将随转速增加而增大,喷管流近似于一个高速旋转的燃气柱,使喷管喉部工作环境显著恶化,有可能影响喉衬的烧蚀状态。

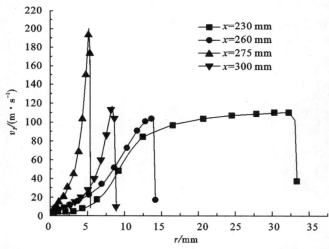

图 4-60　某发动机喷管在 2 500 r/min(15 000°/s) 旋转条件下喷管内燃气切向速度的分布规律

为了研究 200°/s 旋转对喷管喉部烧蚀的影响,将输出喉部的气相轴向速度及粒子浓度与不旋转流场进行对比,如图 4-61 所示。输出喷管内切向速度沿半径的变化曲线如图 4-62 所示(其中 73 mm,83 mm 为喉部位置)。

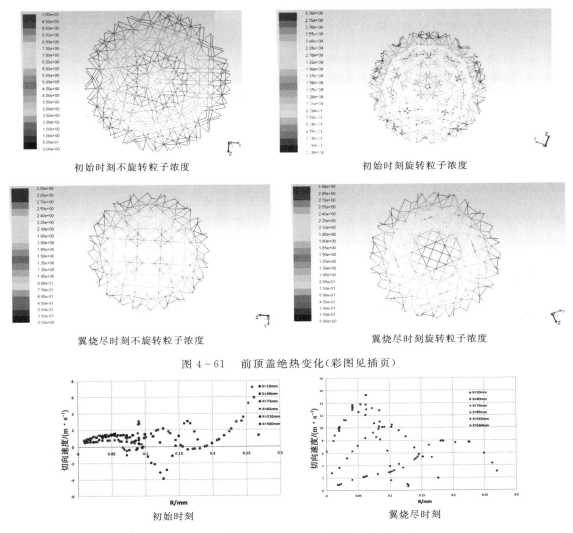

图 4-61 前顶盖绝热变化（彩图见插页）

图 4-62 喷管喉部切向速度分布（彩图见插页）

从图 4-61 中可以看出，旋转对喉部气相的轴向速度影响较小，分布与不旋转工况基本一致。从图 4-62 中可以看出，翼烧尽时刻最大切向速度仅为 15 m/s，切向速度相对于轴向速度为小量，认为其对喉部的烧蚀不产生影响。从粒子浓度对比图中可以看出，旋转对于粒子浓度的分布有一定影响，在准强迫涡的涡核处，离子浓度达到最大，壁面位置粒子浓度并不高，分析认为其对壁面的烧蚀影响较小。通过上述分析，认为 200°/s 的转速对喉径的烧蚀基本不产生影响。

该结论在邵爱民发表的《大型固体发动机旋转试车头部热防护工程分析》中也可以得到验证，文中叙述："EPKM/C1 与 EPKM/C3 分别于 1994 年 1 月和同年 7 月进行常温卧式旋转热试车，主要考核发动机在旋转状态下结构工作可靠性，并获取内弹道有关参数。点火前旋转试车架首先起动，待转速达到 (40±5) r/min，并在稳定后立即点火。两次试车点火均正常，点火后 P-t，F-t 曲线实时显示正常，数值均在预示范围内。"内弹道未见异常，也从侧面说明了该旋转速度对喉径的烧蚀不产生影响。

4.6.5　内弹道性能的影响

旋转会对固体火箭发动机内弹道和结构完整性带来一系列影响,如燃烧室压强升高、燃烧时间缩短、燃速增大、后效推力加长、点火延迟增加、结构的热破坏等。为了解决这个问题,美国、日本等国自 20 世纪 60 年代以来开展了大量研究工作,取得了很大的进展。我国经 10 余年的艰苦努力,建成了旋转发动机实验装置,开展了含铝复合推进剂加速度敏感性实验研究,提出了燃速加速度敏感性稳态模型和瞬态模型,取得了较为满意的结果。同时,还进行了多种旋转固体发动机内弹道计算,已用于指导工程设计。

根据国防科学技术大学张为华教授的研究结果,丁羟推进剂在旋转条件下,燃速增高比存在某一个向心加速度阈值。向心加速度小于此值,燃速不受加速度大小影响。张为华教授在文章中得到的试验结果如图 4-63 所示。

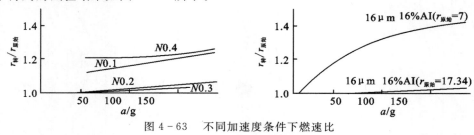

图 4-63　不同加速度条件下燃速比

文章中的一个重要结论是:高燃速推进剂加速度阈值为 50 g,低燃速推进剂为 5 g(16%/Al/16 μm 推进剂)。不同配方的推进剂加速度阈值大小不同。文中的发动机的推进剂为中等燃速推进剂,其加速度阈值应该介于 5 ~ 50 g 之间。根据总体的 200°/s 的旋转条件,换算到发动机最大直径条件下的向心加速度为 0.745 g,远小于燃速突变阈值,因此认为总体的旋转对该发动机的燃速不产生影响。

根据北航教授蔡国飙的研究成果,旋转对固体火箭发动机的气动影响还有下述两方面:① 旋转使喷管中的燃气流动产生旋涡,使通过喷管的质量流减小;② 气动对侵蚀燃烧的影响。分析认为,200°/s 旋转对侵蚀燃烧的影响并不显著。重点应放在旋转使喷管的质量流率减小而导致燃烧室压强升高上。为此,在输出发动机静态与旋转条件下,沿发动机轴向压强变化对比曲线,如图 4-64 所示。

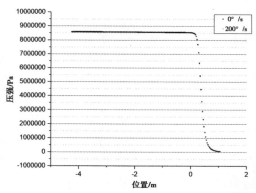

图 4-64　初始时刻和翼烧尽时刻的压强沿轴线变化情况

从图 4-64 中可以看出,在两种条件下,发动机燃烧室压强变化并不明显,基本一致。另外,根据文献记载,EPKM 发动机在旋转状态与不旋转状态下,内弹道保持一致,也可以证明低速旋转并不影响发动机的内弹道性能(EPKM 发动机直径为 1 700 mm,旋转速度为 240°/s,工作时间为 87 s,装药量为 5.44 t)。通过以上分析,可以认为 200°/s 的旋转条件对某发动机的内弹道性能没有影响。

综上所述,本节结合工程实例,应用仿真手段,结合其他型号发动机的试验情况,对未知工况的发动机安全性进行分析,旨在为发动机工程领域的仿真提供一定思路。

第5章　固体发动机壳体设计及仿真技术

发动机壳体简单描述就是一种压力容器,对于发动机来说,其两大最基本的功能是密封和承压。除了喷管、推进剂装药等构成发动机的主体结构以外,壳体通常也是构成导弹或发射装置的主要结构。因此,壳体设计经常要在壳体设计参数和飞行器设计参数中进行优化。

壳体的直径,长度和前、后开口直径以及所承受的载荷等是由总体给定的。壳体设计者根据给定的结构和载荷参数进行壳体设计,包括壳体材料选择,圆筒壁厚、封头形状及壁厚的确定,喷管、点火器连接结构设计以及密封结构和裙结构设计等。

对于固体火箭发动机壳体,要解决其问题并不困难,但要研制出一个高质量的壳体不是一件容易的事情。评价壳体的主要标准是其结构质量和使用可靠性。一般说来,结构质量轻与可靠性高是相互对立的,如何将它们恰当地统一起来,是壳体设计者的重要任务。在压力容器理论中,评价容器性能的指标是容器特性系数 η:

$$\eta = \frac{p_{\mathrm{b}}V}{W} \tag{5-1}$$

式中: p_{b} —— 容器爆破压强;

    V —— 容器容积;

    W —— 容器质量(与内压相关组件的总质量)。

通常将 η 作为衡量壳体性能的指标。要想提高容器的特性系数,先要选取比强度高的材料。对于钢材, ρ 基本为常数,故一般选用高强度或超高强度钢作为壳体材料;对纤维缠绕壳体,一般选用高强纤维。

圆筒和封头壁厚的确定并不是太难的事情,只要能准确预报出其爆破压强即可。对钢壳体,壳体壁厚较薄,用壳体薄膜理论及强度准则就可解决;对纤维缠绕壳体,用网格理论结合模拟试验结果就可解决。困难的是连接结构的设计,诸如前、后接头与喷管或点火器的连接、反向喷管与封头的连接及裙部叉型件与封头的连接等。这些连接结构的受力状态很复杂,致使与其连接的壳体中存在较高的弯曲应力,而这些弯曲应力的大小与连接结构形状及尺寸有很大的关系。对此,设计者必须定量地给出连接结构的形状和尺寸,以使连接结构质量既小、受力状态又合理。这就需要对结构进行结构力学分析,在分析的基础上再进行结构优化。

欲进行结构优化,先要给出一个确定的可行设计方案,这就是所谓的初步设计。初步设计所使用的方法一般为解析计算方法,这种方法具有明确的力学意义,可用于定性分析,以获取具有普遍意义的结果,是初步设计时确定结构参数的重要方法。

5.1　金属壳体设计

5.1.1　金属壳体设计的基本条件

金属壳体设计的基本条件包括以下几方面:

（1）发动机最大工作压强。

（2）发动机壳体筒段外径。

（3）壳体总长、裙间距。

（4）壳体前、后开口尺寸。

（5）外载荷条件（特别是飞行过载、气动加热等要求）。

5.1.2　金属壳体的基本结构

常规金属壳体的基本结构如图 5-1 所示，主要由接头、封头、筒段、裙等零部件以及连接结构和密封结构组成。

大型发动机金属壳体筒体成形通常采用旋压、卷焊工艺，对于直径小于 100 mm、长度较短的发动机筒体，可直接机加成形；壳体前后封头常采用冲压、旋压成形；连接结构有法兰连接、螺纹连接、卡环连接等；发动机壳体密封件通常采用 O 形密封圈，密封槽的结构可分为矩形、梯形和三角形等。

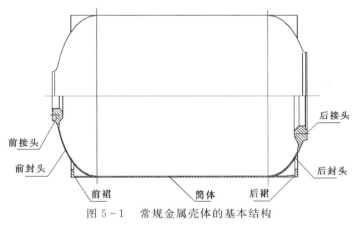

图 5-1　常规金属壳体的基本结构

5.1.3　壳体材料的选择

金属壳体材料的选择主要从以下五方面考虑：

（1）材料比强度高。材料比强度高，可以最大限度地满足发动机结构质量要求。

（2）材料韧性好。在选择材料时，要综合考虑其强度和韧性，单方面追求高强度，可能造成壳体发生脆性破坏。

（3）保证壳体具有足够的刚度。壳体不仅要承受内压作用，还要承受外部载荷作用，必须确保发动机工作全过程中壳体不失稳。

（4）材料工艺性好。材料工艺性包括可焊性、可切削加工性、热处理加工性以及材料相容性等。

（5）材料的经济适用性。产品的成本决定了其在市场的竞争能力，材料经济性包括四方面要求：选择价格比较低的材料，选择加工成本比较低的材料，选择使用和维护成本比较低的材料，选择使用寿命比较长的材料。

目前常用的金属壳体材料主要有：

（1）常用合金钢。常用合金钢的淬透性好、强度高、成本低以及经济性好。如 30CrMnSiA 钢已广泛用于各重要锻件、机械加工件、钣金件和焊接件。

(2)超高强度钢,如 30SiMnCrMoV 钢,主要用于大型发动机壳体,它在 406 钢的基础上,大幅度降低碳含量,采用双真空冶炼,使钢的强度和韧性达到合理匹配;30SiMnCrMoV 钢冷成形性能及热加工性能良好,其裂纹敏感性高,要严格控制焊接工艺。

(3)中温回火中的合金超高强度钢,如 28Cr3SiNiMoWVA 钢(28 钢),使用温度可达 500 ℃,但对脱碳、增碳、增氮以及增氢等比较敏感,使用过程中应注意磷化和去氢处理。

(4)18Ni 马氏体时效钢是一种高强度高韧度的结构钢,其具有良好的冷成形、焊接和机加工性能,且热处理工艺简单。

(5)高强度铝合金,如 LC9,LD10,其比强度高、刚性好,在常温具有良好的成形性能,在"固溶＋过时效"状态下,具有高的断裂韧性和优异的抗应力腐蚀性能;材料切削加工性能较好,焊接性能一般。

(6)钛合金,其特点是比强度高,旋压成形性好、板材的冲压成形性能良好,但切削、焊接性能差,且成本高。

5.1.4 壳体结构设计

1.筒体设计

筒体最常采用圆筒或圆锥筒,筒体的成形方式有锻件旋压成形和板材卷焊成形。筒体壁厚是最重要的设计参数,在此列出更为常用并符合工程实际的第四强度理论筒体壁厚计算公式。

圆筒壁厚的确定:

$$\delta = \frac{Dp_d}{2K\sigma_{bh}} \tag{5-2}$$

圆锥筒壁厚的确定:

$$\delta = \frac{Dp_d}{2K\sigma_{bh}\cos\alpha} \tag{5-3}$$

式中:δ—— 筒段壁厚,mm;

σ_{bh}—— 焊缝抗拉强度,MPa;

D—— 筒段外径,mm;

p_d—— 壳体设计压强,MPa,$p_d = fp_{max}$,其中 f 为安全系数,一般取 1.3 以上;

K—— 壳体材料强度发挥系数。

重点对 K 和 σ_{bh} 进行说明:

(1)壳体材料强度发挥系数 K,目前航天发动机金属壳体常用材料有 30Si2MnCrMoVE 钢(D406A)、30CrMnSiA 钢等。在设计时,30Si2MnCrMoVE 钢的强度发挥系数建议取 1.05;30CrMnSiA 钢的强度发挥系数取 1.10。

(2)焊缝抗拉强度 σ_{bh},从圆筒承内压受力分析可知,其环向应力是轴向应力的 2 倍。旋压成形的筒体只存在环焊缝,计算时 σ_{bh} 可以取基体抗拉强度 σ_b 值。

2.封头设计

发动机壳体封头通常采用标准椭球封头,成形形式有旋压、冲压和机加等。

等壁厚封头壁厚的确定:

$$\delta = \frac{mDp_{d}}{4\sigma_{b}} \tag{5-4}$$

式中:m —— 椭球模数。

变壁厚封头顶点壁厚的确定(参见图 5-2,图中,δ_0 为封头顶点的厚度):

$$\delta = \delta_{X_A} / \sin(90° - \theta_A) \tag{5-5}$$

式中:X_A —— 封头等壁厚与变壁厚连接处的 X 坐标值;

θ_A —— 封头等壁厚与变壁厚连接处 R_2 与旋转轴的夹角;

δ_{X_A} —— 封头等壁厚处的厚度。

靠近圆筒和裙的附近时,不符合式(5-5)这个规律,因此在这个范围内可取等壁厚,且与圆筒壁厚相等。

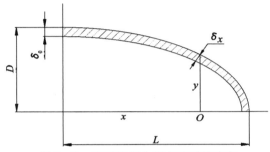

图 5-2　变壁厚封头顶点壁厚的确定

需注意的两点事项:

(1)由壳体承内压的形变分析可知,封头沿轴向的变形较大,因此对直径大于 1 500 mm 的壳体封头设计多采用变壁厚,可减小其轴向伸长量。

(2)采用冲压成形的封头,封头壁厚的确定要考虑冲压减薄量,其减薄量不大于板材厚度的 15%。

5.2　纤维缠绕壳体设计

5.2.1　纤维缠绕壳体设计依据

纤维缠绕壳体设计依据是发动机总体下发的壳体研制任务书和弹总体下发的发动机研制任务书。主要设计依据如下。

1.壳体结构尺寸

(1)壳体直径 —— 由弹总体给定。

(2)壳体总长 —— 由壳体直径、容积计算得出。

(3)壳体容积 —— 由弹总体根据装药量给定。

(4)前、后开口结构尺寸 —— 由发动机总体给定。

(5)前、后裙结构尺寸 —— 裙与级间段的连接结构由弹总体给定。

(6)其他结构尺寸(电缆支座、壳体直线度要求等)。

2.壳体载荷

（1）发动机最大工作压强 —— 由发动机总体给定。

（2）外载荷(轴压、轴拉、弯矩和外压等)—— 由弹总体给定。

3.结构质量

壳体总质量 —— 由发动机总体给定。

4.其他要求

可靠性、贮存性等要求 —— 由发动机总体给定。

5.2.2　纤维缠绕壳体结构

纤维缠绕壳体(即纤维缠绕壳体)通常将封头与筒体制成整体,用浸渍过树脂的纤维束在缠绕机的芯模上缠绕而成。基本的缠绕方法有三种:平面缠绕、环向缠绕和螺旋缠绕。平面缠绕和环向缠绕不能单独使用,螺旋缠绕也很少单独使用,目前较常使用的是平面加环向缠绕和螺旋加环向缠绕。图5-3为纤维缠绕的燃烧室壳体示意图,图5-4为常用的三种缠绕壳体的方法示意图。环向缠绕只能提供筒体段的环向强度,平面和螺旋缠绕可提供所需轴向强度和部分环向强度。螺旋缠绕的角度可按要求调整,平面缠绕的角度取决于壳体长度和两端开口尺寸。依据壳体环向与轴向强度比调整螺旋缠绕角或确定平面(螺旋)缠绕和环向缠绕厚度。

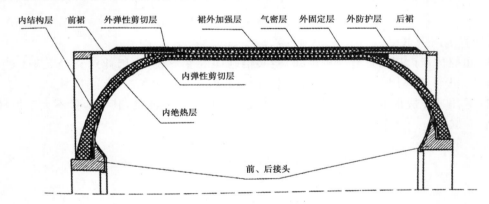

图 5-3　纤维缠绕的燃烧室壳体示意图

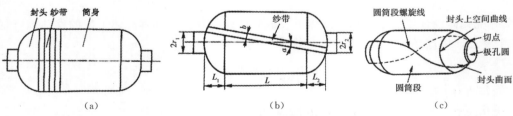

图 5-4　常用的三种缠绕壳体的方法示意图

(a)环向；(b)平面；(b)螺旋

在缠绕过程中,应使纤维缠绕时的张力均匀,并随壁厚增加而逐渐减小,以免外层纤维压迫内层纤维,致使内层纤维松弛而不能承载,所以在缠绕过程中必须随时观测并自动调节缠绕纤维的张力大小。

纤维缠绕壳体的连接通常采用金属接头、金属裙或带金属端框的复合裙。金属接头与缠绕壳体采用黏结连接,在缠绕前将接头置于芯模两端,涂上黏合剂后进行缠绕。裙在壳体缠绕完毕后通过弹性层黏结在壳体筒体段两头,再在外面环向缠绕一层纤维。通常,燃烧室的内绝热层事先包裹在芯模上,装上接头再进行缠绕。接头、裙或裙端框常用轻质高强铝合金制造,可以车制螺纹、钻孔或加工螺孔。

5.2.3   纤维缠绕壳体材料选择

可选择的材料包括纤维材料、前后接头材料、前后裙材料,同时要了解发动机总体设计的意图及发动机用途。选材要求首先是满足使用要求,其次要考虑材料来源和经济性。

（1）国内外常用的典型碳纤维和有机纤维的主要性能见表 5-1。

（2）前后接头材料:铝合金（LC9,LD10,7175）和钛合金（TC4,TC11）。

（3）前后裙材料:铝合金（LY19）、复合裙（T700 纤维、玻璃纤维、混杂纤维裙）以及网格裙。

（4）弹性层:特制橡胶材料。

表 5-1   典型碳纤维和有机纤维的主要性能

序号	材 料	纤维抗拉强度/MPa	模量/GPa	密度/(g·cm⁻³)	断裂伸长/(%)
1	T300HK,3K,6K,12K	3 530	230	1.76	1.5
2	T400-1K	4 410	250	1.80	1.8
3	T700	4 900	230	1.80	2.1
4	T800	5 490	294	1.81	1.9
5	T1000	7 060	294	1.82	2.4
6	PBO	5 800	280	1.56	2.5
7	有机纤维 K-49	3 620	120	1.45	2.5
8	俄 APMOC	4 116～5 600	140	1.45	3～3.5
9	中 F3,F3A	4 200～4 400	120～145	1.45	2.8～3.6

5.2.4   纤维缠绕壳体结构设计

1.纤维缠绕圆筒壁厚设计

纤维缠绕圆筒纵向和环向纤维层厚度分别为

$$h_a = \frac{kRp_m}{2\sigma_{fb}\cos^2\alpha} \left.\begin{array}{c} \\ \\ \end{array}\right\}$$
$$h_\theta = \frac{kRp_m}{2\sigma_{fb}}(2-\tan^2\alpha)$$

(5-6)

不难证明,式(5-6)确定的壁厚满足均衡型条件($h_\theta/h_a = 3\cos^2\alpha - 1$),即圆筒的纵向和环向纤维同时断裂,二者是等强度的。

封头与纵向缠绕同时成形,为了使封头得以加强,通常将纵向纤维加厚为

$$h_a = \frac{kRp_m}{2k_s\sigma_{fb}\cos^2\alpha} \tag{5-7}$$

式中: k_s —— 应力平衡系数,一般选值在 $0.72\sim0.9$ 之间,此值主要与封头结构、开口尺寸以及纤维和缠绕工艺有关。

由式(5-7)确定纵向纤维厚度时,圆筒将不再是均衡型的了。

壳体在纤维缠绕过程中,需要根据厚度要求确定缠绕层数。若纵向和环向层数分别为 n_a 和 n_θ,缠绕层数与厚度的关系为

$$\left.\begin{array}{l} n_a = \dfrac{h_a\sigma_{fb}}{f_0 m_0} \\[2mm] n_\theta = \dfrac{h_\theta\sigma_{fb}}{f_0 m_0} \end{array}\right\} \tag{5-8}$$

式中: f_0 —— 每条纱带的平均强力,(N/ 条);

m_0 —— 每层纤维在单位长度上的条数,即纱带密度,(条 /mm)。

纵向螺旋缠绕角 α_0 的确定与壳体前、后开孔直径有关,一般地,圆筒螺旋切根缠绕角 α 取为

$$\alpha_0 = \frac{1}{2}\left(\arcsin\frac{r_{01}}{R_0} + \arcsin\frac{r_{02}}{R_0}\right) \tag{5-9}$$

式中: r_{01} —— 前极孔半径;

r_{02} —— 后极孔半径;

R_0 —— 壳体筒段半径。

平面缠绕角计算公式:

$$\alpha_0 = \arctan\frac{r_{01}+r_{02}}{L} \tag{5-10}$$

式中: r_{01} —— 前极孔半径;

r_{02} —— 后极孔半径;

L —— 壳体前后接头挂线距离。

2. 纤维缠绕封头壁厚

封头与圆筒纵向缠绕同时成形,封头在与圆筒连接处(赤道)的厚度 h_0 即为圆筒纵向纤维厚度,由式(5-7)给出 $h_0 = h_a$。

通过封头每一平行圆上法向截面的纤维总量相等,即每一平行圆上的法向截面面积相等,且等于赤道圆的横截面积,即 $2\pi Rh_0\cos\alpha_0 = 2\pi xh\cos\alpha$。由此得封头纤维厚度为

$$h = \frac{R\cos\alpha_0}{x\cos\alpha}h_0 \tag{5-11}$$

式中: α —— 封头缠绕角;

α_0 —— 赤道处的缠绕角。

封头缠绕角 α 是变化的,对不同的封头和不同的缠绕, α 需要解复杂的微分方程才能得到,因此式(5-11)用起来很不方便。通常用等张力封头壁厚的公式来近似计算椭球封头的壁厚:

$$h = h_0\sqrt{\frac{R^2-r_0^2}{x^2-r_0^2}} \tag{5-12}$$

式中: r_0 —— 极孔挂线圆半径。

由式(5-12)可见,当 $x \rightarrow r_0$ 时,$h \rightarrow \infty$。当实际缠绕时,这是不可能的,即不可能总是切根缠绕。因此,通常在缠绕到极孔时采取逐渐"退移"的办法以避免纤维的堆积和架空。这样一来极孔附近的厚度将由缠绕工艺确定,在此位置,式(5-11)和式(5-12)不再适用。

纤维缠绕壳体壁厚 h_a 和 h_θ 都是纤维厚度,与树脂基体复合后的总厚度将由纤维的体积含量决定。如果纤维的体积百分比含量为 V_f,则树脂基体的体积百分比含量为 $V_m = 1 - V_f$,那么圆筒的总壁厚为 $h = \dfrac{h_a + h_\theta}{V_f}$。

在壳体缠绕中,一般以称量纤维和树脂的质量来确定它们的含量,即质量百分比含量。为了确定壳体复合后的总厚度,需将质量含量转换为体积含量。若纤维的质量含量为 W_f,则树脂的质量含量为 $W_m = 1 - W_f$,体积含量与质量含量之间的关系为

$$V_f = \frac{W_f \rho_m}{W_f \rho_m + W_m \rho_f} \tag{5-13}$$

式中:ρ_f—— 纤维密度;

　　ρ_m—— 树脂密度。

3. 纤维缠绕壳体安全系数的选择

纤维缠绕壳体内压检验时的声发射监测表明,随着压强的增加,壳体将发生树脂开裂、纤维脱胶、分层和纤维断裂等损伤。压强不是很高时,仅有树脂开裂和纤维脱胶等轻微损伤,一般不会影响壳体质量,但当压强达到某一值 $p = p_r$ 时,开始出现分层和纤维断裂,这将对壳体造成严重损伤,一般是不允许的。p_r 越大说明壳体的整体质量越好,因而它与壳体爆破压强有关,即

$$p_r = \gamma p_b \tag{5-14}$$

式中:γ—— 纤维缠绕壳体的无损伤检压系数,由试验确定,研究表明,γ 取 $0.6 \sim 0.8$。

纤维缠绕壳体检压时,为避免严重损伤,应要求

$$p_p \leqslant p_r \tag{5-15}$$

将式(5-14)代入式(5-15),得 $\alpha p_m \leqslant \gamma p_b$,由此得

$$k \geqslant \frac{\alpha}{\gamma} \tag{5-16}$$

式(5-16)定量地规定了纤维缠绕壳体检压时不发生严重损伤条件下,安全系数选取的下限值。

例如,根据我国目前纤维缠绕壳体的研制水平,取 $\gamma = 0.7$ 为宜。取检压系数 $\alpha = 1.05$,则由式(5-16)得 $k \geqslant 1.5$。当然,如果能将 γ 提高到 0.8,则 $k \geqslant 1.3$ 即可。即使 $\gamma = 0.7$,如能取 $\alpha = 1.0$,则 $k \geqslant 1.43$ 即可。能否将检验压强取为发动机最大工作压强,是值得壳体研制者思考的问题。通常情况下,纤维缠绕壳体的安全系数 k 一般在 $1.4 \sim 1.5$ 范围内。

5.3　密封结构设计

密封问题是固体火箭发动机的重要问题。橡胶类 O 形密封圈在内压作用下具有良好的自紧密封性能,固体火箭发动机的密封结构一般都采用 O 形密封圈、矩形或梯形截面密封槽(见图 5 - 5、图 5 - 6)。密封结构设计的主要任务是:确定 O 形密封圈尺寸参数、相对压缩量和 O 形

密封圈受拉伸时绳径的变化；给出矩形和梯形截面密封槽的深度、宽度和挤压角（见图 5-5、图 5-6）。

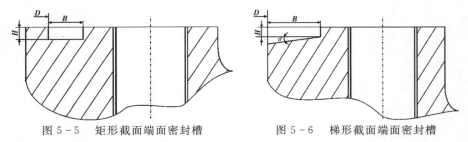

图 5-5　矩形截面端面密封槽　　　　　图 5-6　梯形截面端面密封槽

5.3.1　O 形密封圈尺寸参数确定

称 O 形密封圈的内径 D 为圈径、密封圈横向截面直径 d 为绳径。

1. 圈径 D 的确定

圈径 D 由密封槽的位置而定，一般取 D 等于或略小于密封槽的内侧直径。

2. 绳径 d 的确定

绳径 d 与圈径 D 有关，一般原则为 D 越大，d 也越大。较大的 d 有利于保证密封可靠性（可防止密封圈被挤出槽外），但考虑到接头的尺寸限制，d 也不能太大。根据实践经验，推荐用下式确定绳径（单位为 mm）（见图 5-7、图 5-8）。

$$d = kD + d_0 \tag{5-17}$$

对端面密封，可取 k 和 d_0 分别为 0.005 mm 和 3 mm；对侧面密封，可取 k 和 d_0 分别为 0.004 mm 和 2 mm。式（5-17）的适用范围为 $D \geqslant 50$ mm。

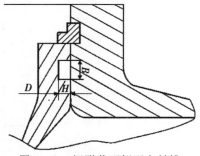 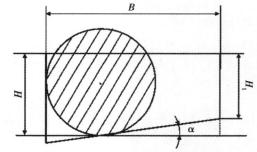

图 5-7　矩形截面侧面密封槽　　　　　图 5-8　O 形圈与梯形槽的关系

3. O 形密封圈的相对压缩量和装填系数

在内压作用下，O 形密封圈具有良好的自紧密封性能。理论上只要相对压缩量 $\varepsilon > 0$，即能保证密封。太大的预先压缩对密封圈的贮存性能不利。O 形密封圈的相对压缩量 ε 由下式确定：

$$\varepsilon = \frac{\Delta d}{d} \tag{5-18}$$

式中：Δd——O 形密封圈的绝对压缩量。

在密封结构设计时，ε 要预先给定。实践表明，对端面密封取 $\varepsilon = 0.25 \sim 0.33$、侧面密封取 $\varepsilon = 0.17 \sim 0.23$。

另外,密封圈的装填分数为密封圈横截面积 A_1 与密封槽横截面积 A_2 的比:

$$\frac{A_1}{A_2} = 0.93 \sim 0.83 \tag{5-19}$$

根据经验,最大装填分数不要大于 0.94。

4. O 形密封圈受拉伸时的绳径变化

对端面梯形密封槽结构,O 形密封圈要套在喷管固定体或者堵盖上。为了使 O 形密封圈与这些连接件之间有一定的预紧力,固定体或堵盖与 O 形密封圈接触处的直径应大于圈径 D,一般为 $D+\Delta D$,从而 O 形密封圈将受到拉伸,绳径将减小。绳径 d 的减小量 δd 由下式确定:

$$\delta d = \frac{\nu \Delta D}{D} d \tag{5-20}$$

式中:ν ——O 形密封圈材料的泊松比。

5.3.2　密封槽结构尺寸确定

采用 O 形密封圈时,密封槽一般为矩形截面槽或梯形截面槽。确定密封槽尺寸的原则是:① 确保相对压缩量和装填系数;② 使 O 形密封圈不被挤压损坏。常用密封槽结构如图 5-5 ~ 图 5-8 所示。

1. 矩形截面密封槽

设矩形截面密封槽的深度为 H、宽度为 B,为确保 O 形密封圈的相对压缩量为 ε,则槽深为

$$H = (1-\varepsilon)d \tag{5-21}$$

式(5-21)适用于平底法兰堵盖。如果法兰设有压入槽内的凸台,那么槽深应根据凸台的高度而适当增加,以保证相对压缩量为 ε。

槽宽 B 的确定方法有两种:

(1) 设矩形槽横截面积与 O 形密封圈横截面积之比为 ζ,则有 $BH = \frac{1}{4}\pi\zeta d^2$,由此得槽宽为

$$B = \frac{\pi \zeta d}{4(1-\varepsilon)} \tag{5-22}$$

一般取 $\zeta \geqslant 1.1$,即可确保 O 形密封圈不被挤压损坏。

(2) O 形密封圈受压缩后,其横截面宽度为

$$B = \left(\frac{1}{1-\varepsilon} - 0.6\varepsilon\right)d \tag{5-23}$$

式(5-23)的适用范围为 $0.1 \leqslant \varepsilon \leqslant 0.4$。显然,槽宽选为 O 形密封圈受压缩后的横截面宽度,O 形密封圈肯定不会被挤压损坏。故矩形槽的宽度也可直接由式(5-23)确定。

2. 梯形截面密封槽

梯形截面密封槽的宽度 B 仍由式(5-22)或式(5-23)确定。当 O 形密封圈圈径与梯形槽内侧直径相等时,在保证相对压缩量为 ε 的条件下,从加工工艺考虑,梯形槽的外侧深度 H_1 是可测量的,故应首先确定(见图 5-8)。当挤压角为 α 时,H_1 由下式确定(读者自行推导):

$$H_1 = (1-\varepsilon)d - \left[B - \frac{d}{2}\left(1 + \tan\frac{\alpha}{2}\right)\right]\tan\alpha \tag{5-24}$$

当然,如果梯形槽的 B,H_1,α 和绳径 d 给定,也可由式(5-24)确定相对压缩量 ε。

O形密封圈具有良好的自紧密封性能,挤压角不必取得过大,一般为 $0° \leqslant \alpha \leqslant 10°$。

5.4 连接结构设计

5.4.1 发动机中的主要连接形式

连接结构设计的主要要求是:可靠性、同轴性、密封性和加工性好,便于装配等。

连接结构的形式较多,下面介绍几种:

(1)螺纹连接,一般用于结构尺寸较小的发动机壳体上,大尺寸螺纹在加工和装配方面较困难,见图 5-9。

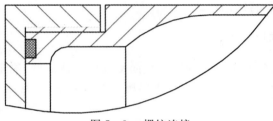

图 5-9 螺纹连接

(2)螺栓连接,它是应用较广泛的连接形式,优点是加工、装配性好,缺点是对开口小的壳体采用螺栓连接,其连接部位的结构质量较大,见图 5-10。

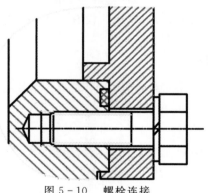

图 5-10 螺栓连接

(3)卡环连接,卡环连接有卡环条、卡环块以及胀圈式卡环连接等。目前在大型发动机结构设计上应用较少,在小直径发动机上应用较多,见图 5-11。

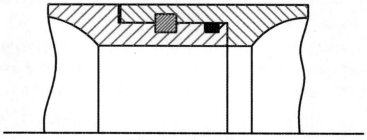

图 5-11 卡环连接

（4）销钉连接，销钉连接的优点是结构简单、质量小，缺点是加工精度要求高，见图 5 - 12。

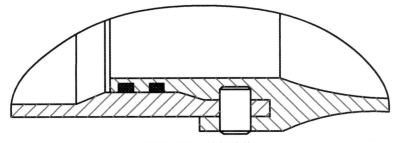

图 5 - 12 销钉连接

注意事项：

（1）采用螺纹连接结构时，应采取螺纹防松措施，防止发动机在运输过程中螺纹发生松动现象。还要考虑发动机在飞行工况下是否有旋转，防止发动机旋转工况下螺纹连接部位发生松动。对装配位置有严格要求的结构件，选择螺纹连接方式要慎重。

（2）采用法兰螺栓连接形式，应考虑两部件对接部位的刚度匹配性，防止在发动机工作时，对接部位张角较大，导致密封失效。

5.4.2 连接螺栓的设计及校核

在固体火箭发动机结构设计中，螺栓连接结构设计已经很成熟，其设计思路如下。

1. 螺栓直径和个数的确定

壳体在内压作用下，法兰连接螺栓承受轴拉时的平衡方程为

$$\frac{\pi}{4}D_s^2 p = \frac{\pi}{4}nd_0^2\sigma \tag{5-25}$$

式中：D_s—— 内压作用的最大直径（密封槽内侧直径）；

d_0—— 螺纹根部直径；

n—— 螺栓数量；

p—— 内压；

σ—— 作用在螺栓净截面上的应力。

为了使壳体爆破时螺栓不首先断裂，考虑螺栓所受的弯矩和横向剪力，螺栓设计应有足够的安全系数，即当 $p = kp_b$ 时 $\sigma = \sigma_b$，此时上式变为

$$kD_s^2 p_b = nd_0^2\sigma_b \tag{5-26}$$

式中：p_b—— 壳体爆破压强；

σ_b—— 螺栓材料强度极限；

k—— 安全系数，一般取 $k = 1.5 \sim 3$。

螺栓设计还要考虑能放下扳手，即相邻螺栓应有一定的间距 S，实践表明，$S \geqslant 2.5d_0$ 时就可以放下套筒扳手，即

$$\frac{\pi}{n}D_c \geqslant 2.5d_0 \tag{5-27}$$

式中:D_c—— 螺栓分布圆直径。

由式(5-26)和(5-27)可以求得 n 和 d_0,但 n 应能被 4 整除,d_0 应满足通用螺栓系列。此时就应当"就近"取值以达到"归整",例如,若计算得 $n = 40.6$ 时,则应取 $n = 44$。

对固体发动机壳体上使用的承力螺栓,直径不应小于 10 mm,螺栓直径由下式确定(d_0 和 D_s 的单位为 mm):

$$d_0 = 0.02D_s + 3 \text{ mm} \tag{5-28}$$

适用范围为 100 mm $\leqslant D_s \leqslant$ 1 000 mm。

2. 螺纹扣数设计

在壳体爆破压强下,螺纹所受拉伸载荷:

$$F = b_0 \pi D_G P_b + 0.785 D_G^2 P_b \tag{5-29}$$

式中:P_b—— 壳体爆破压强,MPa;

  b_0—— 有效密封宽度,mm;

  D_G—— 密封槽中径,mm。

螺纹有效扣数:

$$Z = \frac{fF_0}{0.58\pi d_1 s \tau_b} \tag{5-30}$$

式中:F_0—— 单个螺栓所受拉伸载荷,N;

  d_1—— 螺纹内径,mm;

  s—— 螺距,mm;

  τ_b—— 材料的剪切强度,$\tau_b = 0.6\,\sigma_b$,MPa;

  f—— 安全系数。

螺栓有效承力扣数只占设计扣数的 70%,再考虑螺孔倒角,其实际扣数为 $Z/0.7 + 2$。

3. 螺栓强度校核

(1)螺纹根部剪切强度校核。螺纹根部所受剪应力为

$$\tau = \frac{F_0}{0.58\pi d_1 sz} \tag{5-31}$$

式中:F_0—— 单个螺栓所受拉伸载荷,N;

  d_1—— 螺纹内径,mm;

  s—— 螺距,mm;

  z—— 有效工作扣数,$z = 3$。

判据:$\tau < \tau_b$。

(2)螺栓受拉强度校核。螺栓所受拉应力为

$$\sigma = \frac{F_0}{A_m} \tag{5-32}$$

式中:F_0—— 单个螺栓所受拉伸载荷,N;

  A_m—— 单个螺栓有效截面积,mm²;

  f—— 计算安全系数。

(3)螺纹根部的弯曲强度校核。螺纹根部的弯曲应力为

$$\sigma_{\mathrm{w}} = \frac{2.94F_0}{\pi d_1 sz} \tag{5-33}$$

式中: F_0 —— 单个螺栓所受拉伸载荷，N;

　　d_1 —— 螺纹内径, mm;

　　s —— 螺距, mm;

　　z —— 有效工作扣数, $z = 3$。

判据: $\sigma_{\mathrm{w}} < \sigma_{\mathrm{b}}$。

5.4.3　金属接头结构的设计

发动机壳体的接头设计多采用偏心距为 0 的潜入式结构, 接头的设计要综合考虑密封结构和连接结构特点。在此以螺栓法兰连接结构为例, 先根据开口尺寸及发动机最大工作压强, 已经确定了密封形式及选用的螺栓规格, 下面介绍接头细节设计。

1. 接头补强设计

如图 5-13 所示, 接头加强环的横截面积为

$$B_{\mathrm{H}} = (1.20 \sim 1.43)r\delta \tag{5-34}$$

开口直径较小时, 取为 1.43 的系数, 开口直径较大时, 可取偏小的系数。δ 为封头壁厚。

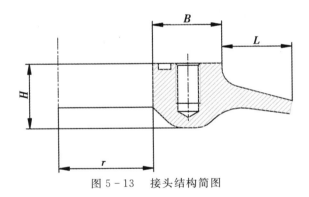

图 5-13　接头结构简图

2. 接头锥颈设计

接头锥颈长度 L 为

$$L \geqslant 0.5(\delta R_i)^{1/2} \tag{5-35}$$

式中: R_i —— 封头曲面在加强环与锥颈连接处的主曲率半径 R_1 和 R_2 中较大者。

5.4.4　纤维缠绕壳体接头结构的设计

纤维缠绕壳体的前、后接头, 不仅起封头开孔加强、连接喷管或点火器的作用, 而且是壳体缠绕时纤维挂线所必需的结构。从壳体承受内压的强度考虑, 接头设计首先应当解决其加强问题, 图 5-14 是纤维缠绕壳体接头形式。

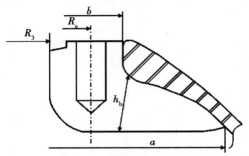

图 5-14　纤维缠绕壳体接头形式

纤维缠绕壳体接头（含肩部）横截面积的确定，仍可用式（5-34），式中 σ_b 应取为接头材料的强度极限。需要注意的是，壳体在内压作用下，接头肩部是重要的受力部位，其厚度变化规律可由下式给出：

$$h_r = \frac{h_b}{a-b}(a-r) \qquad (5\text{-}36)$$

式中：a,b—— 接头肩部外圆半径和内圆半径；

　　r—— 确定厚度的计算点至壳体轴线的距离；

　　h_b—— 接头肩根部厚度。

肩根部厚度可由下式给出：

$$h_b = \frac{b}{2}\sqrt{\frac{-3\left[1+3\upsilon+(1-\upsilon)\xi^2+\dfrac{4(1+\upsilon)}{1-\xi^2}\ln\xi\right]p_b}{\left[1+\upsilon+(1-\upsilon)\xi^2\right][\sigma]}} \qquad (5\text{-}37)$$

式中：υ—— 接头材料的泊松比；

　　$\xi = b/a$—— 肩宽比（后接头 $a/b = 1.2 \sim 1.3$，前接头 $a/b \geqslant 1.3$）；

　　$[\sigma] = \sigma_b/k$—— 许用应力；

　　σ_b—— 接头材料强度极限；

　　k—— 安全系数。

5.5　对于壳体选材的思考

同一个发动机，复合材料壳体比钢壳体的质量要小。具体小多少，本书给出一个定量的快速评估方法。当一个发动机壳体考虑钢材或复合材料两种方案时，其壳体的质量分别为

$$\left.\begin{aligned} m_s &= 2\pi R l_s h_s \rho_s \\ m_c &= 2\pi R l_c h_c \rho_c \end{aligned}\right\} \qquad (5\text{-}38)$$

式中：R—— 壳体半径；

　　m_s,l_s,h_s,ρ_s—— 钢壳体的质量、壳体等效圆筒长度、壁厚、密度；

　　m_c,l_c,h_c,ρ_c—— 复合材料壳体的质量、壳体等效圆筒长度、壁厚、密度，且有 $l_s \approx l_c$。

将式（5-38）中的两式相除，得两壳体质量之比为

$$\eta = \frac{m_s}{m_c} = \frac{h_s \rho_s}{h_c \rho_c} \tag{5-39}$$

两种材料壳体的爆破压强分别为

$$\left. \begin{aligned} p_s &= \frac{h_s \sigma_b}{R} \\ p_c &= \frac{2V_f h_c \sigma_{fb}}{3R} \end{aligned} \right\} \tag{5-40}$$

式中：p_s，σ_b —— 钢壳体的爆破压强和材料强度极限；

p_c，V_f，σ_{fb} —— 复合材料壳体的爆破压强、纤维体积百分比含量和纤维发挥强度。

对同一个发动机，应要求 $p_s = p_c$。则由式（5-40）得

$$\frac{h_s}{h_c} = \frac{2V_f \sigma_{fb}}{3\sigma_b} \tag{5-41}$$

将式（5-41）代入式（5-39），得

$$\eta = \frac{2V_f \rho_s \sigma_{fb}}{3\rho_c \sigma_b} \tag{5-42}$$

根据复合定律，复合材料壳体的复合密度为

$$\rho_c = V_f \rho_f + V_m \rho_m \tag{5-43}$$

因此，在发动机方案论证时，是采用钢壳体还是采用复合材料壳体，通过计算便可以进行估算。

5.6　发动机结构承载仿真分析

5.6.1　金属壳体内压载荷数值计算方法

1. 问题描述

某发动机的金属壳体由前封头、后封头、筒身、接头以及前后堵盖组成，壳体经旋压、冲压、焊接等工艺成形。壳体材料为 D406A，壳体最大工作压强为 9 MPa，壳体直径为 1 000 mm，壳体长度为 5 000 mm，前后裙端面间距为 4 740 mm，壳体前、后封头外型面为 2∶1 的椭球型面。壳体筒身壁厚为 3.8 mm，封头冲压板材厚度为 4.3 mm。前、后接头，前、后封头根部均进行了开孔加强设计，壳体前开口为 136 mm，通过 24 个 M8 的螺栓连接；后开口为 470 mm，通过 48 个 M14 的螺栓连接，壳体结构简图如图 5-15 所示，壳体前封头和后封头如图 5-16 所示。

图 5-15　某发动机壳体结构简图

图 5-16   壳体前封头和后封头

2. 问题分析

在工作内压载荷下,要求对发动机进行内压作用下的结构强度和刚度分析,获得壳体的变形、应力及应变分布,确定壳体的使用可靠性及安全余量。

3. 建立模型

根据壳体结构、内压载荷的对称性特点,建立了发动机三维模型,模型可以在 Pro/E 中建立,导出为 xx. stp 格式,然后通过 ABAQUS 的 file → import → part 工具导入模型。也可以通过 ABAQUS 的自身建模功能建立模型。模型由壳体,前、后堵盖,前、后接头。前、后封头以及螺栓组成。在建立模型的过程中尽量保持原结构的完整性,保留关注部位的圆角、倒圆等细节。壳体装配模型如图 5-17 所示。

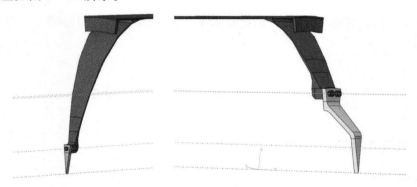

图 5-17   壳体装配模型

4. 设置材料

壳体各部件材料均为 D406A,采用弹塑性材料模型,参数见表 5-2、表 5-3。材料参数名称为 steel,材料截面名称为 steel,通过 Property 模块对每个部件进行材料设置,具体设置方法见图 5-18、图 5-19。

表 5-2   材料性能参数

部件名称	弹性模量 /GPa	泊松比
壳体	204	0.3
堵盖	204	0.3
螺栓	204	0.3

表 5 - 3　塑性阶段参数

应力 /MPa	塑性应变
1 320	0
1 620	0.08

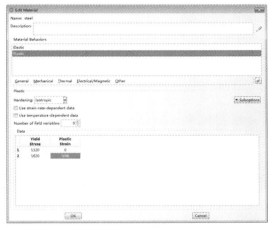

图 5 - 18　材料参数的定义

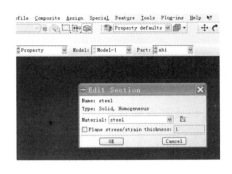

图 5 - 19　材料截面参数的定义

5. 网格划分

壳体采用 C3D8R 单元进行划分,厚度方向网格在三层以上,本节重点关注前、后接头,封头及其根部的应力情况,因此划分网格时对这些区域进行网格加密处理,整个壳体网格总数为25 万个,所有网格经评测,质量良好,无警告单元,见图 5 - 20。

图 5 - 20　内压结构分析几何模型划分情况

6. 设置分析类型

进入 Step 模块,设置分析的类型和时间步长。分析类型选择 Static General,并命名为Step-1.设置总时间为 1 s,最大时间步长为 1 s,由于本例题的结构接触关系较多,为确保计算能够快速收敛,初始计算时间步长设置为 0.1 s,其他参数默认设置,见图 5 - 21。

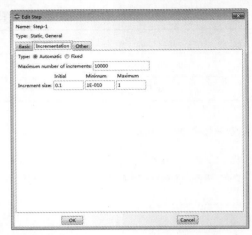

图 5-21　设置分析类型

7.定义边界条件和载荷

进入 Load 模块,先选择 BC 功能设置边界条件,建立 z 轴位于壳体轴线的圆柱坐标系,在该坐标系下,选择壳体左侧端面和右侧端面的第二个方向的位移,设置为 0。然后选择壳体前裙端面,设置为固支边界条件,见图 5-22、图 5-23。

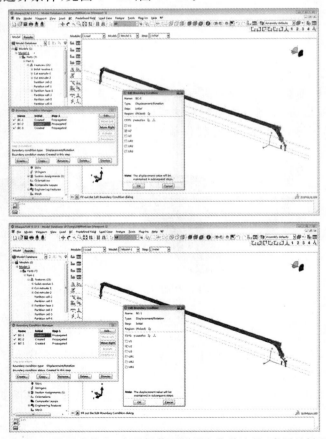

图 5-22　设置壳体左、右两侧截面的环向位移边界(彩图见插页)

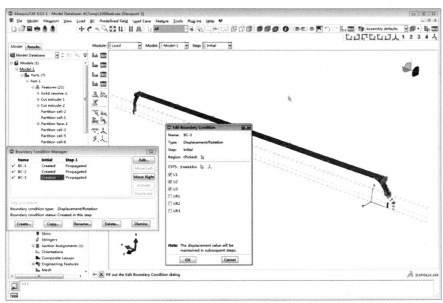

图 5-23   设置前裙端面边界(彩图见插页)

之后,选择 Load 菜单下的 Pressure 模块,选择壳体内表面并将压力设置为水压检验,压强为 9.0 MPa,见图 5-24。

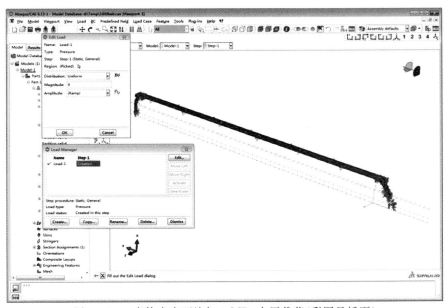

图 5-24   壳体内表面施加 9 MPa 内压载荷(彩图见插页)

8.定义接触和黏结

接触设定之前需要设定接触属性,将水压堵盖与壳体之间的接触定义为光滑硬接触,见图 5-25～图 5-29。采用接触模块的自动查询功能,搜索可能的接触对,分别定义为接触关系和绑定关系。堵盖与壳体之间、螺栓帽与堵盖外表面之间均设定为接触,螺栓与壳体之间设定为绑定。

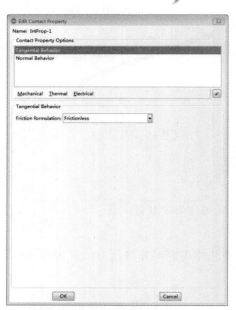

图 5-25 设置接触参数的定义

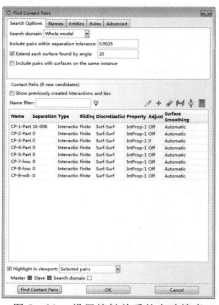

图 5-26 设置接触关系的自动搜索

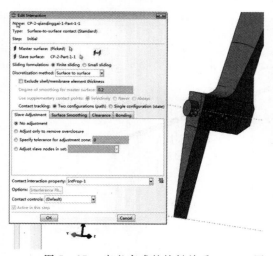

图 5-27 定义完成的接触关系
(壳体与堵盖)
(彩图见插页)

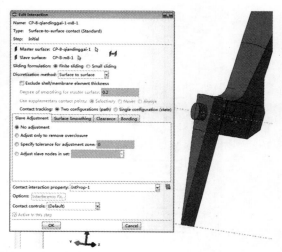

图 5-28 定义完成的接触关系
(螺栓与堵盖外表面)
(彩图见插页)

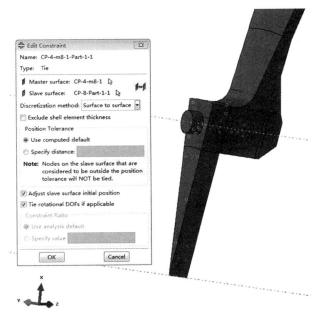

图 5 - 29　　定义完成的绑定关系(螺栓与壳体)(彩图见插页)

9. 选择算法

计算过程的算法全部选择默认设置,无须更改,见图 5 - 30。

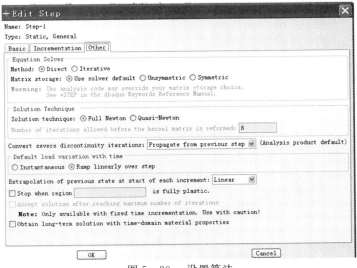

图 5 - 30　　设置算法

10. 提交并计算

进入 Job 模块,创建任务 keti,可以通过选择多个 CPU 并行计算,以提高运算速度,其他参数全部选择默认设置。先进行 Data Check,在 Monitor 中检查作业是否存在错误,如果存在错误,根据错误提示进行修改,然后提交作业进行计算,见图 5 - 31。

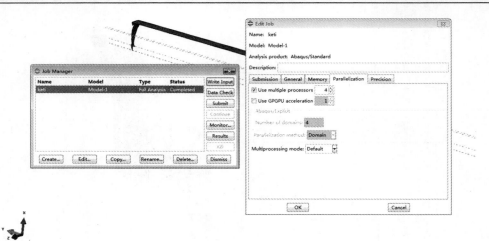

图 5 - 31   任务设置

11. 结果初步分析

计算结果如图 5 - 32、图 5 - 33 所示,在 9 MPa 的发动机最大工作压强下,壳体最大 Mises 应力出现在后接头外表面,最大值为 1 311 MPa,未达到材料的屈服强度,壳体仍处于线弹性变形范围内。最大主应变同样出现在后接头外表面,最大值为 6 957 $\mu\varepsilon$。

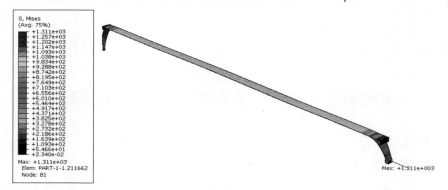

图 5 - 32   整体 Mises 应力分布(彩图见插页)

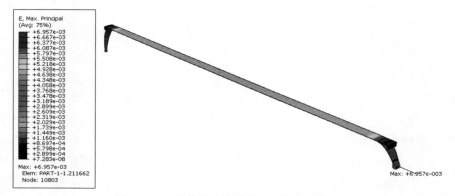

图 5 - 33   整体最大应变分布(彩图见插页)

　　根据经验可知,在内压载荷作用下壳体一般从筒段位置破坏,因此在进行壳体的承压数值计算时,通常关心筒段的应力应变情况。筒段的最大 Mises 应力为 1 028 MPa,最大环向应力为 1 179 MPa,如图 5-34 所示。前、后接头的螺栓的应力水平较低,如图 5-35 所示。在前、后接头密封位置,前接头与堵盖之间张开距离为 0.15 mm,后接头为 0.31 mm。前密封圈压缩量为 1.2 mm,后密封圈压缩量为 1.5 mm,能满足密封要求。由于计算时没有考虑螺栓预紧力,因此结果是保守的。

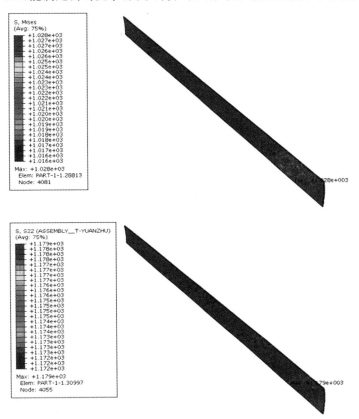

图 5-34　筒身 Mises 应力(1 028 MPa)和环向应力(1 179 MPa)(彩图见插页)

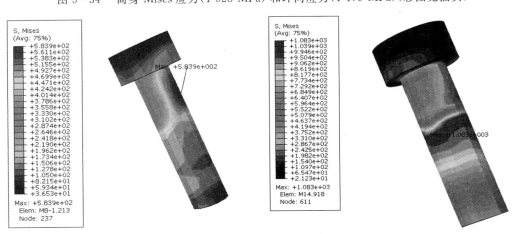

图 5-35　前接头螺栓和后接头螺栓 Mises 应力(彩图见插页)

通过对各部件的应力进行计算分析,可以发现壳体以及连接结构的强度满足最大工作内压下的要求。另外,在内压载荷设置时,也可以加载 1.05 倍的最大工作压强,即固体火箭发动机壳体的水检压强。

5.6.2 金属壳体轴压弯剪载荷下的强度和刚度问题

1.问题描述

发动机壳体与 5.5.1 节一致,由前封头、后封头、筒身、接头组成。导弹在飞行过程中,外载荷通过前后裙传递到壳体筒段,因此需要根据总体提供的外载荷要求(见表 5-4),对壳体进行 1.5 倍的轴拉弯剪等工况下的结构强度和刚度分析。本问题重点关注壳体自身的强度和刚度,因此在建模过程中可以忽略相关的连接结构,计算过程中固定前裙端面,在后裙端面位置施加轴拉弯剪载荷。

表 5-4　某发动机在全箭主动段载荷

工况	安全因数 f	Q 横向剪力 /N	M 横向弯矩 N·m	T 轴力 /N
主动飞行	1.5	35 700	17 500	-47 000

2.建立模型

根据壳体结构、内压载荷的对称性特点,建立了 1/2 发动机三维模型,模型可以在 Pro/E 中建立,导出为 ＊＊.stp 格式,然后通过 ABAQUS 的 file → import → part 工具导入模型。也可以通过 ABAQUS 的自身建模功能建立模型。模型由壳体,前、后接头,前、后封头组成。在建立模型的过程中尽量保持原结构的完整性,保留关注部位的圆角、倒圆等细节,见图 5-36。

5-36　发动机壳体 1/2 模型(彩图见插页)

3.设置材料

壳体材料采用 D406A,采用弹塑性材料模型,参数见 5.5.2 节。

4.网格划分

壳体采用 C3D10、C3D8R 单元,整个壳体网格总数为 46 万个,所有网格经评测,质量良好,见图 5-37。

图 5-37　发动机壳体模型网格划分结果(彩图见插页)

5.设置分析类型

进入 Step 模块，设置分析的类型和时间步长。分析类型选择 Static General，并命名为 Step-1。设置总时间为 1 s，初始计算时间步长为 0.1 s，最大时间步长为 1 s，其他参数默认设置，见图 5－38。

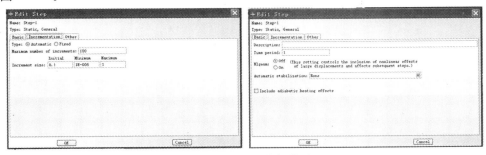

图 5－38　设置分析类型

6.定义边界条件和载荷

进入 Load 模块，建立壳体的圆柱坐标系，先选择 BC 设置边界条件，选择壳体前裙端面的 x,y,z 三个方向的位移并设置为 0，见图 5－39 。

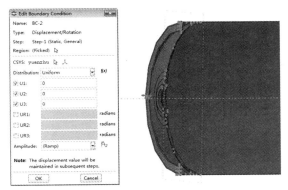

图 5－39　设置壳体前裙位移约束（彩图见插页）

选择壳体对称面，设置对称面的环向位移为 0，见图 5－40。

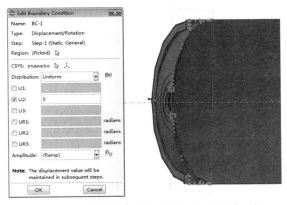

图 5－40　设置壳体对称面约束（彩图见插页）

进入 Interaction 模块,利用 Tools 工具 Reference Point 功能,在后裙端面中心点位置建立需要的参考点 RP-1 等。然后,利用 Create Constraint 工具选择 Coupling 功能,按照操作提示首先选择已经建立的参考点,然后选择后裙端面作为参考面建立耦合关系,耦合关系种类选择 Continuum distributing,其他参数选择默认设置,见图 5-41。

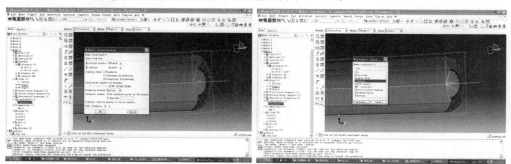

图 5-41　设置后裙载荷作用区域与参考点耦合关系(彩图见插页)

进入 Load 模块,在 Load 菜单工具中选择 Concentrated force,选择已经建立的参考点 RP-1,根据相应的剪力和轴向力载荷方向和数值,设置相应的载荷,载荷幅值选择预先设计好的线性加载幅值 Amp-1;在 Load 菜单工具中选择 Moment,选择已经建立的参考点 RP-1,根据相应的弯矩载荷方向和数值,设置相应的载荷,载荷幅值选择预先设计好的线性加载幅值 Amp-1。注意:载荷加载时,由于选择了 1/2 模型进行分析,因此载荷也需要进行减半处理,见图 5-42、图 5-43。

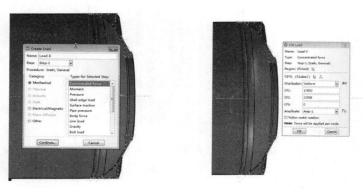

图 5-42　设置后裙端面剪力和轴向力载荷(彩图见插页)

图 5-43　设置后裙端面弯矩载荷(彩图见插页)

7. 定义接触和黏结

本例题有限元模型仅由一个壳体组成,无接触和黏结设置。

8. 选择算法

本例题的算法全部选择默认设置,见图 5-44。

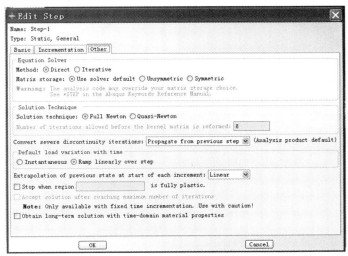

图 5-44　设置算法

9. 提交并计算

进入 Job 模块,创建任务 waizaihe,其他参数全部选择默认设置,为提高运算速度,选择 4 个 CPU 并行计算,见图 5-45。

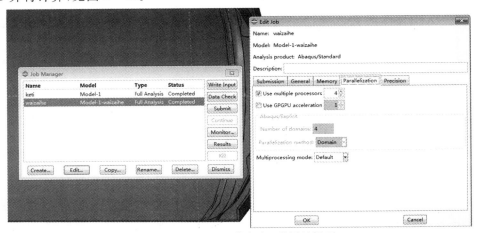

图 5-45　定义工作任务(彩图见插页)

10. 结果初步分析

通过仿真分析计算,得到壳体应力和变形情况以及壳体沿轴向分布的挠度曲线,在外载荷作用下,壳体最大应力为 135.1 MPa,位于前裙与筒段过渡的位置,最大位移为 6.12 mm,与侧向载荷的方向相同,具体如图 5-46、图 5-47 所示。

图 5-46　壳体 Mises 应力云图和位移云图(彩图见插页)

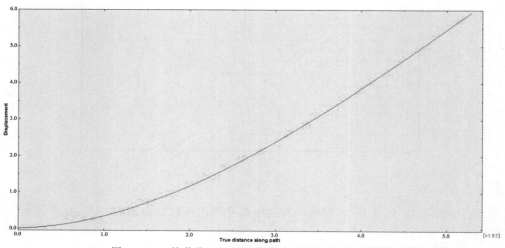

图 5-47　外载荷工况下的壳体 Ⅰ 象限表面挠度曲线

5.6.3　小型发动机卡环块连接结构的内压分析

1. 问题描述

某双脉冲发动机的分段金属壳体由前壳体、后壳体、卡环块以及盖板等附属连接结构组成,壳体经旋压、焊接、机加等工艺成形。壳体材料为 30CrMnSiA,壳体水压检验最大压强为 15 MPa,壳体直径为 180 mm,壳体长度为 500 mm,壳体前、后封头外型面为 2∶1 的椭球型面,壳体筒身壁厚为 2 mm,封头厚度为 2.5 mm,具体见图 5-48。

图 5-48　某双脉冲发动机壳体分段连接结构(彩图见插页)

2.问题分析

本例题要求对壳体进行内压作用下的结构强度和刚度分析,重点关注卡环块连接结构和密封结构,可以对结构进行静力学仿真分析。

3.建立模型

卡环连接结构的仿真分析,可以通过二维模型进行简化分析,也可以通过三维模型进行精细化分析,本例基于二维模型对卡环结构进行仿真分析。根据壳体结构、内压载荷的对称性特点,忽略无承载功能的附属结构,建立了二维轴对称壳体模型,整个模型由前壳体、后壳体、卡环块组成。在建立模型的过程中,尽量保持原结构的完整性,保留关注部位的圆角、倒圆等细节,壳体建模时直接将堵盖与壳体建成一体模型,见图 5-49、图 5-50。

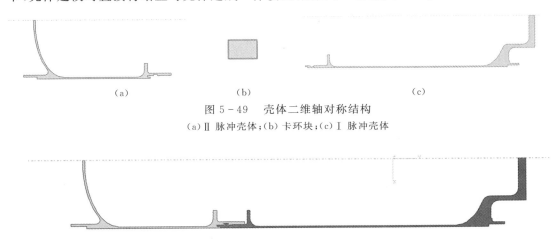

(a)　　　　　　　(b)　　　　　　　(c)

图 5-49　壳体二维轴对称结构

(a)Ⅱ脉冲壳体;(b)卡环块;(c)Ⅰ脉冲壳体

图 5-50　装配模型

4.设置材料

前、后壳体和卡环块均为 30CrMnSiA,均采用弹塑性材料模型,参数见表 5-5、表 5-6。材料参数名称为 steel、材料截面名称 steel,通过 Property 模块对每个部件进行材料设置,具体设置方法见图 5-51、图 5-52。

表 5-5　材料性能参数

部件名称	弹性模量 /GPa	泊松比
壳体	204	0.3
堵盖	204	0.3
螺栓	204	0.3

表 5-6　塑性阶段参数

应力 /MPa	塑性应变
920	0
1 080	0.06

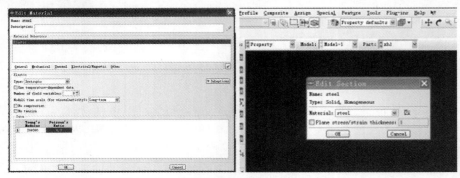

图 5-51　壳体材料参数和截面参数的定义

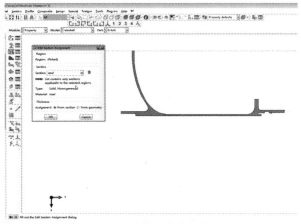

图 5-52　壳体材料参数的设置（彩图见插页）

5.网格划分

壳体和卡环块均采用 CAX4R 单元,本节重点关注卡环连接位置的结构应力情况,因此划分网格时对其进行了网格加密处理,整个壳体网格总数为 2 万个,所有网格经评测,质量良好,无警告单元,见图 5-53。

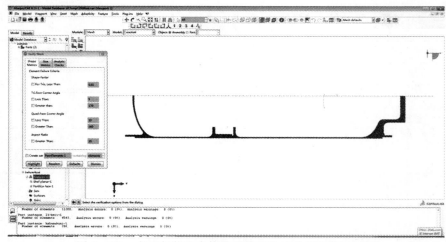

图 5-53　卡环与装配壳体的网格划分结果（彩图见插页）

6.设置分析类型

进入 Step 模块,设置分析的类型和时间步长。分析类型选择 Static General,并命名为 Step-1。设置总时间为 1 s,初始计算时间步长 0.1 s,可以保证计算过程的快速收敛性,最大时间步长 1 s,其他参数选择默认设置,见图 5 - 54。

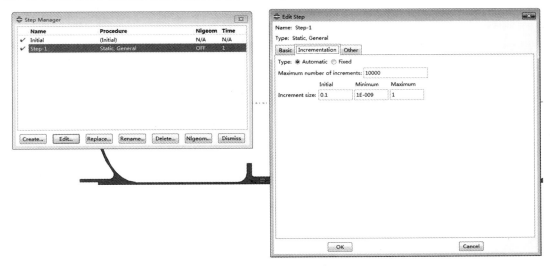

图 5 - 54　设置分析类型

7.定义边界条件和载荷

进入 Load 模块,首先选择 BC 设置边界条件,选择壳体前裙端面的 x,y,z 三个方向的位移,设置为 0,见图 5 - 55。

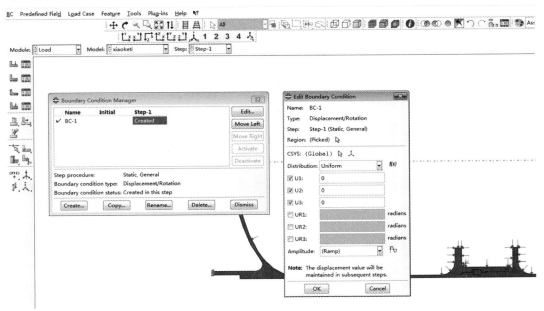

图 5 - 55　定义边界条件和载荷(彩图见插页)

然后,选择 Tools 菜单下的 Amplitude 模块,创建 Amplitude-1,选择 Tubular 类型,具体参

数设置为二组数据点[(0,0),(1,1)],见图 5-56。

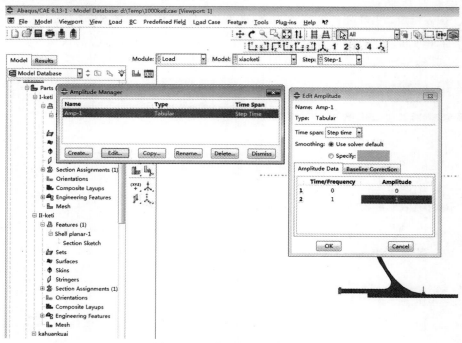

图 5-56　定义载荷幅值列表

选择 Load 菜单下的 Pressure 模块,选择壳体内表面,设置为 15 MPa,选择壳体内表面,载荷幅值变化全部选择 Amplitude-1,见图 5-57。

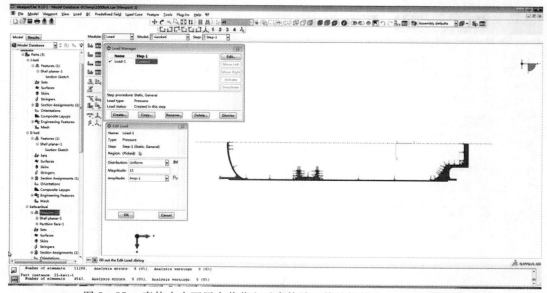

图 5-57　壳体内表面压力载荷和后壳体端面等效拉伸载荷(彩图见插页)

8.定义接触和黏结

进入 Interaction 模块,通过 Creat Interaction Property 功能建立无摩擦、硬接触 IntProp-1,(此处也可以设置接触为有摩擦接触,摩擦因数 Friction Coeff 设置为 0.3,有摩擦接触关系能够快速收敛),见图 5 - 58。

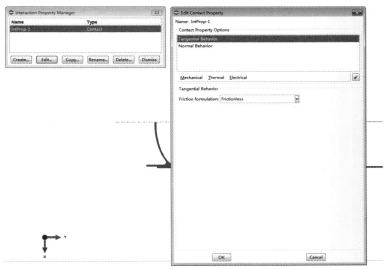

图 5 - 58　定义接触和黏结

设置壳体与壳体之间、卡环块与壳体之间的接触对,共计 10 组接触对(卡环块通过面分割进行分割),见图 5 - 59。

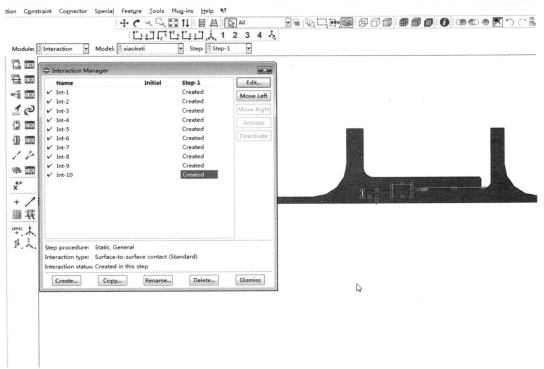

图 5 - 59　设置接触关系(彩图见插页)

9. 选择算法

本例题的有限元计算过程的算法,全部选择默认设置,见图 5 - 60。

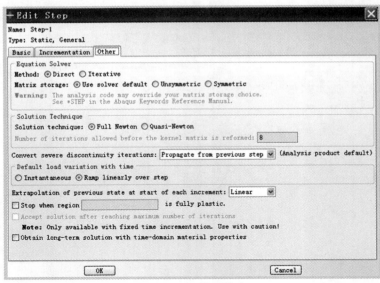

图 5 - 60　设置算法

10. 提交并计算

进入 Job 模块,创建任务 kahuankuaijisuan,选择 4 个 CPU 并行计算,以加快计算速度,其他参数全部选择默认设置,见图 5 - 61。

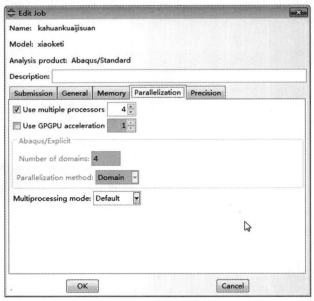

图 5 - 61　定义计算任务

11. 结果初步分析

通过仿真分析得到卡环块、前后壳体的应力应变分布情况,可以看出前壳体与卡环块的 Mises 应力分布均匀,最大值为 806 MPa;筒段位置 Mises 应力约为 600 MPa,整个结构裕度较高,见图 5 - 62、图 5 - 63。

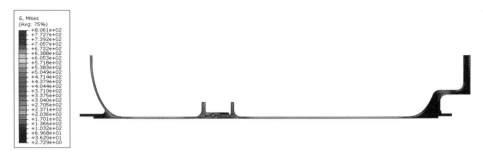

图 5 - 62　壳体与卡环块 Mises 应力云图（彩图见插页）

图 5 - 63　卡环块局部的 Mises 应力云图（彩图见插页）

　　输出整个结构的径向位移,观察密封圈位置的张角大小,从图 5 - 64 可以看出,密封圈位置、径向张开位移几乎为 0,密封结构可靠。

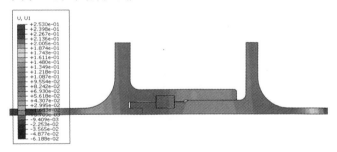

图 5 - 64　密封结构径向位移云图（彩图见插页）

5.6.4　发动机金属壳体外压载荷下屈曲分析

对于 5.6.2 节中的发动机金属壳体,预估其在外压载荷条件下的临界载荷。

1.问题分析

　　要求对其进行外压下的结构稳定性分析,从而对壳体的临界外压承载能力进行评估。该问题属于金属壳体的外压稳定性问题,可以进行外压载荷的线性屈曲分析。

2.建立模型

　　根据壳体结构、外压屈曲分析载荷的特点,建立整个壳体模型。在建立模型的过程中尽量保持原结构的完整性,保留关注部位的圆角、倒圆等细节。模型通过 Pro/E 的三维模型导出为 ＊＊＊.stp,然后通过 File → Import → Assembly 功能导入模型文件 ＊＊＊.stp,按照操作提示,全部选取默认参数,将导入后的所有部件生成一个装配模型,见图 5 - 65。

图 5-65　发动机壳体模型

3.设置材料

整个壳体全部采用 D406A 材料,采用线弹性材料模型,弹性模量为 204 GPa,泊松比为 0.3。材料参数名称为 steel,材料截面名称 steel,通过 Property 模块进行材料设置,具体设置方法与前述相同。

4.网格划分

划分网格之前通过 Partition cell 功能对壳体进行分块处理,壳体采用 C3D10,C3D8R 单元。为保证屈曲分析结果的准确性,一般圆筒部位厚度方向的单元数目不得低于 3 个,本例中筒身位置的厚度方向单元数目设置为 3 个,最终整个壳体网格总数为 80 万个,所有网格经评测质量良好,无警告单元,见图 5-66、图 5-67。

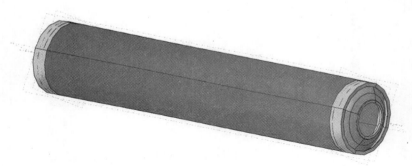

图 5-66　前顶盖和壳体的区域分割(彩图见插页)

图 5-67　前顶盖和壳体的网格划分结果(彩图见插页)

5.设置分析类型及算法

进入 Step 模块,设置分析的类型和时间步长。分析类型选择 Linear perturbation 菜单下的 Static Buckle,并命名为 Step-1。线性屈曲分析步算法选择 Subspace 求解器,本征值数目选择为 10 个,一般情况下,发动机壳体的屈曲问题仅关注一阶失稳载荷,其他参数选择默认设置,见图 5-68、图 5-69。

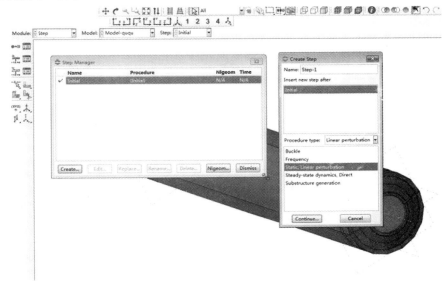

图 5-68   设置分析的类型和时间步长(一)(彩图见插页)

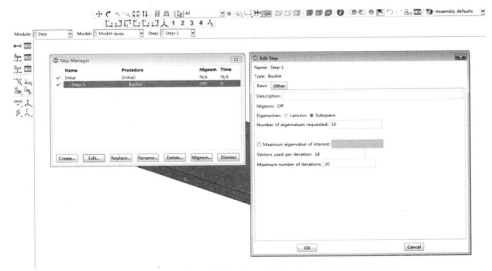

图 5-69   设置分析的类型和时间步长(二)(彩图见插页)

6.定义边界条件和载荷

进入 Load 模块,首先选择 BC 设置边界条件,选择壳体前裙表面 x,y,z 三个方向的位移,设置为 0 。之后,在 Load 菜单下的工具中选择 Pressure,选择壳体外表面区域并设置均布压强载荷为 1 MPa,载荷幅值选择默认设置,见图 5-70、图 5-71。

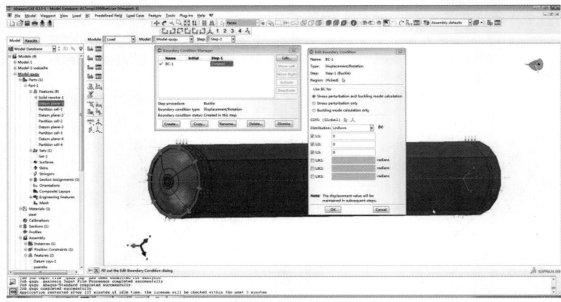

图 5-70　设置前裙端面位移约束（彩图见插页）

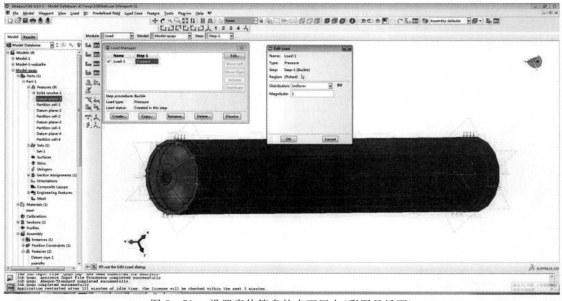

图 5-71　设置壳体筒身外表面压力（彩图见插页）

7.定义接触和黏结

本模型中无接触设置。

8.提交并计算

进入 Job 模块，创建任务 ququ，选择 6 个 CPU 并行计算，其他参数全部选择默认设置，见图
5-72。

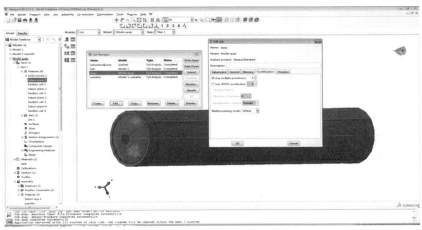

图 5-72　定义计算任务（彩图见插页）

9.结果初步分析

通过仿真分析得到了壳体线性外压屈曲失稳振型和失稳载荷,计算结果如图 5-73 所示,结果表明,壳体的一阶外压屈曲载荷为 0.117 MPa,相应的变形如图 5-73 所示。一般情况下,实际产品的结构尺寸、材料性能、加工工艺等偏差导致产品的实际外压失稳载荷为线性屈曲分析失稳载荷的 0.4 ~ 0.5 倍,因此,考虑结构的非对称因素,壳体的外压失稳载荷为 0.047 ~ 0.059 MPa。

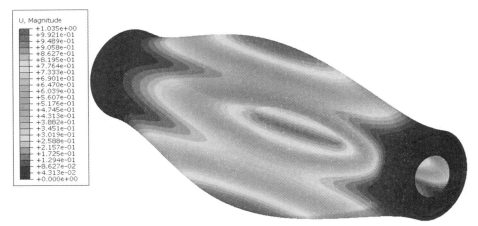

图 5-73　壳体筒段外压屈曲失稳变形（彩图见插页）

对长度 $l > 10\sqrt{Rh}$ 的圆筒,其临界外压可用下式确定:

$$p_{cr} = k_p E \left(\frac{h}{R}\right)^{2.5} \frac{R}{l} \tag{5-44}$$

式中,系数 k_p 由下式给出:

$$k_p = \frac{0.92}{1 - \dfrac{a\sqrt{Rh}}{l}} \tag{5-45}$$

其中,当 $a = 0.605$ 时,适用于全面受外压;当 $a = 1.31$ 时,适用于侧面受外压。

根据式(5-44),计算结果为 0.090 MPa。有限元计算结果与公式计算结果一致性较好,用有限元计算结果更为保守。

5.6.5 发动机金属壳体轴压载荷下屈曲分析

固体火箭发动机在飞行工作过程中,除了要承受外压载荷作用,同时还要承受轴压载荷作用,因此有必要开展壳体的轴压稳定性数值计算分析。

进行轴压屈曲分析时,操作步骤与5.6.4基本相同,这里只介绍变化的部分。

1.定义边界条件

进入 Load 模块,首先选择 BC 设置边界条件,壳体前裙表面 x,y,z 三个方向的位移设置为 0 ,见图 5-74。

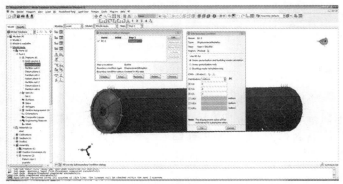

图 5-74   设置前裙端面位移约束(彩图见插页)

2.定义接触和黏结

进入 Interaction 模块,利用 Tools 工具 Reference Point 功能,在后裙端面中心点位置建立需要的参考点 RP-1 等。然后,利用 Create Constraint 工具选择 Coupling 功能,按照操作提示,先选择已经建立的参考点,然后选择后裙端面作为参考面建立耦合关系,耦合关系种类选择 Continuum distributing,其他参数选择默认设置。

3.定义载荷

在 Load 菜单中工具中选择 Concentrated force,选择参考点并设置载荷为 1 N,载荷幅值选择默认设置,见图 5-75。

图 5-75   设置壳体后端面轴力(彩图见插页)

4. 提交并计算

进入 Job 模块,创建任务 zhouya-ququ,选择 6 个 CPU 并行计算,其他参数选择默认设置。

5. 结果初步分析

通过仿真分析,得到壳体线性外压屈曲失稳振型和失稳载荷,计算结果如图 5-76 所示,结果表明,壳体的一阶轴压屈曲载荷为 8.15×10^6 N,相应的变形如图 5-76 所示。一般情况下,实际产品的结构尺寸、材料性能加工工艺等偏差导致产品的实际外压失稳载荷为线性屈曲分析失稳载荷的 $0.4\sim0.5$ 倍,因此,考虑结构的非对称因素,壳体的外压失稳载荷约为 $3.26\times10^6\sim4.08\times10^6$ N。

图 5-76   壳体筒段轴压屈曲失稳变形(彩图见插页)

对 $10\sqrt{Rh}\leqslant l\leqslant 6R\sqrt{\dfrac{R}{h}}$ 的中长圆筒,其临界横向力可用下式近似确定:

$$Q_{cr}=0.78\pi kEh^2\sqrt[4]{\frac{Rh}{l^2}}\qquad(5-46)$$

式中,k 由表 5-6 给出。

表 5-6   系数 k

R/h	250	500	1 000	1 500
k	0.8	0.7	0.6	0.5

根据公式(5-46),计算结果为 5.31×10^6 N,有限元计算结果与公式计算结果一致性较好,用有限元计算结果更为保守。

另外还可以利用 ABAQUS 中弧长法 Riks 非线性分析功能,修改 key words,添加 imperfection 命令,在模型的网格信息中引入初始缺陷,进行壳体轴压载荷下的后屈曲分析,同样可以得到极限轴压载荷及后屈曲失稳形式。这里不进行过多的介绍,详细方法参考 ABAQUS 压杆稳定性的分析结果。

5.6.6   纤维缠绕壳体外载荷的数值计算介绍

纤维缠绕壳体的外载荷性能计算,首要注意的问题是材料参数的选择。纤维缠绕复合材料可看作正交各向异性材料,有 3 个方向的弹性常数,分别为 E_Z,E_Q,$\nu_{Z\theta}$,$\nu_{\theta Z}$ 和 $G_{Z\theta}$,且有 $\nu_{\theta Z}E_\theta = \nu_{\theta Z}E_Z$。计算公式为

$$
\left.
\begin{aligned}
E_Z &= Q_{11}\left(1 - \frac{Q_{12}^2}{Q_{11}Q_{22}}\right) \\
E_\theta &= Q_{22}\left(1 - \frac{Q_{12}^2}{Q_{11}Q_{22}}\right) \\
\nu_{Z\theta} &= Q_{12}/Q_{22} \\
\nu_{\theta Z} &= Q_{12}/Q_{11} \\
G_{z\theta} &= C_{66}/t_c
\end{aligned}
\right\}
\tag{5-47}
$$

在结构力学分析中,Q_{ij} 是壳体的薄膜刚度,由单向板模量和各层的缠绕角可以算出,也可设计实验,通过实测的方法确定。

表 5-7 和表 5-8 给出了纤维缠绕壳体经常用到的材料参数。

表 5-7　单层板参数

名称	密度 /(kg·m⁻³)	E_1/MPa	E_2/MPa	G_{12}/MPa	ν_{12}
玻璃纤维复合材料	2 050	45.5	12.5	5.8	0.27
芳纶纤维复合材料	1 400	83.5	4.83	1.85	0.45
T700 碳纤维复合材料	1 590	147	11.4	1.91	0.22

表 5-8　金属材料参数

部件	名称	密度 /(kg·m⁻³)	拉伸强度 /MPa	屈服强度 /MPa	延伸率 /(%)
铝裙	2219T6	2 750	353	235	3.0
	2219CYS	2 750	385	290	3.0
	ZL205A	2 750	360	280	6.0
接头	钛合金 TC4	4 500	870	810	8.0
	铝合金 7A09	2 750	420	365	3.0

另外,根据研究和经验可知,在纤维缠绕壳体内压载荷下,筒段的变形一般计算较为精确,然而在封头和裙连接位置的计算往往与实际结果相差较大,其主要原因为有限元模型建模时并未完全考虑封头的实际缠绕形式和补强工艺。

若想精确计算封头位置的变形,需要根据固体火箭发动机纤维缠绕壳体逐层缠绕的实际工艺进行复合材料壳体细观建模,针对复合材料壳体封头、纤维缠绕方向(缠绕角)和厚度从赤道到极孔不断变化、纵向缠绕层间有经纬双向织物进行补强的结构特点,编制计算程序,精确计算出封头部位每个纵向缠绕层缠绕角的大小以及缠绕层随半径变化的层厚,采用编程与软件相结合的方法,较真实地建立固体火箭发动机复合材料壳体有限元分析模型。详见尤军峰在《固体火箭技术》上发表的《固体火箭发动机复合材料壳体细观力学仿真分析》一文。

第6章　固体发动机燃烧室装药设计及仿真技术

6.1　固体发动机装药设计流程

燃烧室是推进剂燃烧的容器,同时也是导弹弹体结构的一部分,在燃烧室中,化学能转化为热能。

装药设计是固体火箭发动机设计的重要组成部分,固体火箭发动机设计质量的优劣常取决于装药设计的好坏。装药设计与发动机总体设计联系密切,往往在发动机总体方案论证时,就已确定了推进剂的类型及配方,甚至选定了药型。当然也可能在进行装药设计时统筹考虑,修改原定发动机设计方案。

通常情况下,装药设计的基本任务是在满足总体任务书要求的情况下,选择推进剂和药型,确定药柱尺寸并进行完整性分析,根据燃烧室药柱燃烧火焰暴露的时间,选择绝热材料和内绝热层的厚度。装药设计的程序见图6-1。

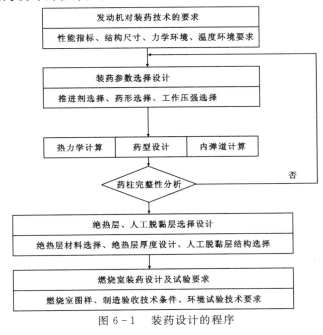

图6-1　装药设计的程序

6.2　装药设计的任务和职责

装药设计是在发动机总体方案确定后开展的主要部件设计,目的是构建和确定一种能满足设计输入要求的药型。装药设计主要开展以下几方面工作:

(1)选择药型,确定药型的几何尺寸,进行燃面规律计算。

（2）进行热力学性能计算，确定推进剂性能参数，提出推进剂研制任务书。

（3）进行内弹道性能计算，协助总体确定喷管喉径及发动机主要性能参数。

（4）进行燃烧室质量、质心及转动惯量计算。

（5）进行药柱结构完整性分析，保证药柱有足够的强度。

（6）进行装药燃烧室绝热层和人工脱黏层设计，保证药柱不脱黏及药柱在燃烧室中正常燃烧（壳体不烧穿）。

（7）进行装药图纸设计、提出绝热层、人工脱黏层、衬层以及药柱制造验收技术条件并下厂处理技术问题。

（8）进行发动机试验，完成发动机装药设计及装药研制总结报告等。

6.3　推进剂的选择及要求

在方案设计中，根据总冲的要求基本确定了发动机推进剂的类型。推进剂的主要性能有特征速度、密度、燃速及力学性能。航天领域常用的推进剂类型为高能复合推进剂，兵器领域经常用到双基推进剂或改性双基推进剂。

6.3.1　推进剂的特征速度

理论特征速度是通过推进剂热力学计算得到的。影响理论特征速度的主要因素有推进剂的配方和燃烧室工作压强。

热力学计算的任务是：在给定的推进剂药柱组分、初温、燃烧室压强和喷管出口压强或喷管扩张比的条件下，分别计算出燃烧室、喷管喉部和出口截面处的燃气温度、燃烧产物的组分、各组分的物质的量和其他热力学参数。在此基础上，计算出发动机的一些重要性能参数——理论比冲、理论特征速度和理论推力系数等。

热力学计算是发动机设计工作中的基本计算之一，其计算结果将为固体火箭发动机的点火设计、内弹道计算、性能预估、喷管流场和传热计算等提供必要的设计数据。

实际特征速度是通过试车得到的，通过实验测试曲线，获得压强冲量，计算得到：

$$C^* = 压强冲量 \times \frac{A_t}{装药量} \tag{6-1}$$

相对于发动机推力的测试，特征速度 C^* 的测试较为准确。这里要考虑到发动机装药的结构对燃烧室效率的影响，其中，A_t 表示平均喉径。

当着手开展一项新的装药设计时，如何确定所选推进剂的实际 C^*，一般有以下的设计思路：

根据所选的推进剂进行理论计算得到理论 C^*，根据以往试车的实际测试值，得到各种结构燃烧室的效率，这是在所选推进剂相近的情况下得出的。然后根据发动机总体的实际推力系数，就可以确定选定推进剂在要求的设计压强下的比冲，进而确定装药量。

6.3.2　推进剂燃速及密度

目前，对于所有推进剂采用指数形式的燃速规律，$r = ap^n$。其中，燃烧室压强稳定的条件

是 $n < 1$，根据经验，丁羟三组元推进剂在一定的压强范围内符合这个燃速规律，当超过某一压强时，燃烧室压强将不稳定。

推进剂燃速对推进剂能量的主要影响是通过压强的变化起作用的。

推进剂燃速偏差的影响：最大工作压强下发动机壳体的安全性和最低压强下发动机比冲的设计值。

目前，推进剂密度的变动基本上在 $1.7 \sim 1.85$ g/cm³ 之间，不同推进剂、不同燃速对应基本固定的密度，根据推进剂的密度及装药后药柱的收缩系数（$0.98 \sim 0.99$）可以确定装药体积。

6.3.3　推进剂的力学性能

推进剂的力学性能按规定由方坯切取试样进行拉伸试验得出。给出抗拉强度 σ_m 及其相应的伸长率 ε_m 以及断裂时的伸长率 ε_b，测出伸长率主曲线、抗拉主曲线、松弛模量主曲线以及脱湿点等。

自由装填装药通常适用于小型战术弹和中等尺寸的发动机，其成本低、容易检测。贴壁浇铸发动机性能较好，其省略了支撑装置，绝热层也较少，可以提高体积装填分数，但其制造成本高、应力集中大。然而当前几乎所有大型发动机和部分战术发动机都采用贴壁浇铸装药（见图 $6-2$）。由于成形方式不同，推进剂受力状态也不相同，因此对推进剂的力学性能要求也不尽相同。推进剂力学性能与配方成分密切相关，配方设计和药柱结构设计需要考虑发动机的实际使用环境和工况等。

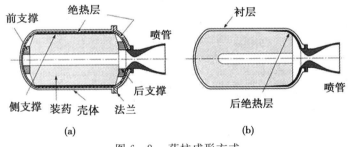

图 $6-2$　药柱成形方式

（a）自由装填；（b）贴壁浇注

6.3.4　典型推进剂性能要求

某大型固体火箭发动机采用丁羟三组元推进剂，其具体性能要求如下：

(1) 燃速：$r = (10.0 \pm 0.2)$ mm/s（20 ℃，8.5 MPa）

(2) 动态压强指数：$n \leqslant 0.35$（$r = ap^n$，$5.0 \sim 12$ MPa）

(3) 密度：$\rho \geqslant 1.795$ g/cm³（20℃）

(4) 燃速温度敏感系数：$\tau \leqslant 0.002$ /℃（$-10 \sim +50$ ℃）

(5) 比冲：$I_s \geqslant 2\,401$ N·s/kg（7.6 MPa，20 ℃，$\phi 315$ 实测）

(6) 铝粉含量：不大于 18%

(7) 力学性能：

抗拉强度：$\sigma_m \geqslant 0.60$ MPa $\qquad +20\ ℃,v=100$ mm/min；

延伸率：$\varepsilon_m \geqslant 45\%$ $\qquad +20\ ℃,v=100$ mm/min；

$\qquad\quad \varepsilon_m \geqslant 45\%$ $\qquad -40\ ℃,v=100$ mm/min；

$\qquad\quad \varepsilon_m \geqslant 45\%$ $\qquad +70\ ℃,v=2$ mm/min。

黏结强度（K/J/B/Y）：$\sigma_m \geqslant 0.60$ MPa $\qquad +20\ ℃,v=20$ mm/min。

6.4　药型设计及内弹道计算

6.4.1　药型设计

药型的种类很多，根据导弹的种类和使用要求确定。装药形状决定了燃烧规律及内弹道（p-t、F-t）曲线变化规律。

药柱的几何形状可分为管形药柱、星形药柱、车轮形药柱、槽形药柱、锥柱形药柱以及翼柱形药柱等。按燃烧方向可分为端面燃烧（一维）、侧面燃烧（二维）和端侧面同时燃烧（三维）药柱。各种药型的适用范围见表 6-1。

表 6-1　各种药型的适用范围

药柱类型	长径比	体积装填分数	适用范围
端燃药柱	不限	0.93	续航发动机
管形（内外燃）	不限	0.8	助推器（多管）
星形	不限	0.8	
车轮形	不限	0.6	助推器
开槽管形	＞3	0.9	中小型发动机
锥柱形	2～4	0.9	
翼柱形	1～2	0.9	常用于各种发动机

翼柱形装药具有药柱装填分数高、燃面调节灵活、满足总体指标可实现性强的特点，因此战略和宇航发动机多采用翼柱形装药。目前我国航天发动机多采用大前翼、前翼＋中间通道＋后翼以及大后翼药型，如：战略 I 级发动机多采用前、后翼药型；II 级发动机须采用前、后翼结构来满足总体加速性要求；III 级发动机可采用前、后翼或大后翼结构。

6.4.2　燃面变化曲线计算方法

不论哪种药型，平行层燃烧规律是装药几何设计的基础，是分析燃面随肉厚变化的一个重要假设。平行层燃烧规律具有两个特点：燃烧向装药深部推进的速度在整个燃烧表面上处处相等；燃烧向装药深部推进的方向处处垂直于燃烧表面。

Pro/E 是美国 PTC 公司推出的工程设计软件，是国际上最先也是最熟练使用参数化特征造型技术的大型 CAD/CAM/CAE 集成软件；其主要特点是全参数设计、特征基础模型、关系数据库以及全相关数据库再利用，为二次开发提供了接口。基于 Pro/E 平台下开发的装药设计软件就是对 Pro/E 软件的二次开发，有以下优点：

（1）输入方便，只要在 Pro/E 下建立药柱模型即可计算；

（2）易于修改，只要在 Pro/E 下动态修改尺寸，即可重复计算；

（3）三维动态实时仿真时，能够精确显示任一时刻的药柱三维图形；

（4）计算精度高，采用 Pro/E 内置引擎，可以达到近似解析法计算的精度；

（5）兼容性好，Pro/E 是一种通用的 CAD 软件，将药柱设计软件内置，可以为设计人员带来很大的方便。

基于 Pro/E 平台开发的固体发动机药柱设计软件，计算精度高，计算得到的随肉厚变化的燃面、质量、质心和转动惯量等可以为发动机性能计算提供详尽的数据；可以动态显示燃面推移的仿真过程，设计者可以更直观地判断药柱设计的合理性，其计算过程如图 6-3 所示。

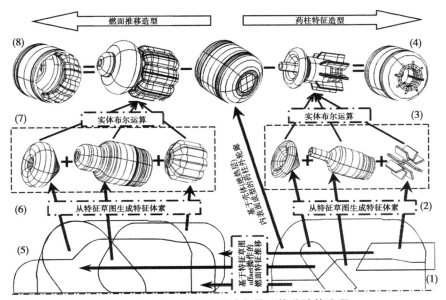

图 6-3   药柱变量化设计与燃面推移计算流程

好的药型应具有燃面比（最大燃面／平均燃面）小（曲线平稳）、燃烧结束点的燃面大、无余药以及工艺性良好的特点。可自编程序进行药型优化设计，通过合理选择翼型参数（翼的个数、厚度、高度、长度、角度以及翼在燃烧室的位置），反复调试、计算，以得到满足总体要求的药型。

图 6-4、图 6-5 为某翼柱形燃烧室药型和燃面-肉厚曲线图，可见无余药、燃面曲线平稳。

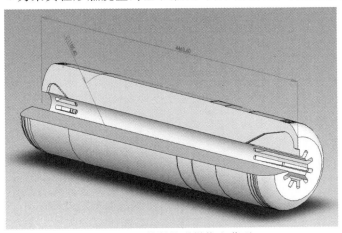

图 6-4   某翼柱形燃烧室药型

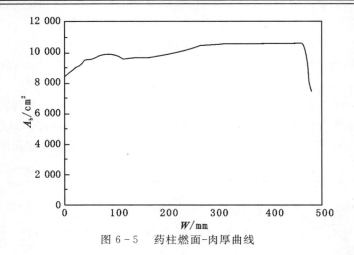

图 6-5　药柱燃面-肉厚曲线

6.4.3　内弹道计算

所谓内弹道计算就是计算燃烧室的压强、推力和工作时间等参数。当燃烧室被看作是一个充满高压燃气的容器时,不考虑燃气的流动和燃烧室内的压强分布,认为燃烧室内各点的压强都相等,而 p 只随时间 t 变化,与该点的位置坐标无关,即 $p=f(0,t)$,这就是所谓的零维流场。对于燃气流速很小的燃烧室来说,压强计算可作为一个零维问题来处理。

典型的发动机压强曲线如图 6-6 所示,1 为上升段,2 为工作段,3 为下降段,4 为后效段。t_{SRM} 为发动机工作结束时间,一般认为在该时间点之后发动机推力为零,但绝热层持续碳化和烧蚀,使发动机实际仍在继续工作,该工作阶段称为后效段,产生的推力为后效推力,冲量为后效冲量。一般涉及级间分离的发动机和末级发动机比较关注后效段。

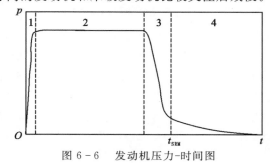

图 6-6　发动机压力-时间图

1. 平稳段压强计算

假定燃烧室条件如下:

(1)燃气流速很小,p 按零维计算。

(2)推进剂无侵蚀燃烧,$r=ap_c^n$。

(3)燃气温度和成分保持不变。

(4)燃气遵从完全气体状态方程。

当燃烧室压强已经建立,开时进入工作段时,压强随时间变化率较小,可视为准定常,这时压强计算公式为

$$p_c = \left(\frac{a\rho_p C^* A_b}{A_t} \right)^{\frac{1}{1-n}} \tag{6-2}$$

此时，p_c 即为平衡压强，发动机处于稳定工作段。

发动机平均推力为

$$F = C_F p_c A_t \tag{6-3}$$

发动机比冲为

$$I_s = \eta_{CF} C_{Fth} C^* \tag{6-4}$$

发动机理论推力系数为

$$C_{Fth} = \left[\Gamma \sqrt{\frac{2k}{k-1} \left[1 - \left(\frac{p_e}{p_c} \right)^{\frac{k-1}{k}} \right]} + \frac{A_e}{A_t} \left(\frac{p_e}{p_c} - \frac{p_a}{p_c} \right) \right] \tag{6-5}$$

喷管出口压强比 p_e/p_c 可由下式迭代求出：

$$\frac{A_e}{A_t} = \frac{\Gamma}{\left(\frac{p_e}{p_c} \right)^{\frac{1}{k}} \sqrt{\frac{2k}{k-1} \left[1 - \left(\frac{p_e}{p_c} \right)^{\frac{k-1}{k}} \right]}} \tag{6-6}$$

$$\Gamma = \sqrt{k} \left(\frac{2}{k+1} \right)^{\frac{k+1}{2(k-1)}} \tag{6-7}$$

图 6-7、图 6-8 是某发动机设计压强-时间和推力-时间曲线。

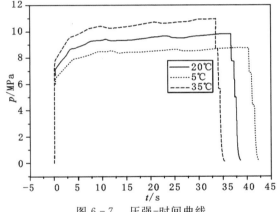

图 6-7　压强-时间曲线

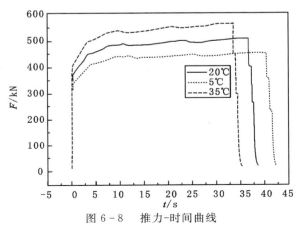

图 6-8　推力-时间曲线

2. 点火上升段、下降段、后效段压强计算

目前,国内点火上升段及下降段压强计算方法不是很成熟,计算结果与实测结果差别也比较大。在实际应用中,将上升段建压过程及下降段的排气过程都统一进行转化,利用平衡压强公式转化成压强与燃面的变化关系,即将上升过程、下降过程假设为燃面逐渐上升或下降。该方法简单易用、具有较高的精度,可满足工程需要。

目前,后效计算也没有成熟的理论计算方法,惯用的方法是依据飞行过的导弹进行后效推力计算,然后拟合推力,将其他发动机与该发动机进行类比,为总体提供参考数据。

6.5 绝热层及人工脱黏层设计

6.5.1 燃烧室内绝热层功能

燃烧室内绝热层功能有:
(1) 保证燃烧室壳体不被烧穿或者受热失强。
(2) 保护壳体不受药柱的腐蚀:壳体受到腐蚀后,承载能力有所下降。
(3) 保证纤维缠绕壳体气密:纤维缠绕壳体受力后树脂开裂,需有相应的内衬保证气密。
(4) 缓冲药柱与壳体之间的黏结应力。

6.5.2 绝热层材料的选择

内绝热层是燃烧室的关键部件之一,绝热层设计厚度不当或者绝热层与壳体脱黏,可能使壳体局部被烧穿,从而使发动机工作失效。内绝热层材料应具有以下特点:
(1) 有较低的密度、烧蚀率、热扩散系数及较高的分解热。
(2) 与药柱相比有较高的断裂强度、较低的模量,模量低可以减小药柱与壳体之间的黏结应力,增加燃烧室的结构可靠性。
(3) 对壳体材料无腐蚀作用,抗老化性能好。
(4) 工艺性好,施工容易。
(5) 环保性好。

常用绝热层材料及性能见表 6-2。

表 6-2 常用绝热层材料及性能

项 目	材料名称或代号					
	5-Ⅲ	TI502	SRB501	9 621	三元乙丙	碳毛板
密度 /(g·cm⁻³)	≤1.55	≤1.26	≤1.26	≤1.26	≤1.08	≤1.30
氧乙炔线烧蚀率 /(mm·s⁻¹)	≤0.18	≤0.2	≤0.3	≤0.18	≤0.10	≤0.04
导热率[W·(m·K)⁻¹]	0.197 7	0.311	—	0.323 8	0.26	0.35
拉伸强度 /MPa	≥8.0	≥4.0	≥8.0	≥4.0	≥4.0	≥20.7
伸长率 /(%)	≥8.0	≥200	≥300	≥200	≥400	≥2.6
静断裂强度 /MPa	—	—	≥2.2	—	—	—

续表

项　目	材料名称或代号					
	5-Ⅲ	TI502	SRB501	9 621	三元乙丙	碳毛板
条件断裂强度 /MPa	—	—	≥2.0	—	—	—
推荐使用部位	金属壳体开口	金属壳体	金属壳体人工脱黏层	纤维缠绕壳体	纤维缠绕壳体或金属壳体	冲刷严重部位

6.5.3　绝热层厚度设计

绝热层厚度的设计原则是:气流速度较大的部位和涡流区绝热层应相应地设计得厚一些;气流速度较低的部位可以设计得薄一些;接触火焰时间长的部位比接触火焰时间短的部位,其绝热层厚度相应地要厚一些;同时应该考虑飞行过程加速度等载荷对绝热层烧蚀的影响。

由于燃烧室内流场的复杂性以及对流、辐射热流、燃气温度、横向流速和燃气组分在测量上的困难,目前多数燃烧室绝热层厚度是靠经验确定的。根据同类燃烧室绝热层烧蚀厚度设计确定一个厚度,通过解剖发动机点火试验后的绝热层,实测其烧蚀厚度,就可以得到各部位绝热层的烧蚀率,并不断改进和完善。

初始进行燃烧室内绝热层设计时,按下式绝热层设计计算经验公式:

$$\delta \doteq f v_1 t_{bl} + \frac{a}{v_2} \ln \frac{T_a - T_i}{T_f - T_i} \qquad (6\text{-}8)$$

$$a = \frac{\lambda}{c\rho} \qquad (6\text{-}9)$$

式中:δ —— 绝热层设计厚度;

f —— 考虑了飞行加速度影响的安全系数(前封头:$f = 1.36$,圆柱段前部:$f = 1.06$;对于燃烧室后封头及圆筒段后部,有 $f = 2.0 \sim 6.0$);

v_1 —— 实际碳化率,前期主要由经验公式给出;

t_{bl} —— 暴露在燃气中的时间;

a —— 热扩散率;

λ —— 绝热层热导率;

c —— 绝热层比热;

ρ —— 绝热层密度;

v_2 —— 氧乙炔烧蚀率;

T_a —— 绝热层热解温度;

T_f —— 发动机外壁温允许的加热温度;

T_i —— 发动机结构初始温度。

飞行加速度对绝热层烧蚀的具体影响的安全系数以模拟试验或者类似发动机飞行试验结果为准。

从工程意义上来讲,绝热材料的实际碳化率在绝热层设计中扮演着核心的角色。通过大量的实验研究对其开展工程预示,已成为常用研究手段之一。针对有粒子冲刷的燃烧室绝热层,给出了过载条件下碳化烧蚀率和粒子状态参数间的经验关系式,见 4.5.1 节式(4-13)。

对于新型推进剂、新型绝热结构、新材料或飞行过载状态复杂的发动机,应进行相应的燃气流动、传热烧蚀等绝热结构综合分析,必要时通过相关试验或模拟试验,确定绝热层结构尺寸。

6.5.4 人工脱黏结构设计

(1) 根据发动机燃烧室中推进剂、绝热层和人工脱黏层性能参数,通过计算燃烧室药柱在硫化降温、贮存、弹射、飞行及点火内压等载荷,不断优化人工脱黏层分离面位置和前缘结构,使药柱的应力、应变等综合性能达到最优状态。

(2) 对一些外载荷比较大的发动机,为了降低附近药柱应力,在燃烧室人工脱黏层分离面附近可以设计为凸环形结构;为进一步提高可靠性,可以采用卡普隆布增强复合人工脱黏层结构。

(3) 一般情况下,燃烧室人工脱黏层与绝热层一起成形,封头部分的绝热层、人工脱黏层可以采用整体模压结构;有些燃烧室封头可以采用绝热材料与人工脱黏层材料进行手工粘贴成形。

图 6-9 为两种典型的人工脱黏结构。

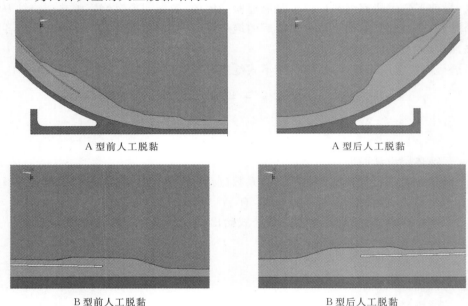

A 型前人工脱黏   A 型后人工脱黏

B 型前人工脱黏   B 型后人工脱黏

图 6-9 两种典型的人工脱黏结构

6.6 药柱完整性计算分析

6.6.1 药柱完整性问题

固体火箭发动机药柱设计在满足性能技术指标的同时,必须充分考虑药柱结构完整性要求。发动机药柱从浇注到完成燃烧任务,必须经受一系列引起药柱应力、应变和变形的环境载荷,比如硫化降温,环境温度变化,长期贮存,运输、弹射和飞行时加速度、冲击、振动以及点火后燃烧室瞬时增压等载荷;对于一些特殊要求的发动机,还有壳体外部增压和飞行气动加热等。药柱完整性分析就是保证在这些载荷作用下,药柱内通道表面及其他部位不产生裂纹,药柱与衬层界面不发生脱黏,药柱内表面及端面不发生过大变形而堵塞内通道或喷管。一般情况下,在固体火箭发动机装药初步确定之后,必须对药柱完整性进行分析校核,以保证发动机研制工作少走弯路。

6.6.2　药柱承受的载荷工况

药柱所承受的载荷一般分为规定环境载荷和工作载荷,按受力状态分为以下几种情况。

1. 药柱承受的温度载荷

固体推进剂必须硫化,从规定温度到使用温度需要降温,而贴壁浇注式药柱是黏结到发动机壳体上的,药柱的膨胀系数比壳体的高一个量级,这样不可避免地要产生热应力;一般情况下,硫化降温过程药柱的薄弱环节在直筒段内孔、翼槽的凹槽表面以及药柱两端的推进剂界面。

2. 药柱承受的加速度载荷

发动机在贮存、运输、发射和导弹(或运载火箭)飞行过程中,会产生轴向和径向加速度。这类载荷可能引起发动机药柱内孔、药柱翼槽处产生裂纹,药柱两端界面、人工脱黏层前沿药柱界面、中筒段药柱界面脱黏;对于潜入喷管和燃烧室装填系数较高的发动机,还应考虑加速度载荷下药柱后部下沉对内弹道的影响。另外,贮存载荷作为一种特殊加速度载荷,直接影响发动机的使用寿命,虽然试验周期很长,也应该引起高度重视。

3. 药柱承受的发动机压力载荷

燃烧室壳体在内压作用下会产生变形,药柱依附于燃烧室壳体,在内压作用下也会产生变形。对于变形较大的纤维缠绕壳体,推进剂在低温快速率条件下的伸长率比较低,需要进行分析并研究药柱工作过程可靠性。另外,内压产生的应力、应变是在硫化降温和轴向加速度引起的应力、应变基础上产生的,必须考虑两种和三种受力状态的联合作用问题。

潜射导弹水下发射时,载荷主要出现在三个阶段,即出筒时段、水中运行时段和出水时段。导弹出筒时段与出水时段的载荷比较复杂,其中最主要的影响因素是空泡。作为导弹主要动力装置的固体火箭发动机,在导弹水下发射时,主要承受导弹出筒过程的空泡压力回射、出水过程的空泡溃灭载荷以及出水时刻的弯矩。

4. 振动、冲击载荷

在地面、空中、舰艇运输和火箭发射、飞行时,振动可能成为药柱完整性累积失效破坏的原因之一;在火箭发射和级间分离时以及运输和装卸过程中,可能发生的发动机坠落或严重颠簸都会产生很短时间的冲击负载。振动会使药柱局部温度大幅度升高,导致推进剂力学性能降低和化学降解,药柱局部出现流动、裂纹或界面脱黏,最严重时,还可能发生自燃。冲击负载作用时间较短,推进剂性能接近玻璃态,其破坏性能比较高,药柱本身一般不会破坏,但壳体可能产生畸变而使界面脱黏。

为了减小药柱内孔和药柱——衬层——绝热层两端界面的应力,一般在药柱两端或一端设置人工脱黏层。人工脱黏层材料的松弛模量与推进剂相近,而强度、伸长率比推进剂高很多。以上四种问题,通过有限元法或其他工程计算方法已能够对发动机药柱进行详细分析。

在进行燃烧室药柱结构分析时,破坏判据是一个非常重要的内容,推进剂的抗拉破坏性能不但与温度有关,而且与应变速率有关。燃烧室药柱在硫化降温和工作内压作用下应以应变作为判据;在加速度载荷作用下以强度作为判据;对于多向受力状态,采用八面体剪应力或剪应变作为判据比较合理。计算总安全系数时,一般只对药柱几个薄弱部位进行分析,损伤积累必须是药柱的同一部位叠加。

6.6.3   药柱完整性分析的工程化方法

固体推进剂是一类非晶态高聚物,最大的特点就是随着温度的不同呈现出不同的物理状态,是典型的黏弹性体。固体推进剂材料在某一应力、应变水平以内可以看作线性黏弹性材料,用线性黏弹性力学方法计算药柱应力、应变和变形,并考虑材料黏弹性来分析药柱破坏问题,比用弹性力学方法处理这些问题大大前进了一步,抓住了问题的本质,因为固体推进剂材料性能随时间与温度会有几倍到几百倍的变化,只有用黏弹性方法才能正确地认识和处理药柱完整性问题。虽然用非线性黏弹性理论比线性黏弹性理论来研究问题会更准确一些,但对于完整性分析不会带来根本性的变化,并且由于非线性问题在理论上和计算上的复杂性,目前工程应用不多,因此本节只介绍线性黏弹性分析方法。

从固体推进剂的力学松弛现象中可以看出,固体推进剂的力学状态和力的作用时间有关。研究证明,其力学状态还和温度有密切的关系。图6-10为一定应力下,不同时间聚合物形变和温度的关系。从大量的试验研究中发现,可通过两种途径使推进剂达到同一种力学状态:降低温度,延长力作用时间;提高温度,缩短力作用时间。

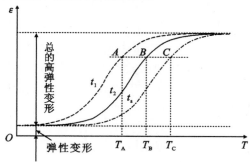

图 6-10   一定应力下,不同时间聚合物形变和温度的关系

图6-10表明,通过不同温度和作用时间的组合,可以达到同一变形量。这里的温度 $T_A <T_B < T_C$,而时间 $t_1 > t_2 > t_3$。这是因为要使高聚物中某个运动单元具有足够大的活动性而表现出力学松弛现象需要一定的松弛时间。在较低的温度下,分子运动的松弛时间长,高聚物对外力的响应要在很长时间才能观察到。升高温度,分子热运动加强,松弛时间缩短,在较短的时间内就可以观察到同样的力学响应。可见升高温度与延长作用时间,对高聚物的黏弹行为是等效的,这就是时间-温度等效原理。

应用时间-温度等效原理,一个作用力时间极长的力学状态,可以用一个升高温度,缩短作用时间所表现的力学状态来模拟。于是我们就能利用现有的试验手段来获得那些无法从试验直接测定的推进剂力学性能数据。我们还可以利用某一温度下的力学性能与时间的关系曲线,经过某种转换,得到各个温度下的力学性能与时间的关系曲线。这就使得对推进剂药柱受力状况的分析大为简化。

工程上利用上述方法,按照现行推进剂伸长率主曲线测试标准《火药试验方法》(GJB 770B—2005)的规定,获得发动机使用推进剂配方的 E_t,σ_m,ε_m 的主曲线,如图 6 - 11、图 6 - 12 所示,用于药柱的完整性分析。

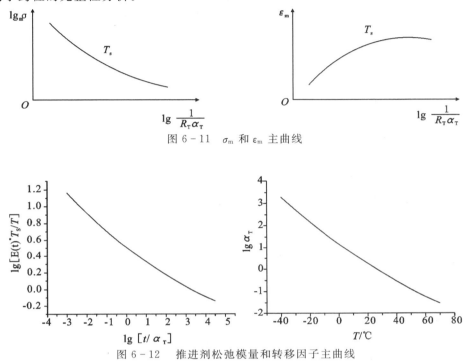

图 6 - 11　σ_m 和 ε_m 主曲线

图 6 - 12　推进剂松弛模量和转移因子主曲线

药柱完整性分析工作的主要任务是,从理论、配方性能、材料、工艺、结构、环境载荷、工程计算、试验以及检验等方面进行研究,保证在各载荷作用下,药柱内通道表面及其他部位不发生裂纹,药柱两端与衬层或绝热层界面不发生脱黏,在药柱内表面及尾端载荷作用下,不发生过大的变形而影响内流场或堵塞喷管,保证整个药柱及其界面在使用寿命期内完整。只有在使用的全过程中保持药柱的完整性,才能保证发动机寿命期的正常工作。

药柱结构完整性分析流程见图 6 - 13。

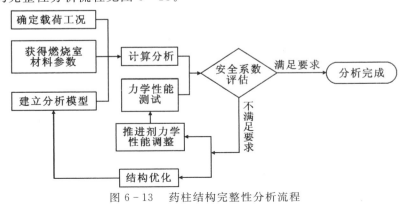

图 6 - 13　药柱结构完整性分析流程

燃烧室在各载荷作用下的有限元分析是药柱结构完整性分析工作中的一个重要内容,其主要目的是获得药柱及界面关键部位在载荷作用下的应力应变响应,作为安全裕度评估的结构响应值。

6.7　固化降温载荷作用下药柱结构完整性分析

6.7.1　问题描述

本例中燃烧室为前、后翼柱型装药结构,药柱 m 数为 3.6,长径比为 3.5,采取前、后人工脱黏结构。壳体材料为 D406A 钢壳体,推进剂为 HTPB 三组元,推进剂零应力温度为 58℃。该发动机长期贮存环境温度为 0℃,见图 6-14。

图 6-14　本例燃烧室装药结构

6.7.2　问题分析

对固化降温载荷作用下的药柱结构进行强度分析。药柱零应力温度约为 58℃,长期贮存温度为 0℃,则温度载荷降温温差为 $\Delta T = -58℃$。

6.7.3　模型建立

为简化计算,节省计算资源,建立 1/20 发动机三维模型,具体模型见图 6-15。

图 6-15　发动机壳体 1/20 模型

6.7.4　网格剖分与单元设置

选择 Mesh 模块,Object 选择 part,下拉菜单选中 rss(本节所建立的燃烧室名称)。通过"Tools""partition",对模型进行剖分处理,如图 6-16 所示,直至部件颜色全部变为黄色(黄色代表所有 cell 都可以用六面体进行划分)。

图 6-16 Partition 方法的选择

经局部剖分、关键部位网格种子加密等前处理（前、后翼柱，筒段中间，人工脱黏分离点位置），上述模型划分网格共计 15 万个（见图 6-17 ～ 图 6-20），均设置为一阶线性单元并对药柱、绝热结构选用杂交单元技术（C3D8H），以解决较高泊松比对应的"沙漏"问题。

图 6-17 整体网格分布（彩图见插页）

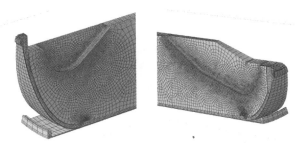

图 6-18 药柱前、后翼，人工脱黏分离点部位网格情况（彩图见插页）

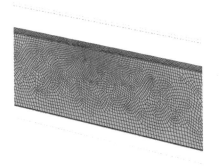

图 6-19 燃烧室筒端中间部位网格情况（彩图见插页）

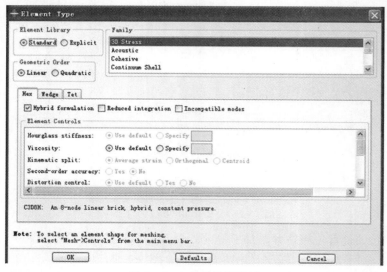

图 6-20   单元类别设置

6.7.5   材料性能参数

（1）根据推进剂主曲线，获得固化降温载荷条件下的材料参数，等效模量、泊松比分别为 0.7 MPa，0.496。推进剂的线膨胀系数为 0.000 13/℃。

（2）绝热层采用线黏弹性材料模型，对固化降温载荷进行等效处理，分别选取对应的等效模量、泊松比为 1.4 MPa，0.496。绝热层的线膨胀系数为 0.000 13/℃。

（3）壳体材料为 D406A，模量、泊松比为 200 GPa，0.3。壳体的线膨胀系数为 0.000 01/℃。见图 6-21。

6.7.6   创建分析步（Step）

（1）选择 Step 模块，点击菜单"Step""create"，在弹出的对话框中指定分析步的名称如"Step-jiangwen"，Procedure type 选择 General，并选中"Static，General"，完成后点击 Continue，见图 6-22。

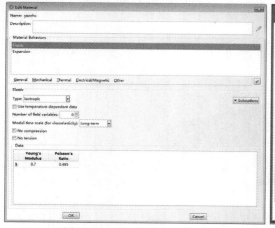

图 6-21   材料属性的输入

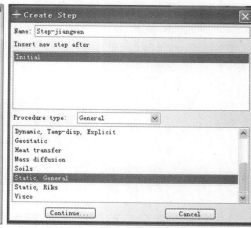

图 6-22   静态通用分析步的选择

（2）在弹出的对话框中，Basic 子页面输入分析步时长（Time period），见图 6-23，一般硫化降温按 1 设定。

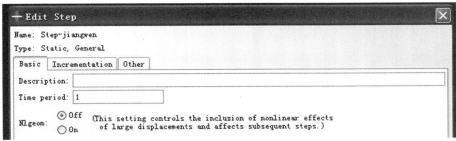

图 6-23　设定时长

（3）在 Increment（增量步）子页面输入迭代时增量步的控制参数，如图 6-24，Increment size 的 Initial 一般可取 0.1。

6.7.7　温度载荷加载

（1）选择 Load 模块，点击菜单"Predefined Field""Create"，在弹出的对话框中，输入名称如 initial temperature，并选择 Step 为 Initial，Category 选择 Other，Types for Selected Step 选择 Temperature，见图 6-25。

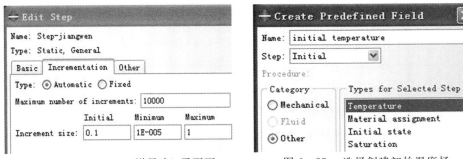

图 6-24　Increment（增量步）子页面　　　　图 6-25　选择创建初始温度场

（2）在 ABAQUS 主页面中，鼠标选中计算模型所有区域，单击中键确认后，在弹出的对话框中输入初始温度值（对应药柱的零应力温度）Magnitude，见图 6-26。

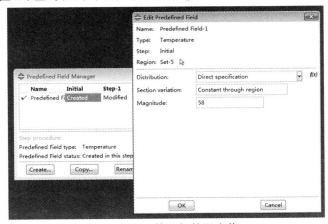

图 6-26　输入初始温度值

（3）点击菜单"Predefined Field""Management"，选中 Propagated，点击右侧 Edit 按钮。

图 6-27　修改指定的后续分析

（4）在弹出的对话框中，Status 选择 Modified，输入最终温度值 Magnitude，见图 6-28。

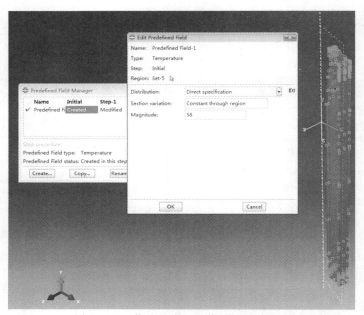

图 6-28　修改最终温度值（彩图见插页）

6.7.8　设置固定边界条件、对称边界条件

（1）建立圆柱坐标系 zhuzuobiao，设置后裙端面边界条件 BC-1 为固定 ENCASTER 边界条件。

（2）在整个模型两个侧面，设置圆柱坐标系条件下的环向位移为零。

（3）边界条件设置见图 6-29 ～ 图 6-31。

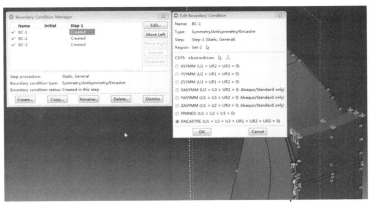

图 6 - 29　创建固定边界条件(彩图见插页)

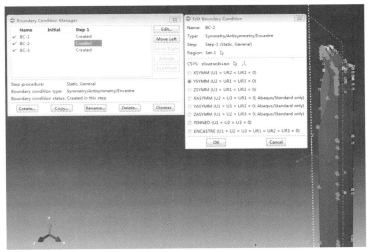

图 6 - 30　对称边界条件 BC-2(彩图见插页)

图 6 - 31　对称边界条件 BC-3(彩图见插页)

6.7.9 求解控制

（1）选择 Step 模块，点击菜单"Output""Field output request"，在弹出的对话框中单击 Edit，见图 6-32。

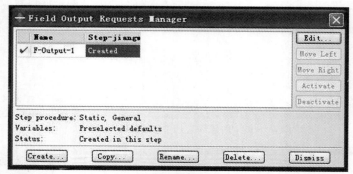

图 6-32 Field Output Request 页面

（2）在弹出的对话框中，通过 Output Variables 的勾选，只保留对 S,E,U 的输出，以降低后续结果文件.odb 的数据规模，见图 6-33。

（3）选择 Job 模块，点击菜单"Job""Create"，在弹出的对话框中输入分析作业（Job）的名称如 yaozhu-58 off；在弹出的对话框中，可结合实际需求，对 Memory 等子页面下的各项参数进行设置，可按默认值，见图 6-34。

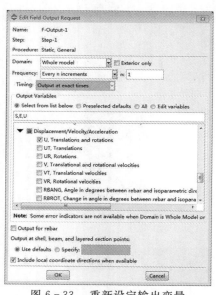

图 6-33 重新设定输出变量

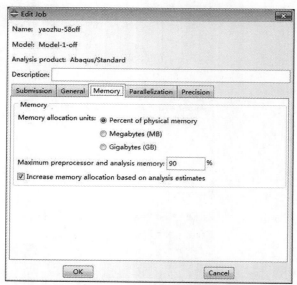

图 6-34 理论最大内存的设置

（4）点击菜单"Job""Manager"，在对话框中单击 Submit，如图 6-35 所示；在求解过程中，单击对话框中 Monitor，可查看迭代情况，见图 6-36。

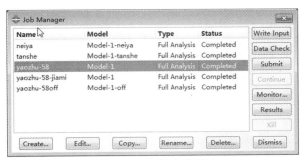

图 6 - 35　提交运算　　　　　　　　　　　图 6 - 36　查看迭代情况

6.7.10　结果后处理

1.视图及显示对象的调整

（1）待 Job 计算完成，点击图 6 - 35 中 Results，进入 Visualization 模块查看，计算结果分别输出药柱的应力、应变和位移云图，见图 6 - 37 ～ 图 6 - 39。重点关注药柱中孔、前、后人工脱黏前缘附近推进剂界面以及前后翼槽处的应力应变。

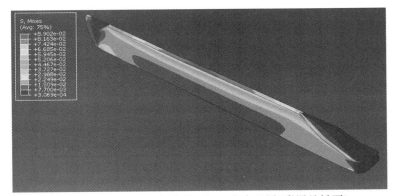

图 6 - 37　1∶1 显示的药柱 Mises 应力云图（彩图见插页）

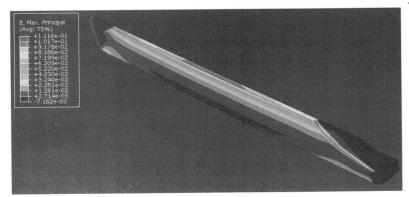

图 6 - 38　1∶1 显示的药柱应变云图（彩图见插页）

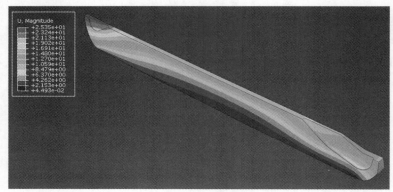

图 6-39　1∶1显示的药柱位移云图（彩图见插页）

（2）点击菜单"Viewport""Viewport Annotation"，弹出图 6-40 所示对话框，选择 Legend 子页面，在 Text 选项下，单击 Select Font 按钮；在弹出的对话框（见图 6-41）中改变 Size，并指定被改变（Apply To）的对象（一般建议将此处的 Size 设置为 12～14，以提高云图说明信息的可辩性和可读性）。

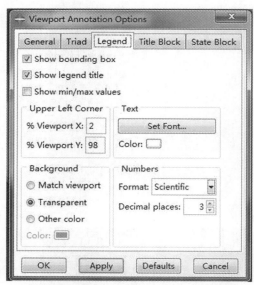

图 6-40　Viewport Annotation 对话框

图 6-41　改变 legend 的显示参数

2. 显示云图及变量输出的设置

（1）点击菜单"File""Print"，在图 6-42 所示对话框中勾选 Print viewport decorations，并反选 Backgrounds，随后点击 File name 后面的文件夹按钮；在随后弹出的对话框中，指定保存路径及图片文件的文件名，如图 6-43 所示；确认后回到 Print 对话框，在 Settings 选项下，文件名及路径已更新，单击选择 Format，一般建议选择. PNG，见图 6-44。

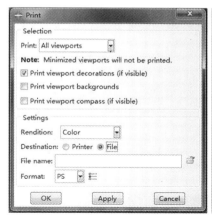

图 6 - 42　Print 对话框

图 6 - 43　指定图片文件的保存路径及文件名

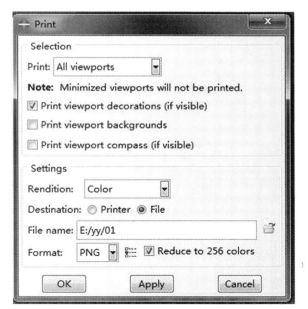

图 6 - 44　设置图片文件的格式

（2）点击菜单"Tools""XY Data"，在图 6 - 45 所示对话框中选择 ODB field output；单击 Continue 后，进入图 6 - 46 所示页面，在 Variables 子页面下，选择 Position 为 Unique Nodal、勾选输出变量如 Mises 应力；在 Elements/Nodes 子页面（见图 6 - 47），Method 选择 Pick from viewports，并单击右侧 Edit selection 按钮，在 ABAQUS 主页面中，鼠标左键选中关键部位的目标节点（Node），确认后单击对话框下方的 Plot 按钮，ABAQUS 主页面中显示目标节点 Mises 应变力随计算时间（Step time）的变化（见图 6 - 48）。

图 6-45 基于场变量输出
的 XYData 设置

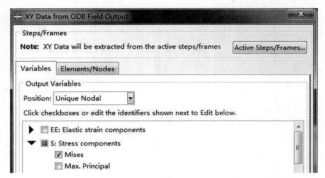

图 6-46 变量名称及定位方式的选择

图 6-47 Node 的选择

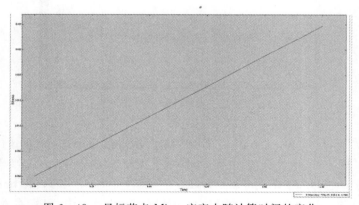

图 6-48 目标节点 Mises 应变力随计算时间的变化

（3）点击菜单"Tools""XY Data"，在图 6-49 所示对话框中单击右侧的 Edit 按钮，可显示数据内容如图 6-50 所示；数据内容可通过鼠标选择，支持右键拷贝等操作，见图 6-51。

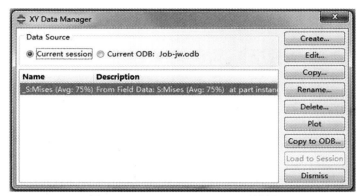

图 6 - 49　XY Data Manager 对话框

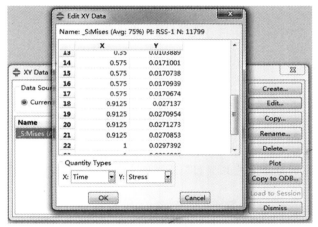

图 6 - 50　显示 XY Data 数据内容

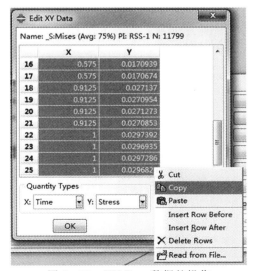

图 6 - 51　XY Data 数据的操作

（4）在主菜单栏下方，单击下拉列表，可在云图中查看其余变量的分布情况，见图 6-52。

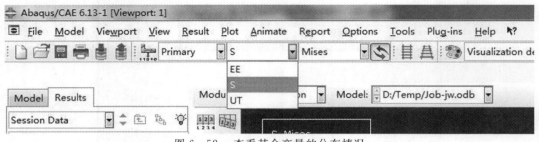

图 6-52　查看其余变量的分布情况

6.8　内压载荷作用下药柱完整性分析

6.8.1　问题描述

模型与 6.7 节一致，要求对其进行工作内压载荷作用下的药柱结构强度分析。燃烧室工作温度为 20 ℃，燃烧室初始压强为 8.6 MPa，即内压载荷作用于燃烧室内腔（药柱表面及人工脱黏缝内）。

6.8.2　建立几何模型及网格划分（同 6.7 节）

6.8.3　设置材料参数

（1）根据推进剂主曲线，获得常温内压载荷条件下的材料参数（需要考虑建压速率），等效模量、泊松比分别为 5.2 MPa，0.499 5。

（2）绝热层采用线黏弹性材料模型，对应的等效模量、泊松比分别为 10.4 MPa，0.499 5。

（3）壳体材料为 D406A，模量、泊松比为 200 GPa，0.3。

6.8.4　分析步设置（同 6.7 节）

6.8.5　边界条件及载荷施加

（1）边界条件（同 6.7 节）。

（2）施加载荷：选取燃烧室内所有内表面，包括人工脱黏缝两侧、绝热层表面。在所选内表面上施加的内压载荷为 8.6 MPa，见图 6-53、图 6-54。

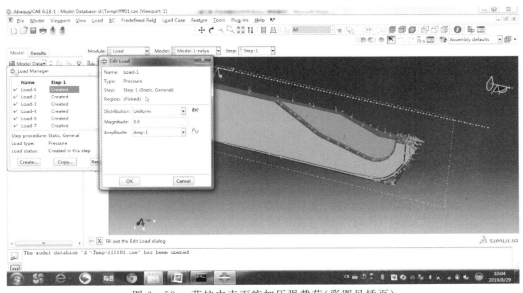

图 6-53　药柱内表面施加压强载荷(彩图见插页)

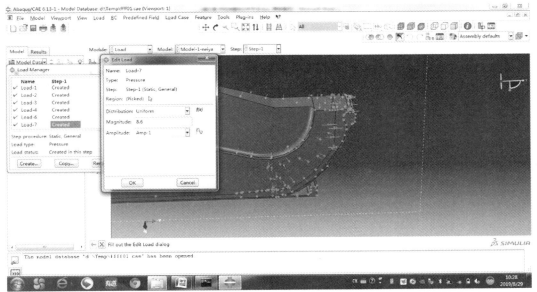

图 6-54　人工脱黏缝隙施加压强载荷(彩图见插页)

6.8.6　求解控制(同 6.7 节)

6.8.7　后处理结果

求解完成后,重点关注的部位为药柱中孔,前、后人工脱黏前缘附近推进剂界面以及前、后翼槽处的应力应变。

6.9　轴向加速度载荷下的应力–应变分析

6.9.1　问题描述

模型与 6.7 节一致,导弹弹射时,该发动机承受轴向加速度载荷为 10 g,载荷作用时间为 0.8 s。要求对其进行轴向加速度载荷作用下的药柱结构强度分析。发动机承受轴向加速度载荷为 8 g,载荷作用时间为 0.8 s,根据载荷作用时间,通过查找推进剂松弛模量主曲线可确定其弹性模量。

6.9.2　建立几何模型及网格划分(同 6.7 节)

6.9.3　设置材料参数

(1)根据推进剂主曲线,获得轴向加速度载荷下的材料参数(需要考虑建压速率),等效模量、泊松比分别为 4.5 MPa,0.496。

(2)绝热层采用线黏弹性材料模型,分别选取对应的等效模量、泊松比为 9.0 MPa,0.496。

(3)壳体材料为 D406A,模量、泊松比为 200 GPa,0.3。

6.9.4　分析步设置(同 6.7 节)

6.9.5　边界条件及载荷施加

(1)边界条件(同 6.7 节)。

(2)施加载荷:相比于硫化降温载荷,轴向过载下无需对模型的温度场进行设置,应定义轴向过载,轴向过载的设置如下:

1)在 Step 模块下,创建名为 Step-guozai,Time period 为 1 s 的分析。

2)在 Load 模块下,点击菜单"Load""Create",按图 6 – 55 所示,Step 选择 Step-guozai,Types 选择 Gravity。

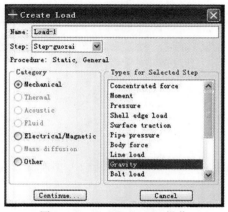

图 6 – 55　Load-Gravity 操作

　　3）在弹出的 Edit Load 模块中（见图 6-56），鼠标左键选择 Region 后的选择键，在 ABAQUS 主页面鼠标选中全模型；随后在图 6-57 所示对话框下部，输入过载数据（长度单位制为 mm，则 1 g = 9 800 mm/s²）。

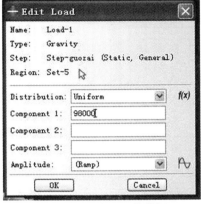

图 6-56　Edit Load 模块　　　　　图 6-57　输入过载数据

（3）接触条件的设置。

1）在 Interaction 模块，点击菜单"Interaction""Property"（见图 6-58）。

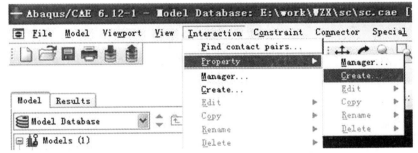

图 6-58　菜单"Interaction""Property"

2）弹出图 6-59 所示对话框，选择 Type 为 Contact。

3）如图 6-60、图 6-61 所示，对摩擦因数进行设置。

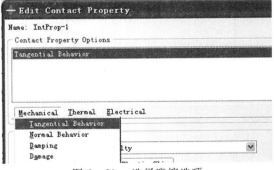

图 6-59　Contact 的选择　　　　　图 6-60　选择摩擦选项

4）点击菜单"Interaction""Create"（见图 6-62），Type 选择 Surface to Surface。

图 6-61　设置摩擦因数　　　　　图 6-62　选择接触边界的类别

5）按照提示，对接触的主面、从面分别进行选择，效果如图 6-63 所示，注意避开后人工脱黏前缘的曲面（见图 6-64）。

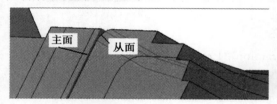
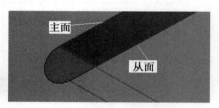

图 6-63　接触的主面及从面　　　　图 6-64　接触面选取时避开后
　　　　　　　　　　　　　　　　　　　　　　　　人工脱黏前缘的曲面

6）指定接触容许的间隙（Tolerance）、指定接触对应的接触属性（IntProp-1），见图 6-65。

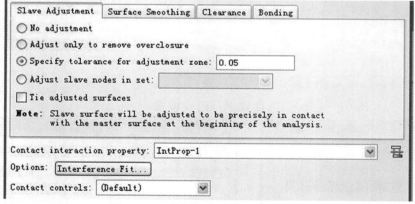

图 6-65　接触间隙、接触属性的设置

6.9.6　求解控制

求解控制（同 6.7 节）。

6.9.7　结果后处理

结果后处理（同 6.7 节）。

6.10　丁羟推进剂药柱完整性分析时材料参数选择

并不是所有推进剂都具有主曲线,特别是新研配方,因此推进剂主曲线的测试需要在型号的定型阶段完成。为了不影响药柱完整性分析的精度,一般是根据相近配方的推进剂主曲线查询相应的参数。本节结合笔者多年的工程经验,给出丁羟推进剂在不同载荷工况下的参数取值,具有一定的合理性,可以为工程中药柱完整性分析提供一定参考。

6.10.1　固化降温条件下的材料参数

固化降温载荷条件下的材料参数见表 6-3。

表 6-3　固化降温载荷条件下的材料参数

材料	E/MPa	υ	$\alpha/(℃^{-1})$
推进剂	0.7	0.496	$1.3e^{-4}$
绝热层	1.4	0.496	$1.3e^{-4}$
壳体	210 000	0.3	$1.0e^{-5}$

6.10.2　内压及过载条件下的材料参数

内压及过载条件下的材料参数见表 6-4。

表 6-4　内压及过载条件下的材料参数

材料	E/MPa	υ
推进剂	5.2	0.499 5
绝热层	10.4	0.499 5
壳体	210 000	0.3

表中的推进剂和绝热层的模量取值为丁羟推进剂在 20℃ 条件下的取值,绝热层的模量约等于推进剂的 2 倍。根据工程经验,推进剂的模量随温度变化趋势如图 6-66 所示,读者在进行药柱完整性分析时,可以参照取值。

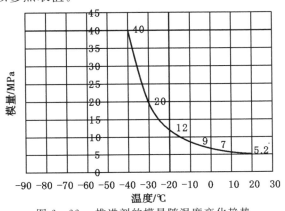

图 6-66　推进剂的模量随温度变化趋势

6.11   丁羟推进剂药柱完整性安全系数分析

6.11.1   评估前的准备

安全系数的评估必须在材料性能测试完备的基础上进行，在方案设计阶段，可参考相似配方推进剂，测试项目包括：

(1) 推进剂抗拉强度与伸长率主曲线。

(2) 推进剂持久应变的极限承载能力。

(3) 推进剂黏结界面持久应力的极限承载能力。

(4) 推进剂在低温慢速率条件下的单向拉伸应力-应变曲线。

(5) 推进剂在低温快速条件下的单向拉伸应力-应变曲线。

(6) 其他。根据具体载荷特殊要求而定。

6.11.2   输出变量要求

在实际发动机中，高应力集中常发生在不连续处，最大应变发生在内孔面上，一般在长圆截面或几何不连续处。应变基准适用于推进剂失效预测，而应力基准适用于脱黏类型失效。需要注意的是，药柱完整性评估所指的应力和应变是 Mises 等效应力和 Mises 等效应变，其计算公式如下：

$$\sigma_e = \sqrt{\frac{1}{2}\left[(\sigma_1 - \sigma_2)^2 + (\sigma_2 - \sigma_3)^2 + (\sigma_3 - \sigma_1)^2\right]} \tag{6-10}$$

$$\varepsilon_e = \sqrt{\frac{2}{9}\left[(\varepsilon_1 - \varepsilon_2)^2 + (\varepsilon_2 - \varepsilon_3)^2 + (\varepsilon_3 - \varepsilon_1)^2\right]} = \sqrt{\frac{2}{3}(\varepsilon_1^2 + \varepsilon_2^2 + \varepsilon_3^2)} \tag{6-11}$$

其中，有限元软件 ANSYS 可直接输出等效应力及等效应变变量云图，Main Menu＞General Postproc＞Plot Results＞Contour Plot＞Nodal Solu，在弹出的对话框中选择 Nodal Solution/Stress/von Mises stress(Total Mechanical Strain/von Mises total mechanical strain)，在 Scale Factor 中选择 True Scale，如图 6-67 所示。

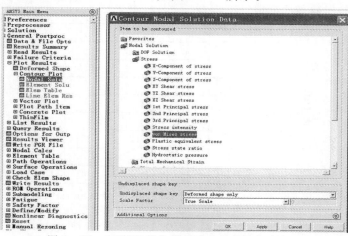

图 6-67   ANSYS 输出等效应力及等效应变方法

有限元软件 ABAQUS 可以直接输出等效应力变量云图，如图 6-68 所示。

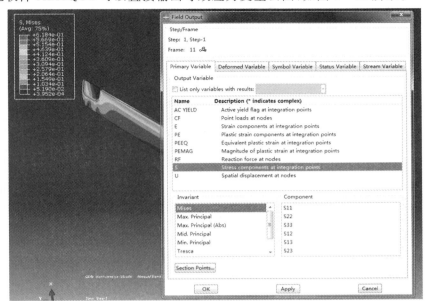

图 6-68　ABAQUS 输出等效应力变量云图

ABAQUS 应变输出选项里面没有 Mises 等效应变变量，操作人员需要对处理结果进行二次计算得到。过程为 Tools/Create field output，在公式编辑栏里填入 Mises 应变计算公式，在左侧栏目树中点击 Session Step，输出二次计算得到的结果，如图 6-69 和图 6-70 所示。

图 6-69　Mises 应变输出操作方法

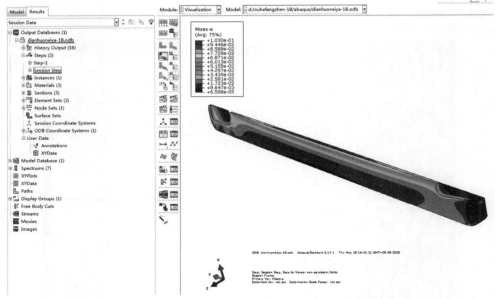

图 6 - 70　利用 ABAQUS 输出的 Mises 等效应变(彩图见插页)

6.11.3　失效判据

在工程应用中,不同状态下的失效判据应用如下:

(1)长期贮存状态(包括卧式贮存与立式贮存):推进剂以等效应变,界面以等效应力作为评定标准,并且以持久定应变、持久定应力测试数据作为失效判断依据。战术发动机在低温环境下工作时,还应增加低温慢速拉伸下的"脱湿"伸长率,作为失效判断依据。

(2)加速度载荷(包括弹射加速度载荷与飞行加速度载荷):推进剂以等效应变,界面以等效应力作为评定标准,失效极限值为抗拉强度主曲线与延伸率主曲线上对应应变率下的强度或延伸率。对于高温条件下的飞行发动机,界面应以相应温度与应变率下的抗拉强度作为失效的极限值,同时应关注药柱变形是否会导致喷管堵塞或燃气通道出现壅塞。

(3)内压载荷:推进剂以等效应变,界面以等效应力作为评定标准,破坏极限值为压力环境下推进剂抗拉强度与延伸率主曲线对应应变率下的强度或延伸率。在没有压力环境下的主曲线时,以常压环境下的主曲线代替,安全系数计算结果偏于保守。发动机燃烧室受工作内压作用,虽然在较高的静水压力下,固体推进剂的力学性能会有所提高,但对于柔性较大的复合材料壳体,是一个很值得注意的问题。

6.11.4　单载荷下的安全系数评估

(1)以应力作为失效判据的安全系数计算采用下式:

$$f = \frac{\sigma_m(R,T)}{\sigma_e(R,T)} \tag{6-12}$$

式中:σ_m —— 许用应力;

　　σ_e —— 计算应力;

R —— 应变率；

T —— 环境温度。

（2）以应变作为失效判据的安全系数计算采用下式：

$$f = \frac{\varepsilon_m(R,T)}{\varepsilon_e(R,T)} \tag{6-13}$$

式中：ε_m —— 许用应变；

ε_e —— 计算应变；

R —— 应变率；

T —— 环境温度。。

6.11.5　叠加载荷下的安全系数评估

在发动机工作过程中，各项载荷并不是单独作用的，有些载荷是叠加作用的。在发动机贮存阶段，主要是固化降温和卧式自重；在导弹发射前，药柱主要承受的是固化降温、立式自重联合作用；导弹发射时，燃烧室药柱主要承受固化降温、立式自重和弹射加速度载荷的作用；发动机在工作过程中主要承受固化降温和工作内压的联合作用。由于加载速率不同，药柱对各载荷承载能力的强度判据也不同，以下给出损伤累积的叠加载荷下安全系数评估方法。基本公式为

$$\frac{1}{f} = \frac{1}{f_1} + \frac{1}{f_2} + \cdots + \frac{1}{f_n} \tag{6-14}$$

式中：f —— 总的安全系数；

f_i —— 某一单载荷下的安全系数。

计算总的安全系数时，损伤累积必须在药柱的同一部位叠加，一般只对几个应力集中部位进行叠加，目前，安全系数应取 $f \geqslant 1.5$。

第7章　固体发动机喷管设计及仿真技术

7.1　固体发动机喷管设计流程

固体火箭发动机的喷管位于燃烧室的尾部,通常为拉瓦尔喷管,由收敛段(入口段)、喉部和扩散段(出口锥)三部分组成。喷管设计主要依据发动机研制任务书、喷管设计任务书、喷管与发动机对接的关系图以及喷管外形尺寸协调图等进行。

7.1.1　喷管的主要作用

(1)根据药柱的燃烧面积,通过控制喷管喉部面积的大小来保证燃烧室具有一定的工作压强,使药柱正常燃烧。

(2)将药柱燃烧生成的燃气的热能转化为动能,燃气流经喷管时不断膨胀加速,最后以高速从喷管出口面排出,产生推进火箭前进的反作用力 —— 推力。

(3)改变推力方向,控制导弹的飞行姿态。

固体火箭发动机的喷管是一种非冷却结构或消融冷却结构的喷管。根据喷管收敛段及其相邻部分是在燃烧室内还是在燃烧室外,分为潜入和非潜入两种喷管。根据推力向量控制方法,分为固定和可动两种喷管。

7.1.2　喷管设计流程

喷管设计基本流程如图7-1所示。

(1)气动设计,确定与燃气流接触的喷管内表面(型面)形状,使气流无阻碍地加速运动,以使热能最大程度转化为动能。

(2)热防护设计,选择烧蚀和绝热材料,确定其厚度和结构,以便在工作过程中保持喷管型面,并使喷管支撑结构的温度控制在允许的范围内。

(3)结构设计,即喷管支撑结构的设计,将喷管各部分和推力向量控制装置的有关部分组装成整体,并与燃烧室连接,承受除热载荷以外的全部载荷,如内压引起的接触载荷、外载荷和局部动载荷等。

7.1.3　固体火箭发动机的推力控制

推力控制包括推力向量控制和推力终止。

通常所说的固体火箭发动机的推力向量控制仅为推力方向控制,并不包括推力大小控制。由于固体火箭发动机燃烧室内装有推进剂,不可能像液体火箭发动机那样用摆动发动机的方法来改变推力方向,因此,只有通过喷管来实现推力向量控制。固体火箭发动机的推力向量控制装置与喷管结构密切相关。

推力终止装置可在火箭达到预定飞行速度后及时终止发动机推力,并使之与弹头脱离。实现推力终止的方法很多,最常用的是反喷管推力终止装置。

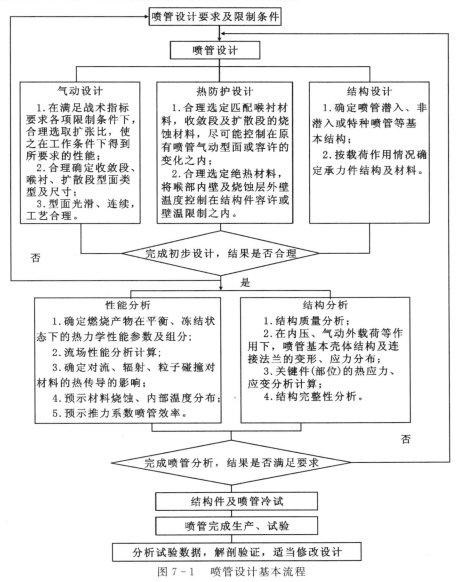

图 7-1　喷管设计基本流程

7.1.4　喷管及其推力向量控制装置的设计要求

喷管设计技术要求主要有结构要求、工作条件、性能要求、环境条件以及可靠性和维修性要求等。

1.喷管结构要求

(1)喷管结构类型:潜入、非潜入或特种喷管;

(2)喉径、扩张比、长度、外形及配合结构尺寸等。

2.喷管工作条件

(1)设计最大压强和平均压强,估算压强-时间曲线;

(2)推进剂类型、燃烧产物主要成分及物质的量、燃气温度、气体常数、燃气比热比、凝聚相粒子摩尔数等。

3.性能要求

(1)效率高,选择适当的喷管扩张比,尽量减少各种损失,如磨擦、散热、气流扩张、气流分离和二相流损失;能提供所需侧向力并尽可能减少轴向推力损失;

(2)工作可靠,在高温、高压燃气作用下,其结构具有足够的强度和良好的气密性,烧蚀量满足预定要求;

(3)结构质量小,以保证喷管(含推力向量控制装置)有较高的冲量质量比(质量比冲)和发动机有较高的质量比;

(4)推力向量控制装置具有良好的频率响应特性和比较小的驱动功率;

(5)结构合理,各组合零部件间的间隙适中、同轴性好,可动部分运动灵活,且气密性好,易加工,制造成本低;

(6)喷管外壁面温度小于规定值;

(7)候补烧蚀率低。

4.环境条件

(1)喷管工作的环境温度;

(2)喷管工作高度;

(3)贮存的环境及要求;

(4)振动及过载条件等。

5.可靠性和维修性要求

(1)可靠性指标及验证方法;

(2)维修性要求。

7.2　喷管气动型面设计

气动设计的目的是设计出喷管型面,使得装药燃烧产生的燃气所具有的热能,尽可能多地转换为热气流动的动能,得到较高的比冲,将内型面在工作过程中的烧蚀控制在可允许的范围内。喷管内型面由收敛段、喉部和扩张段三部分组成。

7.2.1　收敛段内型面

喷管收敛段的作用是把燃气逐渐加速到声速。收敛段内型面是相切的两个或三个椭圆、圆及直线,以使气流顺畅并使烧蚀、绝热材料有足够的烧蚀、碳化余量。收敛段内型面根据潜入和非潜入喷管的不同结构,收敛部分造型也将不同。柔性喷管一般为潜入喷管结构。

1.非潜入喷管收敛段

型面一般采用圆锥形,其收敛(入口)半角 $\beta = 30° \sim 60°$,通常取 $\beta = 45°$。β 太小,会增加收敛段长度,使质量和散热损失增大;β 太大,会发生颈缩现象,造成流量损失,加重烧蚀和凝聚相粒子沉积。

2.潜入喷管

喷管的一部分或绝大部分伸进燃烧室中,叫潜入喷管。它的收敛段和喉部通常构成一个整体,称为入口段,入口段母线通常设计成椭圆形或几段圆弧连接的光滑曲线。

7.2.2　喉部内型面

喷管喉部包括喉部上游一部分及下游初始膨胀段。对于锥形喷管,喉部曲率半径一般为 $1 \sim 2$ 倍喉部半径,有时由于结构布局的需要,喉部上游和下游曲率半径可以不相等。

喷管喉部设计成有一定宽度的圆柱段,以改善加工工艺,减少烧蚀量。喉径在 100 mm 以下,圆柱段的宽度 L_t 为喉部半径 R_t 的 $0.1 \sim 0.3$ 倍;喉径在 100 mm 以上,圆柱段宽度 L_t 为 $20 \sim 50$ mm。

喉部下游曲率半径 R_d 对喷管下游内壁烧蚀有明显的影响。R_d 增大,燃气加速缓慢,初始膨胀区下游材料烧蚀减轻;R_d 减小,燃气加速急剧,对壁面冲刷严重,会造成严重的烧蚀,但 R_d 增大,会使喷管长度增加。

7.2.3　扩张段内型面

喷管扩张段的功能是使燃气继续加速到超声速,从喷管出口排出,产生推力。

1.锥形扩张段

最简单的扩张段型面是锥形型面,扩张半角取 $15° \sim 18°$。缺点是长度长,气流流动损失大。锥形出入口半角相等,造型简单,扩张段较长,对于长度受限的喷管不适用。由于入口角小,急速膨胀的气流会对直锥面的扩张段入口处产生严重的烧蚀,因此大膨胀比喷管一般不采用直锥面设计。

2.特型扩张段

特型扩张段采用特征线法求得型面。特征线法在给定质量流率和长度的限定条件下,可使喷管推力达到最大,但特征线法计算复杂,并且由于烧蚀,型面只能在刚开始工作的很短时间内保持,所以工程上采用近似方法获得扩张段型面,一般采用二次或三次曲线。扩张段型面入口半角取 $25° \sim 32°$,出口半角取 $15° \sim 19°$,二者之差不大于 $12°$。

图 7-2 为某发动机方案的内型面取值,作为参考。

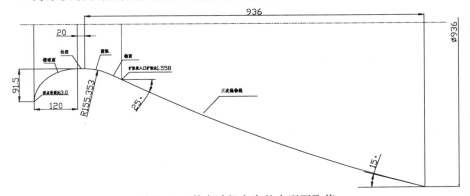

图 7-2　某发动机方案的内型面取值

7.2.4　喷管型面设计需注意的问题

在给定尺寸、质量和其他约束条件下，最佳型面选择是指在保证最高弹道性能下确定喷管型面，因为型面几何形状明显影响整个发动机能量特性，因此喷管设计有两个任务：① 喷管型面能达到最大比冲；② 确定喷管最佳膨胀比 ε 和长径比 $\bar{l}_a$（喷管扩张长度与出口直径之比）。因此，在选择喷管型面时应尽量减少三部分的比冲损失 —— 扩张损失、摩擦损失和两相流损失，其他的一些损失要么与喷管型面无关（如潜入损失、传热损失、绝热层烧蚀损失），要么关系很小（如化学不平衡损失、延伸锥台阶损失），要么其相关性在一定的喷管长度和膨胀比下表现很弱（如因烧蚀引起的型面变化损失）。各种损失的估算方法可参考任全彬等编著的《固体火箭发动机设计技术基础》。

7.3　喷管热防护设计

在工作过程中，发动机不断产生的高温、高压燃气，由收敛段经喉部到扩张段，不断加速。喉部流速达到当地声速，在喉部热流密度最大。高温、高压燃气在喷管流动过程中，冲刷、烧蚀着内型面，并向外传递热量。与火焰相接触的喷管内壁面必须选用耐高温、抗冲刷、抗烧蚀的材料，而且还应具有一定的强度和冲击韧性。

对喷管外壁金属件，须采取隔热措施，保证在发动机工作时间内，喷管外壁金属件保持在一定的温度范围之内。一般情况下，铝件温升不超过 100℃，钢件、钛件温升不超过 200℃。

7.3.1　喉衬组件设计

喉衬组件由内层的多维编织碳／碳复合材料喉衬和外层的石绵纤维酚醛树脂模压材料（或高硅氧／酚醛）的背壁绝热层组成。

喉衬可以选石墨、钨渗铜、内表面镶嵌金属钨层的石墨、石墨渗铜、碳／碳复合材料（包括多维编织碳／碳复合材料以及整体碳毡碳／碳复合材料）等材料。

钨喉衬几乎不存在烧蚀，但工艺复杂，成品率低，价格高。石墨、石墨渗铜和钨渗铜材料受热膨胀易被挤压破裂，选它们作为喉衬材料时，间隙设计尤为重要。钨渗铜喉衬密度大，不宜用于较大喉径的喷管上。目前综合性能较好的是碳／碳复合材料喉衬，但它的工艺流程长，价格高。喉衬内表面喷涂或内部植入耐高温金属的氧化物或碳化物，可提高抗烧蚀能力。

四维以上的编织碳／碳复合材料喉衬，其整体性能和力学性能良好，在加工过程中不易出现分层、裂纹等缺陷，其线烧蚀率与材料的编织结构及致密过程相关。

喉部的碳／碳复合材料的设计厚度应使其在试车后，喉衬余留厚度约为初始厚度的 2/3，才能被认为是安全的。背壁绝热层要具有良好的隔热性能，设计厚度估算试车完毕时，碳化厚度不应超过 90%。对喉衬的应力、温度场进行计算，喉衬在发动机工作期间不应由于应力过大而破碎。

7.3.2　喷管扩张段

工作时间短的小喷管扩张段绝热层材料可选用高硅氧布／酚醛缠绕，工作时间长的较大喷管的扩张段绝热层材料可选用碳布／酚醛-高硅氧布／酚醛复合缠绕。总厚度由入口处至出口处连续减薄，出口处厚度为入口处的 35% 左右（不考虑出口加强环的厚度）。

内层的碳带／酚醛缠绕具有良好的抗烧蚀性且耐冲刷,其设计厚度约占扩张段绝热层的一半。估算试车完毕时,1/3 左右的碳带材料将被烧蚀。

外层的高硅氧带／酚醛缠绕材料价格低,具有较好的绝热作用,其设计厚度也约占扩张段绝热层的 1/2。估算试车完毕时,1/2 左右的材料将被碳化。

新型的 C/C 扩张段材料和高性能陶瓷绝热材料已开始应用,它将使扩张段绝热层重量减少 1/2 左右。其技术难点在于:① 材料的加工质量有待提高;② 连接结构的设计和外部防热结构的设计。

7.3.3　喷管收敛段

喷管收敛段绝热层黏在钛合金或高强度合金钢制成的收敛段壳体的内表面以阻隔燃气。它一般采用碳纤维／高硅氧纤维复合模压材料。这样既保证了内层碳纤维酚醛的抗烧蚀性能,又具有外层高硅氧纤维的良好隔热性能。

图 7-3 为某喷管设计方案的烧蚀、碳化量预估结果。

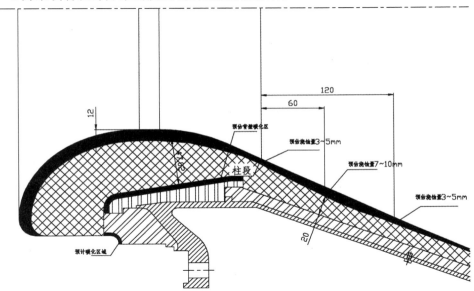

图 7-3　某喷管设计方案的烧蚀、碳化量预估结果

7.4　喷管结构设计

喷管的有些参数是由发动机总体依据发动机其他部件和整体性能要求而确定的,例如喷管与壳体的接头尺寸、喷管的喉径、面积扩张比及扩张半角;有些参数是考虑到热防护而确定的,例如收敛段绝热层厚度、喉衬厚度以及扩散段材料厚度;有些是结构强度的要求,如金属结构件的厚度。设计的顺序是由内型面向外部进行,同时也通过适当地调整内型面来保证外表面的温度和形状的限制。

本节所讨论的喷管结构设计,主要为支承结构设计,支承结构就是喷管壳体和连接结构。

7.4.1　喷管壳体设计

喷管壳体结构常用高强钢、铝合金和复合材料制造,小尺寸喷管的壳体结构包括从连接件到扩散段的全部外壳;大尺寸喷管的壳体结构包括扩散段上游部分的外壳(见图7-4)。工作仅几秒钟的小型喷管可由金属材料制成整体件,图7-5所示为某典型金属整体喷管结构。

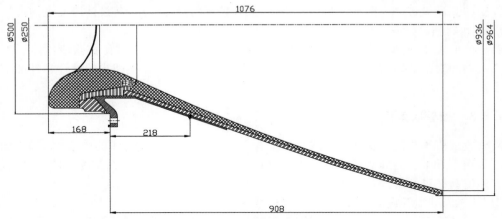

图 7-4　大尺寸喷管的壳体结构

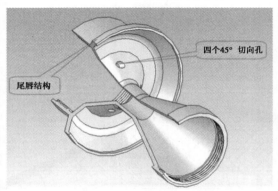

图 7-5　某典型金属整体喷管结构

　　柔性喷管扩张段壳体除要承受气体的压力外,还要承受摆动载荷,材料一般选用钢、钛合金、铝合金等。需要对壳体进行分析计算,尤其是支耳部位的应力分析,要具有足够的安全余量,在分析时除考虑柔性喷管的摆动力矩外,还要考虑伺服机构摆动的动载荷的影响。

7.4.2　喷管连接结构设计

喷管与燃烧室常用的连接方式有法兰-螺栓、螺纹和卡环等,如图7-6所示。

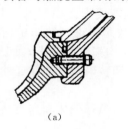 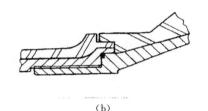 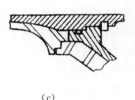

　　（a）　　　　　　　　　　　（b）　　　　　　　　　　　（c）

图 7-6　喷管与燃烧室的连接形式

（a）法兰-螺栓连接；（b）螺纹连接；（c）卡环连接

1. 法兰-螺栓连接计算

在结构尺寸没有限制时,常采用法兰-螺栓连接结构,可由经验公式初步确定法兰厚度,法兰简图如图 7-7 所示。

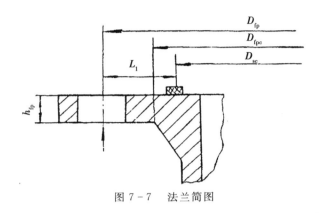

图 7-7 法兰简图

将实际法兰做适当的简化,构成如图 7-7 所示的简化计算模型,可得到法兰厚度的初步计算公式:

$$h_{fp} = \sqrt{\frac{3FD_{fp} - D_{fpc}}{\pi D_{fpc}[\sigma]}} \qquad (7\text{-}1)$$

$$F = (3 \sim 3.2)P_{cmax} \frac{\pi D_{sc}^2}{4} \qquad (7\text{-}2)$$

式中:F——连接螺栓承受的总拉力,是压强载荷与剩余锁紧力之和;

D_{fp}——法兰盘分布圆直径,mm;

D_{fpc}——法兰盘计算危险截面直径,mm;

D_{sc}——密封圈中心直径,mm。

螺纹的设计同 5.4 节。

2. 螺纹连接计算

通常,在结构尺寸有严格限制而发动机结构尺寸不太大时(通常发动机直径小于 350 mm),常采用螺纹连接结构。

螺纹扣数:

$$n_w = 1.71 \frac{F}{S d_{iw}[\sigma]} + 4 \qquad (7\text{-}3)$$

螺纹长度:

$$L_N = (1.5 \sim 2)n_w S \qquad (7\text{-}4)$$

式中:S——螺距,mm;

d_{iw}——螺纹根部直径,mm。

7.5　柔性喷管设计

柔性接头是柔性喷管推力方向控制的执行元件,还是喷管重要的承压密封装置。它没有相对活动的部件,只是通过内部橡胶件的剪切变形使喷管摆动,以实现控制发动机推力向量的目的。柔性接头有大的承载压力的能力和相对小的摆动力矩要求。其密封性能对于柔性喷管的正常工作至关重要。通过冷态摆动考核的柔性喷管在发动机工作期间是可靠的,其性能的重现性好。

7.5.1　柔性接头的构造原理

柔性接头是固体火箭发动机推力向量控制的主要结构形式,它是由若干个环状球体的弹性件和增强件相互交替黏结在一起的,前、后各有法兰组成的一个完整部件,它的显著特点是天然橡胶弹性件的体积压缩模量比剪切模量大 15 000 倍左右,在受到强大的轴向载荷作用时,轴向变形较小,而在较小的侧向作动力的作用下,能产生较大的剪切变形,从而使柔性喷管摆动。由于柔性接头具有可全轴摆动、可提供大侧向力、摆动时喷管内流场干扰小、推力损失小、结构简单及工艺性好等优点,因而在众多型号的导弹上得到了广泛的应用,如美国的海神C3、三叉戟C4、和平卫士MX、俄罗斯的SS系列、白杨-M和我国的一些战略、战术导弹型号喷管,都采用柔性接头的结构形式,柔性喷管外形见图7-8。

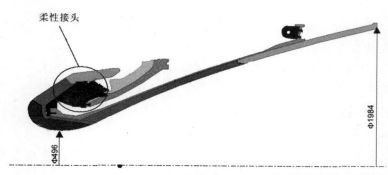

图 7-8　柔性喷管外形

增强件为柔性接头提供了抵抗发动机燃烧室压力的刚度,并且在加上作动器的操纵力时,增强件可以约束柔性接头定向摆动,而不像橡胶圆筒那样产生径向扭曲。金属增强件柔性接头的承载能力优于非金属增强件柔性接头,但热防护复杂。

前法兰、后法兰分别与扩张段、固定体连接,它们有足够的刚度,可以承受发动机燃烧室压力和摆动产生的载荷。

前法兰、后法兰、增强件、弹性件之间采用胶液黏结。为使柔性接头在摆动时平稳、可靠、变形小,各相互黏结界面均制成具有公共球心的同心球台面,该球心即为通常所说的回转中心。柔性接头示意见图7-9。

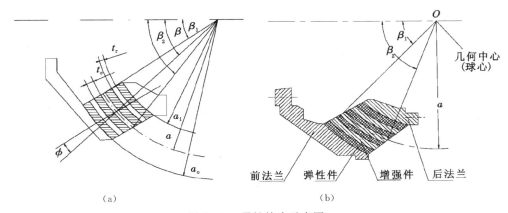

图 7-9　柔性接头示意图

(a) 柔性接头结构参数；(b) 柔性接头各部件名称

注：a— 接头回转半径；β_1— 接头内角；β_2— 接头外角；β— 接头角；t_r— 增强件厚度；t_e— 弹性件厚度；ϕ—接头锥角；n— 弹性件层数

柔性接头的天然橡胶弹性件，本身就是一种很优良的密封材料。当轴向压力对弹性件压缩量超过其本身的不平度，且弹性件上所受正压强大于发动机或容器压强时，密封检压时就可以保证不泄漏，这要求柔性接头的设计参数符合一定条件。柔性接头压强密封条件在设计中容易满足。它允许局部黏结不良。所以，加压密封检验合格的柔性接头不一定是合格产品，还必须经过反向拉伸试验的考核，以确保柔性接头不存在黏结面的漏气通道。

过大的摆动载荷可使柔性接头的某层弹性件或黏结面撕开，形成漏气通道。柔性接头的摆动能力是有限的，抗拉伸能力差。为保护柔性接头，在柔性接头或柔性喷管摆动时，容器或发动机内腔充压是必需的条件。过高的容压会使柔性接头失稳，应当避免。

柔性接头的压强密封失效，在发动机热试时就意味着喷管穿火、试车失败。目前还没有可以测知柔性接头各个黏结面黏结质量的无损探伤的方法，只有依靠先进的、稳定的黏结工艺和可靠的胶种。精细操作和环境因素也不可忽视，真正做到黏结面的法向抗拉伸强度和抗剪切强度不低于弹性件的相应数值，是柔性接头质量保证的理想要求。

设计柔性接头时，要考虑的因素除了压强密封之外，还有布局限制、力矩特性以及防热措施等，有些因素是互相矛盾的，需要综合考虑和优选。

7.5.2　柔性接头的设计计算

1. 各参数取值

柔性接头各个参数的设计要求如下：

(1) 接头角 β，一般取值在 $40° \sim 70°$ 之间，调整 β，使柔性接头摆心与作动器上支点尽可能在垂直于发动机轴线的同一平面内（一般夹角不大于 $11°$），以减小摆动过程中作动器的牵连。

(2) 接头内角 β_1 和接头外角 β_2，接头外角与内角之差（$\beta_2 - \beta_1$）较大，可以提高柔性接头的承载能力，稳定性会较好，但增大差值会增加力矩。在满足强度和稳定性要求的条件下，应取较小的差值，一般取值在 $6° \sim 16°$ 之间。

(3) 回转半径 a 的取值取决于喷管的喉径和喉衬，即绝热层等，增大回转半径虽然会增加摆动空间,但同时会增加力矩。

(4) 锥角 ϕ 对柔性接头的强度影响较大。小的锥角可显著降低增强件和弹性件的应力,柔性接头的轴向位移和摆心飘移都较小,但会使柔性接头的尺寸增大,一般锥角取值在 $0° \sim 40°$ 之间。内锥角 ϕ_1 和外锥角 ϕ_2 可以调整柔性接头内、外锥面的形状、尺寸和受力情况。

(5) 弹性件层数 n 和每层弹性件厚度 t_e,柔性接头的有效变形体由弹性层总厚度 $n \times t_e$ 决定,与柔性接头的弹性力矩成反比,而弹性力矩是柔性接头的主力矩。每层弹性件厚度 t_e 取决于受力条件、弹性材料的剪切强度和工艺,一般取值为 $1 \sim 3 \text{ mm}$;

(6) 每层增强件厚度 t_r 取决于受力条件及材料的强度。

2. 力矩计算

柔性接头的力矩主要是弹性力矩,占总力矩的 80% 以上,其次为摩擦力矩、偏位力矩和惯性力矩。对力矩和应力的估算有经验公式可参考,参见《固体火箭发动机设计与研究(下册)》,天然橡胶弹性件柔性接头的比力矩(对应每度摆角的力矩)随发动机(或容器)压强的增高和柔性接头局部温度的增高而降低,其原因是橡胶的剪切模量下降。一般情况下,柔性接头弹性比力矩和摩擦力矩的计算公式如下:

$$\frac{M_t}{\theta} = \frac{2.094 \times 10^{-2} G \rho_0^3 \rho_i^3}{\rho_0^3 - \rho_i^3} \left[I(\beta_2) - I(\beta_1) \right] \tag{7-5}$$

$$\left(\frac{T}{\theta}\right)_m = (4 \times 10^{-4} + 2.4 \times 10^{-6} \times p_c) \times (1 + 7.5 \times 10^{-3} \times \omega_{max}) a^3 (\sin\beta)^3 \tag{7-6}$$

式中:$\frac{M_t}{\theta}$——弹性比力矩,$\text{N} \cdot \text{m}/(°)$;

$\left(\frac{T}{\theta}\right)_m$——摩擦比力矩,$\text{N} \cdot \text{m}/(°)$;

G——橡胶材料割线剪切模量,kPa;

G_0——常温常压下弹性件橡胶的剪切模量,kPa,取 $G_0 = 220 \text{ kPa}$。

工作条件下橡胶材料割线剪切模量为

$$G = 3.954 \times 10^{-1} - 5.786 \times 10^{-3} T + 7.159 \times 10^{-5} T^2 + 9.087 \times 10^{-4} p_L \times$$
$$(8.33 \times 10^{-2} T - 4.06) + 9.087 \times 10^{-7} p_L^2 (3.75 - 2.64 \times 10^{-1} T +$$
$$1.64 \times 10^{-3} T^2) \tag{7-7}$$

$$\rho_0 = a + \frac{nt_e}{2}$$

$$\rho_i = a - \frac{nt_e}{2}$$

$$I\beta_i = \frac{\pi}{3} - \frac{\pi}{4}\left(\cos\beta_i + \frac{1}{3}(\cos\beta_i)^3\right)(i = 1,2)$$

式中:T——测试温度,℃,设计时取为 25℃;

p_L——冷试压强,MPa;

ω_{max}——最大摆动角速度,°/s;

a——接头中心半径,cm。

3. 柔性接头应力的估算

柔性接头的应力失效大多是由于橡胶弹性件剪应力过大或增强件内环环向压应力过大引

起的,对这两项应力进行重点校核,要求有一定的安全裕度。这两项应力是由发动机(或容器)压强及柔性接头摆动引起的。

(1)橡胶弹性件剪应力的估算经验公式

$$\tau = 50 \frac{p_{\mathrm{L}} t_{\mathrm{e}} k_{\mathrm{e}}}{a} + 0.017\ 45 \frac{G_0 \theta_{\max}}{n t_{\mathrm{e}}} a \tag{7-8}$$

式中:G_0—— 橡胶的剪切模量(相当于弹性模量的 1/3),MPa;

　　　a —— 回转半径,cm;

　　　k_{e} —— 对于接头锥角 ϕ 的修正系数。

$$k_{\mathrm{e}} = 0.528 - 7 \times 10^{-3} \phi + 3.26 \times 10^{-4} \phi^2 \tag{7-9}$$

一般弹性件材料剪切应力的安全系数取 2 左右。

(2)钢制增强件应力的估算经验公式

$$\sigma_{\mathrm{r}} = \frac{(7\ 150 + 900\theta) k_{\mathrm{r}} p_{\mathrm{L}} a^{0.4}}{t_{\mathrm{r}} \cos\beta (\beta_2 - \beta_1)^2 (n-1)} \tag{7-10}$$

式中:t_{r}—— 增强件层厚,cm;

　　　β —— 接头角,°;

　　　a —— 回转半径,cm;

　　　$\theta_{\max}$—— 接头最大摆角,°;

　　　k_{r} —— 对于锥角的修正系数,表达式见式

$$k_{\mathrm{r}} = 0.103\ 8 - 0.024\phi - 0.000\ 123\phi^2 \tag{7-11}$$

　　　β_2 —— 接头外角,°;

　　　β_1 —— 接头内角,°。

非金属增强件内环环向压应力的估算经验公式可借鉴式(7-8)～ 式(7-11)的形式,但数值 σ 约为式(7-10)所计算的 1/2,按各向异性材料有限元计算的结果,公式(7-10)应乘以系数 0.54,其相应的环向压缩强度也低。金属增强件内环环向压应力的安全系数取 1.25,非金属增强件内环环向压应力的安全系数取 2。

7.5.3　柔性接头材料要求

柔性接头弹性件材料通常为天然橡胶,由于柔性接头力矩变小和使用温度变宽的要求,弹性件的选取越来越困难。为保证力矩小,剪切模量必须低,但又不能太低,否则会降低柔性接头的稳定性。

柔性接头增强件材料可以选用金属和非金属材料。金属材料可以选用 30CrMnSiA 或钛合金等,非金属材料可以选高强玻璃布-环氧树脂复合材料。

柔性接头前、后法兰材料可以选用 30CrMnSiA 钢锻件、钛合金或铝合金等材料。

7.5.4　摆动空间

喷管是摆动喷管,要考虑喷管在发动机最高压强下的轴向位移以及此情况下摆动最大合成角度时的 1.1 ～ 1.15 倍的间隙要求,使各部组件不碰撞、不干涉。

7.5.5　柔性接头的热防护设计

柔性接头的热防护包括两部分:一是前法兰的接头防热环;二是柔性接头摆动部位的热防

护。前者一般采用绝热层进行防护,后者目前成功应用的有两种形式:① 金属增强件柔性接头,采用防热套＋腻子结构或防热帘结构;② 非金属柔性接头,采用防热栅结构。

7.5.6 固定体防热设计

喷管固定体壳体是柔性喷管的承力部件,常用材料有钢、钛合金等。固定体绝热层的内表面可以阻隔燃气,一般采用高硅氧／酚醛缠绕材料。由于在固定体绝热层的凹槽中形成燃气流动的死区,故烧蚀、碳化情况不严重。

7.6 喷管内流场仿真方法

发动机的热力计算对喷管流场按平衡流和冻结流进行计算,可提供燃烧室燃气参数,如温度、产物比热比、产物气体常数、燃气密度、产物定熵膨胀系数、特征速度以及喷管内平均定熵指数等参数。燃气流在 $0.001 \sim 0.002$ s 时间内流过喷管,向壁面的热量传导与气流的热量相比,所占比例很小,含铝燃烧剂产生的铝氧化物粒子速度落后于气流流速,燃气不能完全膨胀,从而造成损失。假设绝热定熵过程有一定偏差,需要进一步进行两相流计算,但一维流场特性是最基本的喷管气动设计计算。

7.6.1 读入网格

(1)读入网格文件 Fluent. msh,File < Read < Mesh,Fluent 将读入网格文件;

(2)进行 Problem setup < General < Mesh < Check 操作,此过程将对网格进行检查,应确保最小体积为正值,即没有负体积;

(3)检查网格尺寸,确保其与实际物理尺寸相符,否则应对网格进行放大或缩小处理,如图 7 - 10、图 7 - 11 所示。

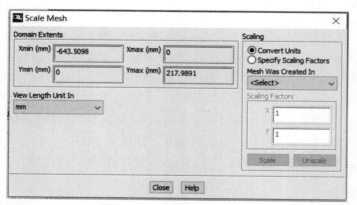

图 7 - 10 Scale Mesh 对话框

图 7 – 11　网格显示（彩图见插页）

7.6.2　设置求解器参数

（1）选择 Problem Setup ＜ General 选项，如图 7 – 12 所示，在出现的 General 面板中进行求解器的设置。该问题将使用基于压力的轴对称求解器，以稳态法求解，保持求解的其他默认参数；

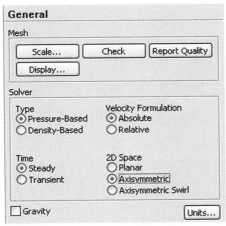

图 7 – 12　General 任务页面

图 7 – 13　Viscous Model 对话框

（2）选择 Problem Setup ＜ Models 选项，双击 Energy 选项，勾选 Energy equation 选项；

（3）选择 Problem Setup ＜ Models 选项，在弹出的 Models 面板中双击 Viscous – Laminar 选项，如图 7 – 13 所示，弹出 Viscous Model 对话框，湍流模型选择 k – epsilon（2 eqn），其他求解参数保持默认设置。

7.6.3　定义材料物理性质

（1）选择 Problem Setup ＜ Materials 选项，在出现的 Materials 面板中对所需材料进行设置；

（2）双击 Materials 列表中的 Fluid 选项，弹出材料物性参数设置对话框。在 Density 下拉列表中选择 Ideal gas，C_p 项输入 3 900，Viscosity 选择 sutherland 公式，相对分子质量改为 29.06，如图 7 – 14 所示。

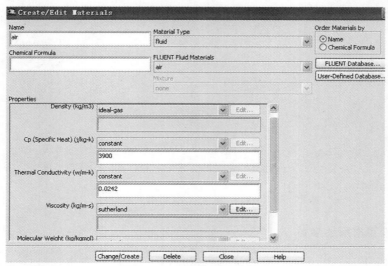

图 7 - 14　材料设置对话框

7.6.4　设置区域条件

（1）选择 Problem Setup < Cell Zone Conditions 选项，在弹出的 Cell Zone Conditions 面板中对区域条件进行设置，如图 7 - 15 所示；

（2）选择 Zone 列表中的 live 选项，单击 Edit 按钮，弹出 Fluid 对话框，保持系统默认设置，单击 OK 按钮完成设置，如图 7 - 16 所示。

图 7 - 15　选择区域

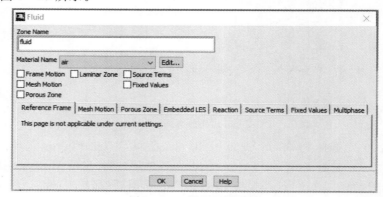

图 7 - 16　设置区域属性

7.6.5　设置边界条件

（1）选择 Problem Setup < Boundary Conditions 选项，在打开的 Boundary Conditions 面板中对边界条件进行设置；

（2）选择 Zone 列表中的 Axis 选项，在 Type 下拉列表中选择 Axis，弹出 Question 对话框，点击 Yes，弹出 Axis 对话框，点击 OK，完成对称轴的设置；

（3）选择 Zone 列表中的 Inlet 选项，在 Type 下拉列表中选择 Mass-flow-inlet，具体设置如

图 7 - 17 所示,其中质量流率为发动机的实际质量流率;

（4）选择 Zone 列表中的 Outlet 选项,在 Type 下拉列表中选择 Pressure-Outlet,具体设置如图 7 - 18 所示;

（5）Zone 列表中的其他选项保持默认设置,完成边界条件的设置。

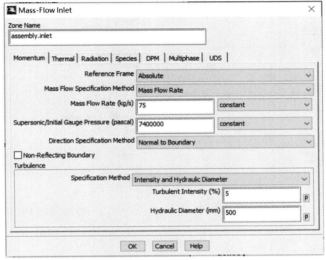

图 7 - 17　入口边界条件设置

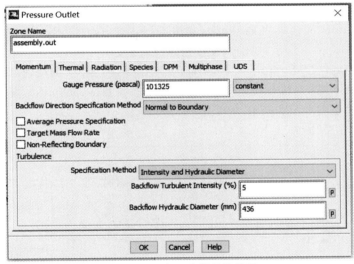

图 7 - 18　出口边界条件设置

7.6.6　求解控制参数设置

（1）选择 Solution ＜ Solution Methods 选项,在弹出的 Solution Methods 面板中对求解控制参数进行设置,保持系统的默认设置,如图 7 - 19 所示;

（2）选择 Solution ＜ Solution Controls 选项,在弹出的 Solution Controls 面板中对求解松弛因子进行设置,面板中相应的松弛因子都设为 0.3,如图 7 - 20 所示。

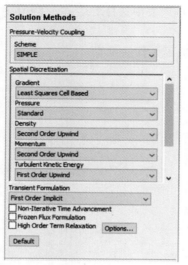

图 7-19　Solution Methods 设置面板

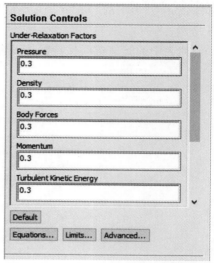

图 7-20　Solution Controls 设置面板

7.6.7　求解过程残差监视器设置

（1）选择 Solution ＜ Monitors 选项，打开 Monitors 面板；

（2）双击 Monitors 面板中的 Residuals-print，Plot 选项，打开 Residual Monitors 对话框，保持默认设置，如图 7-21 所示，单击 OK 按钮完成设置；

（3）选择 Solution ＜ Monitors ＜ Surface Monitors ＜ Create 选项，打开 Surface Monitor 对话框，Report Type 选择 Mass Flow Rate，Surfaces 选择 Inlet 和 Outlet，复选 Plot 按钮，点击 OK 按钮完成设置，如图 7-22 所示。

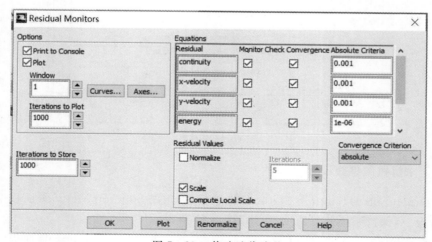

图 7-21　修改迭代残差

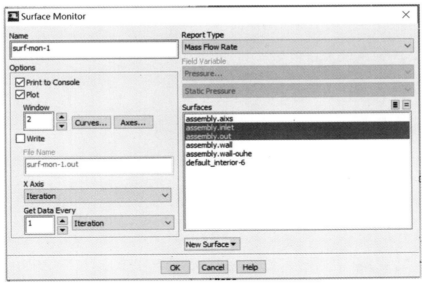

图 7 - 22　质量流量设置面板

7.6.8　设置流场初始化

选择 Solution＜ Solution Initialization 选项,打开 Solution Initialization 面板,选择 Hybrid Initialization,点击 Initialize,完成流场初始化操作。

7.6.9　迭代计算

选择 Solution＜ Run Calculation 选项,打开 Run Calculation 面板,Numbers of Iterations 输入 10 000,点击 Calculate 进行流场计算。

7.6.10　残差曲线及流量监测曲线

(1) 单击 Calculate 之后,迭代计算开始,弹出残差监视窗口,如图 7 - 23 所示;

(2) 在计算屏幕的下拉列表中选择 Convergence History of Mass Flow Rate,弹出质量流量监视窗口,如图 7 - 24 所示,残差基本平稳减小或者质量流量监测曲线保持为一条直线,说明流场已经基本收敛。

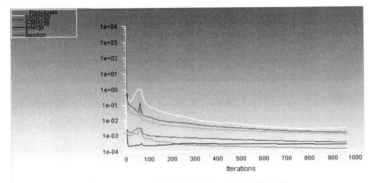

图 7 - 23　残差监视窗口(彩图见插页)

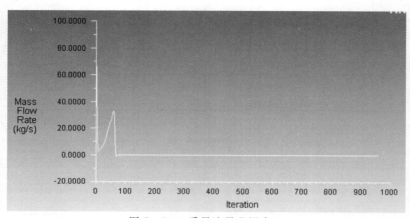

图 7-24　质量流量监视窗口

7.6.11　速度云图

（1）选择 Results < Graphics and Animations 选项，打开 Graphics and Animations 面板；

（2）双击 Graphics 列表中的 Contours 选项，打开 Contours 对话框，在 Contours of 下的第一个下拉列表中选择 Velocity 选项，单击 Display 按钮，弹出速度云图窗口，如图 7-25 所示。

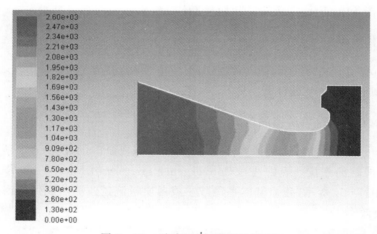

图 7-25　速度云图（彩图见插页）

7.6.12　马赫数云图

（1）选择 Results < Graphics and Animations 选项，打开 Graphics and Animations 面板；

（2）双击 Graphics 列表中的 Contours 选项，打开 Contours 对话框，在 Contours of 下的第一个下拉列表中选择 Velocity 选项，在第二个下拉列表中选择 Mach Number，单击 Display 按钮，弹出马赫数云图窗口，如图 7-26 所示。

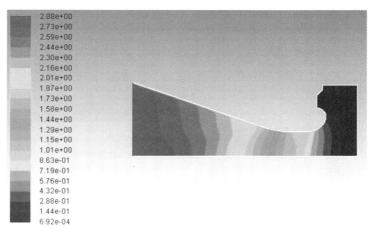

图 7 - 26 马赫数云图(彩图见插页)

7.6.13 压力云图

(1)选择 Results < Graphics and Animations 选项,打开 Graphics and Animations 面板;

(2)双击 Graphics 列表中的 Contours 选项,打开 Contours 对话框,在 Contours of 下的第一个下拉列表中选择 Pressure 选项,在第二个下拉列表中选择 Static Pressure,单击 Display 按钮,弹出压力云图窗口,如图 7 - 27 所示。

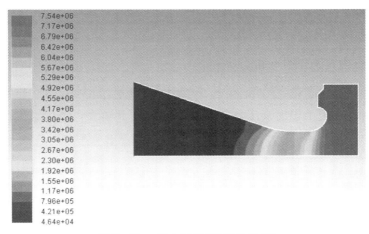

图 7 - 27 压力云图(彩图见插页)

7.6.14 温度云图

(1)选择 Results < Graphics and Animations 选项,打开 Graphics and Animations 面板;

(2)双击 Graphics 列表中的 Contours 选项,打开 Contours 对话框,在 Contours of 下的第一个下拉列表中选择 Temperature 选项,在第二个下拉列表中选择 Static Temperature,单击 Display 按钮,弹出温度云图窗口,如图 7 - 28 所示。

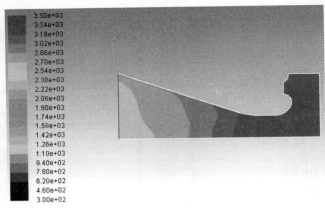

图 7 - 28   温度云图(彩图见插页)

7.6.15   推力

(1) 把 Inlet 边界修改成 Wall 边界;

(2) 选择 Results＜Reports＜Forces 选项,双击弹出 Force Reports 对话框,在 Wall Zones 区域选择所有的 Wall 边界,点击 Print 得到此算例的推力 191 kN,如图 7 - 29 所示。

```
Forces - Direction Vector (1 0 0)
                         Forces (n)
Zone                     Pressure          Viscous          Total
assembly.inlet           1026718.3         0                1026718.3
assembly.wall-ouhe       -833649.31        -2019.1528       -835668.47
assembly.wall            0.14729773        -5.6349645       -5.4876667
-----------------------  ---------------   ---------------  --------------
Net                      193069.08         -2024.7878       191044.3
```

图 7 - 29   推力打印图

7.6.16   壁面温度及压力分布

(1) 点击 File＜Export＜Solution Data 选项,弹出 Export 对话框,如图 7 - 30 所示;

(2) 导出喷管物面上的温度及压力数据到 Origin,得到喷管内型面温度及压力分布,如图 7 - 31、图 7 - 32 所示。

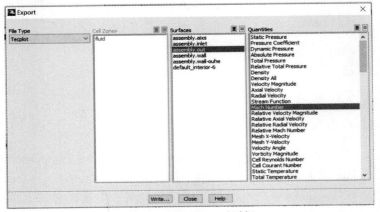

图 7 - 30   Export 对话框

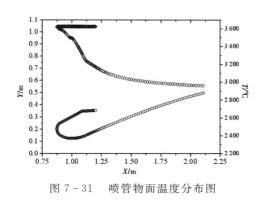

图 7-31　喷管物面温度分布图

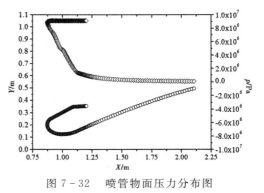

图 7-32　喷管物面压力分布图

7.7　喷管热结构仿真方法

7.7.1　喷管热结构计算方法介绍

在固体火箭发动机工作过程中,推进剂燃烧生成高温高压燃气,通过喷管高速喷出,产生推力。严酷的热力环境是喷管结构故障的主要原因,因此热结构是评价喷管可靠性的关键环节。通过开展热结构计算,获得喷管关键零部件的防热效果和热应力水平,并结合喷管的热试车结果和测试数据,可较为准确地评价喷管热结构完整性。同时,可根据热结构计算结果指导喷管结构设计优化以及材料类型和性能指标的选定。

目前,喷管结构温度场和应力场最常见的计算方法分为两种:

(1)通过流场分析软件,计算获得稳态条件下喷管内壁面的对流换热系数及恢复温度,作为初始边界条件加载到结构分析软件中,计算喷管的温度场和应力场;

(2)通过工程上的巴兹经验公式,计算得到喷管内壁面的对流传热系数和恢复温度,作为初始边界条件加载到结构分析软件中,计算喷管的温度场和应力场。

其中,温度场和应力场的计算可分为两步计算或者耦合计算,对结果的影响较小。方法(1)虽考虑到喷管内壁面与燃气的对流换热边界条件,但是并没有考虑固体结构对流场温度的反馈影响作用,是不合适的。方法(2)为工程算法,运用起来简便、快捷,但利用巴兹公式计算对流换热系数本身就是一种经验做法,存在较大误差。同时,喷管内流场的温度、马赫数、压力都是通过气动函数公式及等熵面积比公式计算得到的,喷管内的流动假定为一维等熵流动,也势必会引入一定误差,与真实的工况不完全相符。

本节基于 MpCCI 多场耦合分析软件,结合流场分析软件 FLUENT 和结构分析软件ABAQUS,开展了某大型固体火箭发动机喷管的流-热-力三相耦合的一体化仿真分析,并将结果分别与工程算法和地面试验结果进行对比,验证了本节所采取的方法的准确性和可行性,为喷管流动-热结构优化设计提供研究手段和思路。

7.7.2　物理模型

1.喷管模型

喷管一般由金属壳体、收敛段绝热层、喉衬、背壁绝热层以及扩张段绝热层等组成。本例中的发动机喷管模型及各部件选材如图 7-33 所示,各部分材料性能参数见表 7-1。

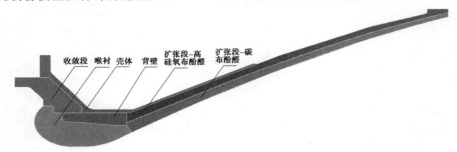

图 7-33　发动机喷管模型及各部件选材

表 7-1　喷管材料性能参数(仅供参考)

参数	喉衬	扩张段-烧蚀层	扩张段-隔热层／背壁	收敛段	壳体
材料	穿刺 C/C	碳布缠绕	高硅氧布缠绕	碳纤维模压	30CrMnSiA
模量 /GPa	30	20	16	12	210
泊松比	0.1	0.15	0.12	0.2	0.3
密度 /[10^3 kg·m^{-3}]	1.95	1.40	1.67	1.4	7.8
比热 /[J·$(kg·K)^{-1}$]	1 000	920	850	1 000	473
导热率 /[W·$(m·K)^{-1}$]	90	2.1	0.7	1	50
膨胀系数 /($\times 10^{-6}$)	1	5	12	5	13

2.喷管工况及燃气参数

(1) 推进剂:丁羟三组元推进剂;

(2) 工作时间:42 s;

(3) 平均压强:8.6 MPa(标准状态);

(4) 燃烧温度:3 600 K;

(5) 平均等熵指数:1.16;

(6) 燃气平均相对分子量:29.06;

(7) 燃气定压比热:3 900 J/(kg·K)。

7.7.3　计算模型

1.基本假设

对于喷管的流-热-力多场分析,可忽略一些次要影响因素,对模型进行必要的假设:

(1) 发动机燃气简化为理想气体,工作过程中燃气参数(如温度、压强等)不随时间变化,不考虑辐射换热;

(2) 不考虑喷管各部件之间缝隙中的黏合剂和填充物,各部件无缝隙接触,忽略各部件之间的接触热阻;

(3) 忽略壁面的碳化、烧蚀和辐射效应,只考虑燃气与喷管内壁面的对流换热效应;

（4）喷管两端绝热，外壁面与外界换热方式为自然对流。

2. 基于 MpCCI 多场耦合计算模型

（1）耦合计算流程。在流体域内，温度的变化与密度、速度和温度梯度都有关系；在固体域内，介质的速度为零，密度为常数，因而温度变化仅与温度梯度有关系；在流体域和固体域的耦合界面，温度要在满足对流体域内温度求解的同时，还要满足对固体域的求解，即符合连续性的要求。从以上分析可看出，要获得喷管结构准确的温度场，必须将流场域的流动分析与结构的固体传热分析耦合起来。因此，设置流体域与固体域之间的边界为耦合边界。

MpCCI 是德国圣奥古斯丁 SCAI 研究中心开发出的一种多物理场耦合工具，拥有先进的耦合和插值计算功能，在保证各软件独立计算的同时，MpCCI 可以实现插值传递，最大限度保证仿真的准确性。由于耦合区域网格通常属于不同模拟程序，MpCCI 在实现网格值的数据交换前，先执行节点值之间的插值，保证数据传递的准确性。复杂的数据交换细节可以通过简单的 MpCCI 接口很容易地实现。具体耦合计算流程如图 7-34 所示。

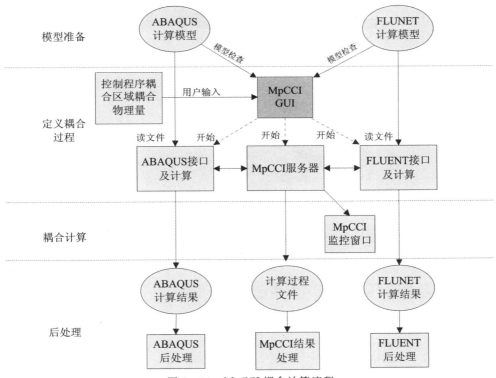

图 7-34　MpCCI 耦合计算流程

（2）流场计算模型。喷管的固体区域的传热取决于喷管内的流动，所以对喷管内流场的准确模拟十分重要。湍流模型对喷管内流场的计算影响很大，本例选择 RNG k-ε 湍流模型。该模型对低雷诺数和高雷诺数的流动都能进行很好的近似，能更好地反映流线曲率和高切应变率对流动的影响效应。固体发动机喷管内的燃气流动经历了亚声速、声速和超声速，雷诺数从低雷诺数变化到高雷诺数，拉瓦尔喷管的型面使得靠近喷管壁面的流线存在较大的曲率变化。因此选择 RNG k-ε 湍流模型更能获得精度较高的内流场。壁面函数选择标准壁面函数形式，对近壁面网格进行加密处理，保证计算精度。

选取二维轴对称模型进行计算,计算网格和边界设置如图 7 - 35 所示。设置时间步长为 0.01 s,共迭代 4 200 步,完成发动机工作 42 s 的计算。

(3) 固体区域计算模型。在固体区域计算中同样简化为轴对称模型,喷管壳体法兰轴向固定,对局部应力集中部位进行网格加密处理,选取单元 CAX4RT 进行计算,该单元可以兼顾温度和应力的计算,以获得较为准确的计算结果,具体计算模型如图 7 - 36 所示。其中发动机壳体与喷管之间按绑定约束处理,喉衬与绝热层之间按摩擦处理,摩擦因数取 0.25,其他界面间按绑定处理。各部件材料参数设定见表 7 - 1。计算分析采用 Coupled temp-displacement(Transient) 分析,计算时长为 42 s。

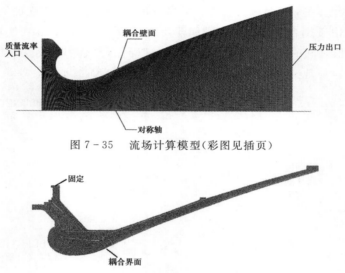

图 7 - 35　流场计算模型(彩图见插页)

图 7 - 36　固体区域计算模型(彩图见插页)

3.基于工程算法的计算模型

(1) 壁面边界条件工程算法。通过工程算法计算喷管温度分布及热应力场,需要获得喷管内壁面的对流换热系数、壁面恢复温度和壁面的压强分布。对流换热系数 h_c 由下式确定:

$$h_c = \left(\frac{0.026}{d_t^{0.2}} \right) \left(\frac{\mu^{0.2} c_p}{p_r^{0.6}} \right) \left(\frac{p_0 g}{C^*} \right)^{0.8} \left(\frac{d_t}{r_c} \right)^{0.1} \left(\frac{A_t}{A} \right)^{0.9} \sigma_1 \qquad (7-12)$$

式中:d_t —— 喷管喉径;

μ —— 燃气动力黏度;

c_p —— 燃气的比定压热容;

p_r —— 燃气的普朗特数;

p_0 —— 喷管进口处燃气总压;

C^* —— 燃气特征速度;

r_c —— 喷管喉部曲率半径;

A_t —— 喷管喉部面积;

A —— 喷管内壁计算截面处通道面积;

σ_1 —— 对流换热系数修正因子,它随马赫数、燃气温度与壁面的温度变化。

式(7-12)称为巴兹公式。

计算方法详见《固体火箭发动设计技术基础》一书。

$$\sigma_1 = \frac{1}{\left[\frac{1}{2}\frac{T_w}{T_0}\left(1+\frac{r-1}{2}Ma^2+\frac{1}{2}\right)\right]^{0.68}} \times \frac{1}{\left[1+\frac{r-1}{2}Ma\right]^{0.12}} \tag{7-13}$$

式中：T_0—— 燃烧室温度；

　　　T—— 当地温度；

　　　P_0—— 燃烧室压强；

　　　P—— 当地压强；

　　　Ma—— 当地马赫数。

喷管内准一维等熵流动的求解可以根据下述方程获得。

$$\frac{T_0}{T} = 1 + \frac{k-1}{2}Ma^2 \tag{7-14}$$

$$\frac{p_0}{p} = \left(1 + \frac{k-1}{2}Ma^2\right)^{\frac{k}{k-1}} \tag{7-15}$$

$$\frac{A}{A_t} = \frac{1}{Ma}\left[\frac{(k-1)Ma^2+2}{k+1}\right]^{\frac{k+1}{2(k-1)}} \tag{7-16}$$

（2）计算模型。计算模型、材料属性、边界条件、分析步骤均与 7.7.3 保持一致。选取喷管内表面，加载热流密度载荷（Surface Heat Flux）和压强载荷（Pressure），调用 ABAQUS 子程序 DFLUX 和 DLOAD，实现对式(7-12)～式(7-16)的计算和迭代。

7.7.4　计算结果分析

1. 耦合界面计算结果

监控 MpCCI 的耦合计算过程，如图 7-37 所示，输出耦合面上的壁面恢复温度、绝对压强以及对流换热系数，FLUENT 与 ABAQUS 的一致性非常好，证明 MpCCI 具有良好的数据传递功能。另外，如果出现固体区域的大变形情况，开启 FLUENT 中的动网格功能，可以满足流场中固体壁面变形的需要，本例不进行此方面的研究。

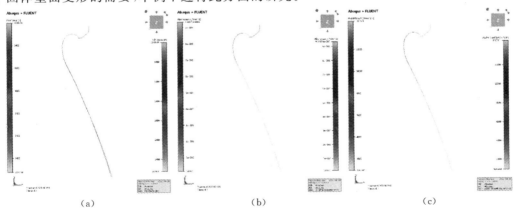

　　　　(a)　　　　　　　　　　(b)　　　　　　　　　　(c)

图 7-37　耦合区域的数值传递（彩图见插页）

(a)壁面恢复温度；(b)壁面绝对压强；(c)对流换热系数

2.流场计算结果

输出末秒时刻流场计算结果,如图 7-38 所示。其中,(a)(b)(c)分别为压强、温度、马赫数计算结果,流场计算结果良好,符合预期。

(a)

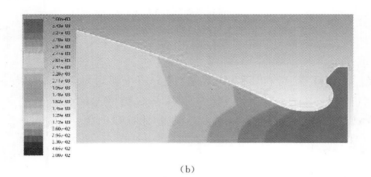

(b)

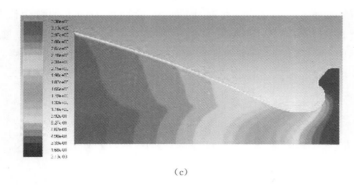

(c)

图 7-38 流场数值计算结果(彩图见插页)

(a)压强;(b)温度;(c)马赫数

3.固体区域计算结果

计算获得发动机工作 42 s 后的喷管温度场,并将耦合算法与工程算法进行对比,如图 7-39 所示。从图中可以看出,二者的温度分布趋势基本一致,在工作时间内,喷管外壁无温升。对于喷管内壁温度,耦合算法温度明显低于工程算法。经分析可知,可能的原因为工程算法中,巴兹公式计算对流换热系数本身存在一定误差。另外,假设喷管中的流动为一维等熵流动,也会引入一定误差,造成热流密度过大以及喷管内壁温升过快。

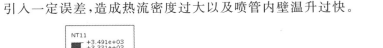

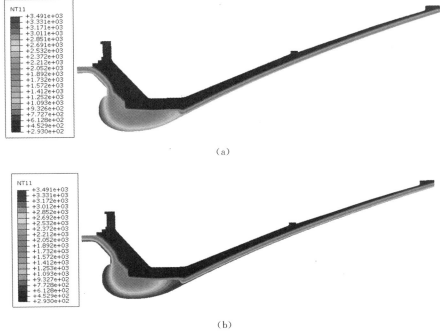

图 7 - 39　　两种算法喷管温度场分布对比(彩图见插页)
(a) 耦合算法;(b) 工程算法

　　相对喷管其他部件,喉衬的工作环境更加恶劣,对发动机的性能影响明显,喉衬破坏将直接导致发动机解体。输出发动机工作 42 s 后的喷管喉衬应力场分别为 Mises、轴向、径向以及环向应力,如图 7-40 所示。对比可以看出,除环向应力外,两种算法的应力分布基本一致。工程算法获得的应力数值较耦合算法略大。分析可知,工程算法导致喷管喉衬温升较大,在背壁和金属壳体的环向约束下,必然产生更大的热应力。

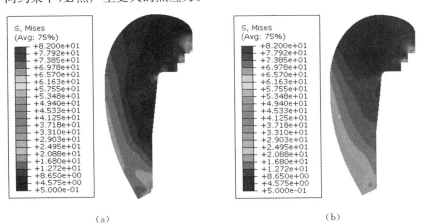

图 7 - 40　　发动机工作 42 s 各向应力(彩图见插页)
(a) 耦合算法 Mises 应力;(b) 工程算法 Mises 应力

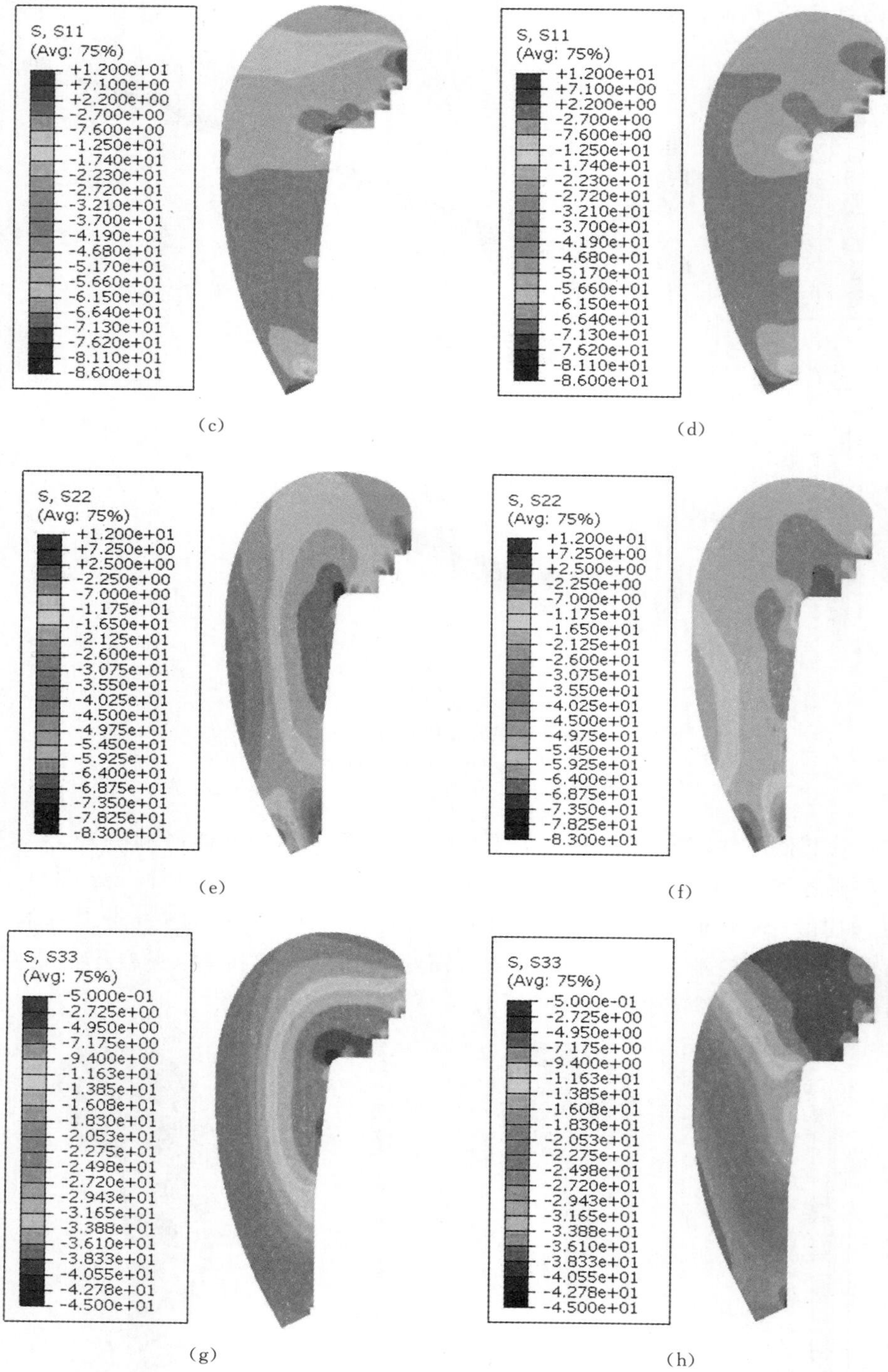

续图 7-40　发动机工作 42 s 各向应力(彩图见插页)

(c) 耦合算法径向应力；(d) 工程算法径向应力

(e) 耦合算法轴向应力；(f) 工程算法轴向应力

(g) 耦合算法环向应力；(h) 工程算法环向应力

在两种计算结果中,喉衬应力范围为(-86 MPa,12 MPa),且最大应力均为尖点的应力集中,实际应力范围应为(-51 MPa,10 MPa),均在穿刺 C/C 喉衬许用应力范围内(-90 MPa,70 MPa),喉衬结构强度可靠性较高。

7.7.5　仿真结果与实验对比分析

本例的喷管结构经历了发动机地面试验的考核,在试验过程中,监控了喷管外壁面的温度和应变变化。本例对喉部的温度及受力情况进行监测,发动机地面试验温度及应变测点如图 7 - 41 所示,对 A 点监测了温度变化,时间为 120 s,并监测了发动机工作时间内该点应变的变化。

图 7 - 41　发动机地面试验温度及应变测点

提取从发动机发出点火信号到 120 s 的温度实测曲线与数值方法计算结果对比,如图 7 - 42 所示。

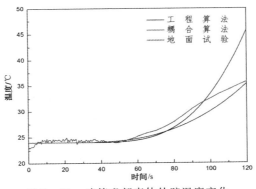

图 7 - 42　喷管喉部壳体外壁温度变化

从图 7 - 42 中可以看出,在发动机工作时间内(42 s),喷管喉部壳体外部几乎无温升,三种方法的结果基本一致。发动机结束工作后,50 s 时刻,喷管喉部外壁温度开始升高。工程算法温升明显高于地面实测值。相比之下,耦合算法的温度曲线与实际更为相符。分析可知,工程算法无法准确给出发动机工作完成之后喷管内壁的对流换热系数,巴兹公式及一维等熵流的假设已经很难适用于此刻的喷管流动状态。而耦合算法是从流场角度出发,模拟发动机工作结束后喷管的排气过程,并通过耦合边界将流场边界赋予固体边界,该方法可以获得较为准确的计算结果。

提取发动机工作时间内某时刻 A 点的环向、轴向应变测试结果,与仿真分析方法获得的结果进行对比,如表 7 - 2 所示。

表 7 - 2　应变实测结果与数值计算结果对比

方法	环向应变 μ_ε	轴向应变 μ_ε
耦合算法	1 200	264
工程算法	822	171
试验结果	1 254	277

从表 7-2 中可以看出,耦合算法获得的应变数据更接近地面实测值,而工程算法的误差较大。分析可知,导致喷管变形主要有两方面因素:① 各部件材料因为温度升高产生膨胀;② 发动机在内压作用下,喷管内壁沿轴线变化的压强,导致喷管整体膨胀。分析认为,在喉部位置,② 是主要因素。在工程算法中,喷管内壁面压强的分布是根据一维等熵流计算得到的,误差较大。在耦合算法中,壁面压强为流场计算结果直接通过 MpCCI 插值得到的,结果更为准确,因此,耦合算法获得的喉部变形更为准确。

7.7.6 耦合仿真结论

(1) 基于 MpCCI 多场耦合分析软件进行发动机中喷管的流—热—力多场耦合分析,相对于传统的工程计算方法,耦合计算过程更符合实际工况。

(2) 将获得的温度、应力场结果与工程算法进行对比,工程算法的温度和应力均略高于耦合算法,分析认为,误差主要来源于巴兹公式及一维等熵流的假设。

(3) 两种数值计算方法表明,喉衬应力均在材料的许用应力范围内,证明本例方案喉衬的热结构是可靠的。经过地面试验可知,发动机喉衬完整,说明两种方法均可以用来进行喷管的热结构完整性分析。

(4) 与发动机地面试验结果进行对比,提取喉部壳体外壁温度和应变,将数值计算结果与之对比。结果表明,工程算法误差较大,耦合算法与地面试验结果更为接近,进一步验证了耦合算法的准确性。

7.8 柔性接头摆动过程模拟

固体火箭发动机摆动喷管的柔性接头是比较典型的橡胶材料承力元件,在喷管的运动、密封、载荷传递和控制推力方向等方面具有重要作用。因此,其性能对于火箭摆动喷管的结构分析十分关键。

本节建立了某型号柔性接头三维有限元模型,模拟不同容压下的摆动过程,归纳出某层弹性件球面上的剪应力分布规律;整理计算结果发现,随容压增大,接头摆动相同角度时,该球面上的剪应力 τ_{13} 分布变化明显,τ_{13}、τ_{12} 绝对值呈减小趋势,计算得到的弹性力矩减小。对该柔性接头进行不同容压下的摆动试验,测得相应压强下的摆动力矩,试验结果与数值模拟吻合较好。

7.8.1 柔性接头有限元模型

1. 柔性接头有限元模型

柔性接头为轴对称体,但由于加载过程中的变形和载荷非对称,需使用三维有限元模型进行数值模拟。根据载荷的作用形式,本书建立的三维模型如图 7-43 所示。模型共有约 15 000 个单元。其中橡胶元件 8 层,分析件 7 层,沿周向划分 20 等份,沿宽度方向划分 15 等份,沿厚度方向划分 1 ~ 4 层。橡胶元件全部采用杂交单元 C3D8H 模拟;增强件采用减缩积分单元 C3D8R 模拟;将前、后法兰,加压盖板以及加载部分近似看成刚性体,使用刚体单元 R3D4 模拟。

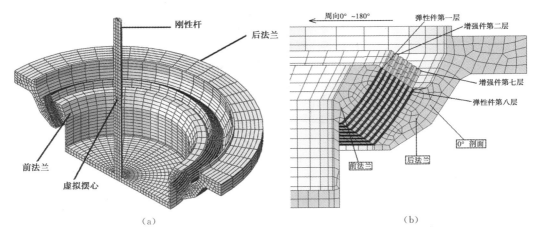

（a）　　　　　　　　　　　　　（b）

图 7 - 43　柔性接头结构有限元模型

（a）整体形貌；（b）局部放大

对称面施加位移约束条件 Z 向位移 $W = 0$；后法兰固定；摆心具有U_1，U_2 平移自由度及 UR_3 转动自由度。柔性接头在真实摆动时承受的载荷为容压与作动筒驱动载荷。在柔性接头转动过程中，容压本身保持不变，作动筒驱动载荷的大小与方向均随柔性接头转动而改变。本书为简化该过程，通过直接施加压强载荷实现容器压力，通过施加位移实现驱动载荷。其中，压强施加在前法兰和堵盖整体上；通过对虚拟摆心施加转角位移实现驱动载荷，通过刚性杆与前法兰相连实现虚拟摆心。

2. 弹性力矩的数值计算方法

取某层弹性件的球面，研究该球面上的应力。以摆心为圆心，将应力沿球坐标系输出。如图 7 - 44 所示，在剖面上任选一单元，研究该单元上的应力对摆心的力矩效果。如图 7 - 45 所示，所选单元在球坐标系中的坐标为$(R_i, \theta_i, \varphi_i)$。单元在所取剖面上的应力为$\tau_{13}$，$\tau_{12}$，$\sigma_{11}$，其他 5 个单元面上的应力对于所取球面来说为内力，因此只考虑这 3 个应力对摆心产生的效果。

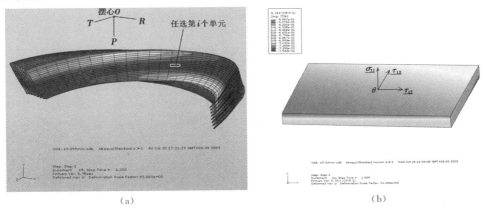

（a）　　　　　　　　　　　　　（b）

图 7 - 44　柔性接头的弹性件及某一单元

（a）整体形貌；（b）局部放大

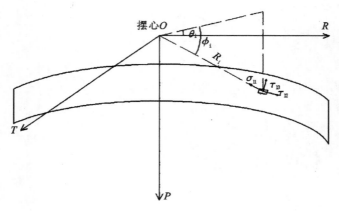

图 7 - 45 所选单元在球坐标系中的位置

其中,σ_{11} 经过摆心,不产生力矩;τ_{13},τ_{12} 为接头转动时前、后法兰间的相对移动产生的剪应力,它们是弹性件沿接头转动方向剪切变形直接引起的,将球面上所有单元的剪应力 τ_{13},τ_{12} 对摆心取力矩,S_i 为所取单元的面积,并将所有的力矩投影到过摆心的 T 轴上求和,计算所得的合力矩即为接头的弹性力矩。计算公式为

$$M_\tau = \sum_{i=0}^{n} \left[(\tau_{13})_i R_i \cos\theta_i + (\tau_{12})_i R_i \sin\theta_i \sin\varphi_i \right] S_i \qquad (7\text{-}17)$$

3.运用有限元软件计算弹性力矩的方法

ABAQUS 有限元分析软件具有计算三维、二维实体合力及合力矩的功能。计算式(7-17)时,只需选择所要计算的面,即可计算出对摆心的相应力矩,可以简化计算过程。现对该功能进行简单介绍。

(1)计算之前要求选取"Step"里面的"Field Output"中的"NFORC"一项;

(2)计算完毕后,隐藏参加计算的实体部件,如前、后法兰以及增强件等,显露出所关心截面;

(3)点击后处理中的"Free Body Cut",系统提示选取所需要的截面及输入摆心坐标;

(4)查看所关心的力矩或合力的各分量值。

具体操作如图 7 - 46 所示。

(a)

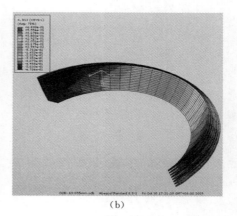

(b)

图 7 - 46 利用有限元软件计算合力矩(彩图见插页)

(a) 在 Step 中选择 NFORC;(b) 隐藏不关心部件

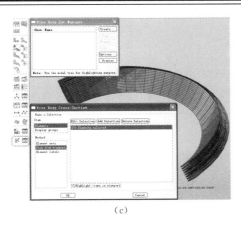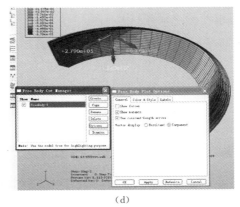

（c）　　　　　　　　　　　　　（d）

续图 7 - 46　利用有限元软件计算合力矩（彩图见插页）

（c）建立 Free body cut；（d）查看合力及合力矩

7.8.2　柔性接头力矩特性摆动实验

为了能够准确分析高压下摆动力矩随容压的变化规律并验证有限元模拟的计算结果，本书根据实际工作经验，选取了两种具有代表性的柔性接头进行摆动实验，其中，1♯ 接头弹性力矩随容压变化较为明显。本书分别对 1♯，2♯ 柔性接头进行了不同压强的常温摆动试验，以归纳相应的力矩特性规律。根据工程经验，高温时，1♯ 柔性接头更容易达到失稳状态，为了能够再现这种失稳状态，并与常温时的力矩特性对比，本书单独对 1♯ 接头进行了 +50℃ 摆动试验。

1. 摆动试验装置简图

柔性接头自身的单项试验是通过柔性接头安装在充压的冷试容器上完成的，载荷类型和施加方式与安装在喷管上完全相同。柔性接头在试验装置中的位置如图 7 - 47 所示，接头安装在容器上，容器内压强可变，用刚性摆杆代表喷管扩张段，B，C 两点之间安装作动器，施加摆动力矩，作动器的操纵力通过摆杆传递到柔性接头前法兰，从而实现柔性接头摆动。测得相应容压下的摆动力矩，保持摆角大小 20 s，测得弹性力矩，计算得到相应压强下的弹性比力矩。

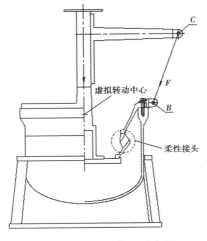

图 7 - 47　试验装置示意图

2. 某型号柔性接头摆动实验

（1）将某型号柔性接头安装在冷试容器上；

（2）在 0.2 MPa 容压下，保压 20 min，无漏气现象发生；

（3）在常温下进行不同容压的摆动试验，按规定程序各摆动 1 次，保持规定摆角大小 20 s，测得弹性力矩，其与摆角比值即为弹性比力矩。若需进行高温试验，应先将接头及容器安装至高、低温箱进行 6 h 的保温处理，然后进行摆动试验；

（4）降压至常压，拆卸喷管，试验结束。

7.8.3 摆动力矩的数值结果与试验结果对比

1. 数值模拟结果

本例分别模拟了两种型号 1♯，2♯ 柔性接头在不同容压下的摆动情况。其中，1♯ 和 2♯ 接头的设计参数见表 7-3。

表 7-3 两种接头的设计参数对比

	$\beta/(°)$	$\beta_1/(°)$	$\beta_2/(°)$	α/mm	t_e/mm	t_r/mm
1♯	55	48.2	61.8	197.5	1.2	1.5
2♯	55	48	62	112.05	0.9	1.2

本例未测定 +50℃ 下弹性件橡胶材料的材料常数，因此只模拟了该两种柔性接头在常温下不同容压的摆动过程，计算过程分为两个步骤加载。Step-1：对前法兰整体施加不同压强载荷；Step-2：保持"Step-1"中的压强载荷，对虚拟摆心施加 3° 转角位移，计算整个柔性接头的应力应变场。

按照 7.8.1 节中介绍的计算方法，将某一层弹性件球面上的剪应力 τ_{13}，τ_{12} 对摆心取力矩，计算得到相应弹性力矩，除以所摆动的角度，可计算出相应的弹性比力矩。计算结果见表 7-4。

表 7-4 不同容压下的弹性比力矩

压强 /MPa	1♯ 弹性比力矩 /[N·m·(°)⁻¹]	压强 /MPa	2♯ 弹性比力矩 /[N·m·(°)⁻¹]
0.2	105	0.15	1 9977
1	98	1.1	1 950
2	87	2.0	1 870
3	75	3.0	1 780
4	61	4.1	1 630
4.5	53	5	1 500
6	28—	—	—
7	10	—	—

2. 摆动实验结果

在摆动试验中，根据记录的弹性力矩计算得到弹比力矩，结果见表 7-5、表 7-6。

表 7 - 5　常温下不同压强时的弹性比力矩

压强 /MPa	1♯ 弹性比力矩 /[N·m·(°)$^{-1}$]	压强 /MPa	2♯ 弹性比力矩 /[N·m·(°)$^{-1}$]
0.2	101.6	0.15	1 902
1	94	2.6	1 807
2	85.6	3.6	1 746
3	72.6	4	1 699
4	62.2	—	—
4.5	56.8	—	—
6	36	—	—
7	22	—	—

表 7 - 6　+50℃ 下 1♯ 接头不同压强时的弹性比力矩

压强 /MPa	弹性比力矩 /[N·m·(°)$^{-1}$]
0.2	95.8
1	89.6
2	80
3	65.6
4	53.2
5	33.6
6	13
7	− 3.4

3. 结果对比分析

如图 7 - 48、图 7 - 49 所示,常温时的数值模拟结果与试验结果呈相同趋势,随压力升高,弹性比力矩下降。

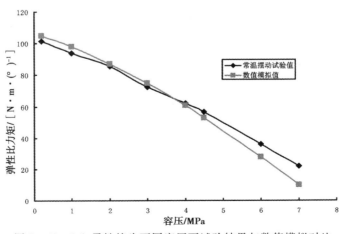

图 7 - 48　1♯ 柔性接头不同容压下试验结果与数值模拟对比

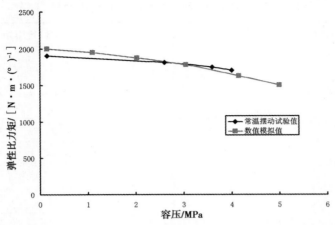

图 7-49   2# 柔性接头不同容压下试验结果与数值模拟对比

从趋势图可以发现,数值模拟结果与常温试验结果具有一定的偏差,分析认为,二者之间出现偏差的主要原因有以下几点:

(1)有限元建模时并未考虑到柔性接头在实际生产中的制造偏差,如弹性件、增强件的厚度不均匀等;

(2)橡胶弹性件处在复杂的应力应变状态下,有限元模拟时所选用的的橡胶模型不能完全真实地模拟实际情况,导致计算所得应力场分布与真实应力场分布存在一定差距;

(3)在有限元模拟中,较高的容压下,橡胶单元处于大变形状态,计算结果可能已经偏离真实值。

1# 柔性接头常温与 $+50℃$ 时的弹性比力矩随容压变化关系对比如图 7-50 所示。

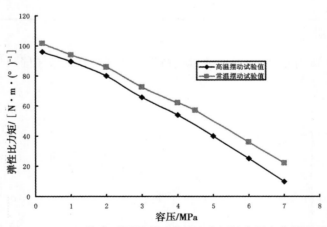

图 7-50   1# 接头不同温度下弹性比力矩随容压变化关系对比

随容压升高,弹性比力矩下降趋势相同。弹性比力矩初始值不同,这是因为在不同温度下,橡胶材料的剪切模量不同。由两条曲线的变化趋势可以推断,随容压升高,高温试验曲线较常温试验曲线先达到弹比力矩小于零状态。这与工程实际相符,即柔性接头处于高温比处于低温更容易达到失稳状态。

7.8.4　高压下柔性接头弹性件剪应力变化规律研究

1. 随容压变化弹性件剪应力分布变化

数值模拟 1♯，2♯ 接头的摆动过程，保持 3°摆角大小，取 1♯ 接头某层弹性件的球面，研究该球面上的剪应力分布。以摆心为圆心，将应力沿球坐标系输出，规定左上端面为 0°位置，右下端面为 180°位置。不同位移下整个接头的剪应力 τ_{13}，τ_{12} 分布如图 7-51 所示。

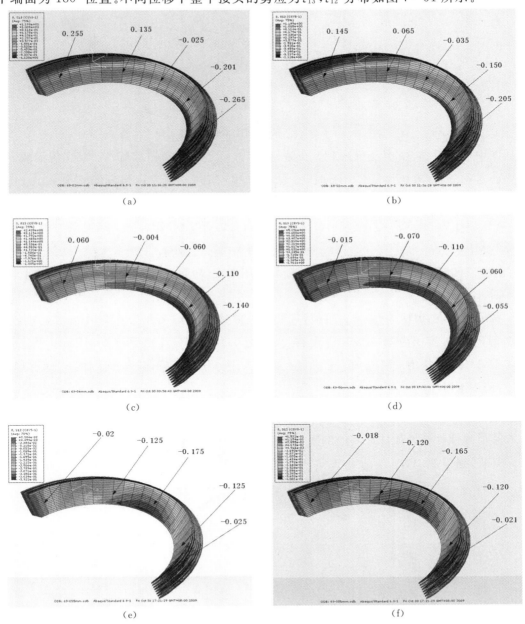

图 7-51　不同容压下剪应力分布（彩图见插页）

(a)0.2 MPa 容压下剪应力 τ_{13} 分布；(b)3 MPa 容压下剪应力 τ_{13} 分布；(c)4.5 MPa 容压下剪应力 τ_{13} 分布；(d)7 MPa 容压下剪应力 τ_{12} 分布；(e)0.2 MPa 容压下剪应力 τ_{12} 分布；(f)3 MPa 容压下剪应力 τ_{12} 分布

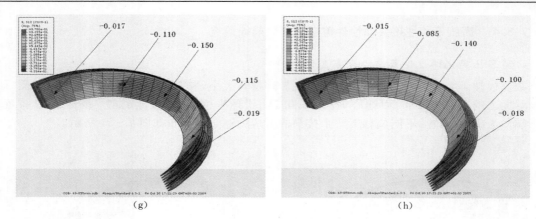

(g)   (h)

续图 7-51   不同容压下剪应力分布

(g)4.5 MPa 容压下剪应力τ_{12}分布；(h)7 MPa 容压下剪应力τ_{12}分布

从图中可以看到，从 0°位置到 180°位置，剪应力τ_{13}逐渐由负值区域过渡到正值区域，且近似呈中心对称分布。容压为 0.2 MPa 时，τ_{13}从－0.265 MPa 逐渐变化到 0.255 MPa，$|\tau_{13}|$最大值为 0.265 MPa。容压为 3 MPa 时，τ_{13}从－0.205 MPa 逐渐变化到 0.145 MPa，$|\tau_{13}|$最大值为 0.205 MPa。容压为 4.5 MPa 时，τ_{13}从－0.14 MPa 逐渐变化到 0.06 MPa，$|\tau_{13}|$最大值为 0.14 MPa。容压为 7 MPa 时，τ_{13}从－0.055 MPa 逐渐变化到－0.015 MPa，$|\tau_{13}|$最大值为 0.11 MPa，此时，τ_{13}的负值区域扩散至整个接头。可见，随着容压增大，剖面上τ_{13}的正值区域逐渐减小，且绝对值逐渐减小。

在整个剖面内，剪应力τ_{12}均为负值，且近似呈轴对称分布。容压为 0.2 MPa 时，$|\tau_{12}|$最大值为 0.175 MPa。容压为 3 MPa 时，$|\tau_{12}|$最大值为 0.165 MPa。容压为 4.5 MPa 时，$|\tau_{12}|$最大值为 0.15 MPa。容压为 7 MPa 时，$|\tau_{12}|$最大值为 0.14 MPa。可见，随容压增加，τ_{12}对称形式不变，绝对值逐渐减小。

2. 随容压变化弹性件环向剪应力数值变化

取某层弹性件与增强件之间的剖面为研究对象，在该剖面的中间位置，从 0°～180°取一路径，不同压强下剪应力τ_{13}，τ_{12}沿该路径变化趋势如图 7-52 所示。

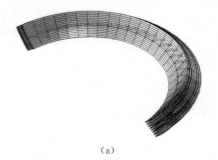

(a)

图 7-52   所选取路径上的剪应力变化趋势

(a)所选取路径

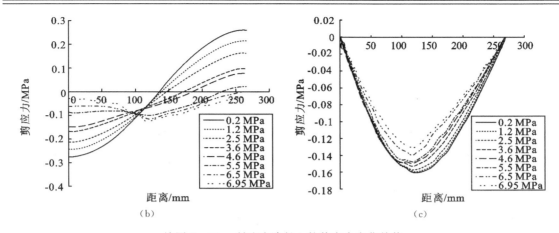

续图 7-52　所选取路径上的剪应力变化趋势

(b) 不同压强下路径上剪应力 τ_{13} 变化趋势；(c) 不同压强下路径上剪应力 τ_{12} 变化趋势

从图 7-52 可以看出,容压为 0.2 MPa 时,所选路径上的剪应力 τ_{13} 从 0° 位置到 180° 位置呈负正交替、近似中心对称分布;随容压升高,所选路径上 $|\tau_{13}|$ 最大值从 0.265 MPa 减小到 0.11 MPa 左右, τ_{13} 的正值范围逐渐缩小,负值范围逐渐扩大。当容压高于 7 MPa 时,所取路径上的剪应力 τ_{13} 都为负值;沿所选路径, τ_{12} 均为负值,且呈近似轴对称分布。随容压升高, $|\tau_{12}|$ 最大值从 0.175 MPa 减小到 0.125 MPa,分布形式不变。

3. 随容压增加弹性力矩减小原因分析

经过以上分析和计算,认为弹性力矩减小的原因主要有以下几点:

(1) 随容压升高,某层弹性件球面上的剪应力 τ_{13}, τ_{12} 的绝对值逐渐减小,式(7-17)中的两项均减小,对摆心的合力矩必然减小;其中 τ_{12} 的变化幅度相对于 τ_{13} 较小,因此 τ_{13} 的变化是容压力矩变化的主要原因。

(2) 将接头 0° 到 180° 平均分为左、右两个部分。0 MPa 时,由于剪应力 τ_{13} 中心对称,对摆心的总力矩值等于正负剪应力对摆心力矩绝对值之和。随压强升高,正剪应力区域逐渐减小,负剪应力区域逐渐扩大, τ_{13} 区域偏离中心对称分布越发严重,两侧计算出的部分力矩方向相反,使合力矩减小。而且,不对称程度越大,力矩减小程度越大。

(3) 当容压高于 7 MPa 时,整个接头的剪应力 τ_{13} 都为负值,此时 0° 和 180° 两侧计算出的弹性力矩方向相反,计算合力矩时,应将其绝对值相减,计算所得合力矩会更小。

可以推断,随着容压继续升高,180° 侧的力矩逐渐大于 0° 侧的力矩,二者之差小于零,即式(7-17)第一项小于零。当式(7-17)第一项与第二项之和接近零时,柔性接头将处于失稳状态。

7.9　喷管流动分离理论及仿真计算方法

7.9.1　分离流场理论基础

喷管作为固体火箭发动机的能量转换装置,其性能在很大程度上会影响火箭发动机的整体性能。对于给定燃烧室压强 p_c 和喉部面积 A_t 的喷管,根据气体动力学知识,当喷管出口处压强 p_e 与环境压强 p_a 相等时,喷管内气流处于完全膨胀状态,此时发动机能获得最大推力,这时喷管的工作状态被称为设计状态,喷管的设计状态与飞行高度有关。

1. 喷管工作状态

实际上,固体火箭发动机喷管在很多情况下并不处于设计状态,因为在发动机工作期间其工作的高度在不断变化,喷管所处的环境压力 p_a 也随之不断变化,因此喷管往往处于非设计状态。

为了说明喷管的不同工作状态,对喷管中的流动进行如下假设:

(1) 喷管内的流动是一维定常可压的;

(2) 壁面处气流与外界无质量和能量交换,并且不考虑管壁与气体的摩擦;

(3) 喷管中的气体为完全气体。

给定一个设计好的喷管,其扩张比 $\varepsilon = A_e/A_t$ 已知,根据连续方程可以得到:

$$q(\lambda_e) = \frac{A_t}{A_e} \tag{7-18}$$

式中:λ_e —— 出口处速度因数。

其中,流量函数 $q(\lambda_e) = \left(\frac{k+1}{2}\right)^{\frac{1}{k-1}} \lambda_e \left(1 - \frac{k-1}{k+1}\lambda_e^2\right)^{\frac{1}{k-1}}$,从而可以求出 λ_e(此时求出两个 λ,λ_e 对应超声速流,$\lambda_{e\text{-sub}}$ 对应亚声速流)。又由于

$$\pi(\lambda_e) = \left(1 - \frac{k-1}{k+1}\lambda_e^2\right)^{\frac{k}{k-1}} \tag{7-19}$$

可以得到 $p_e = p \times \pi(\lambda_e)$,记为 p_1。

随着环境压强的增大,喷管内依次呈现四种工作状态,如图 7-53 所示。

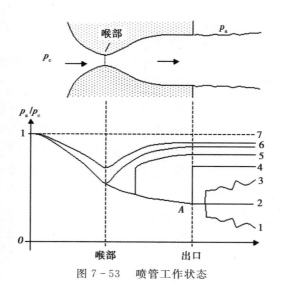

图 7-53　喷管工作状态

（1）欠膨胀及完全膨胀：当环境压强 $p_a < p_e$ 时，气流处于欠膨胀状态，喷管出口处压强高于环境压强，超声速气流流出喷管后，继续膨胀，其压强分布如图 7-53 中曲线 1 所示，A 点对应的压强就是 p_1，此时环境压强不能影响喷管内的流动。

随着环境压强逐渐升高，气流的欠膨胀程度不断减小。当 $p_a = p_1$ 时，气流在喷管出口处刚好完全膨胀，此时叫做完全膨胀状态，又叫设计状态，如图 7-53 中曲线 2 所示。

（2）喷管出口外激波：当环境压强升高到 $p_a > p_1$ 后，喷管出口压强低于环境压强，因此，气流在出口处产生激波。气流通过激波，压强提高到与环境压强相等，如图 7-53 中曲线 3 所示，激波的强度由压强比 p_a/p_1 决定。当压强比较小时，喷管出口处产生弱的斜激波。随着压强比不断增大，激波强度不断增强，激波角 β 也不断增大，当 $p_a = p_2$ 时，在喷管出口处产生一道正激波，如图 7-53 中曲线 4 所示。其波前马赫数为出口马赫数 Ma_e，波前压强为出口压强 p_1，根据正激波关系式

$$\frac{p_2}{p_1} = \frac{2k}{k+1}Ma_e^2 - \frac{k-1}{k+1} \tag{7-20}$$

由于 p_1 和 Ma_e 都与扩张比有关，所以 p_2 也由 ε 确定。在 $p_1 < p_a < p_2$ 范围内，喷管出口处气流通过激波提高压强达到与环境压强平衡，喷管内的流动也不受环境压强的影响。

（3）管内正激波：当 $p_a > p_2$ 时，气流在喷管出口之前产生激波，这种激波可近似看作正激波，波后的亚声速气流在喷管扩张段减速增压，并在喷管出口处达到与环境压强相等，其压强如图 7-53 中曲线 5 所示。环境压强越高，激波越靠近喷管喉部，激波越弱，波前马赫数也就越小。当环境压强提高到 $p_a = p_3 = p^* \pi(\lambda_{e\text{-}sub})$ 时，激波刚好移动到喷管喉部，此时压强如图 7-53 中曲线 6 所示。

当 $p_2 < p_a < p_3$ 时，喷管内的气流经过激波变为亚声速流，外界环境的扰动可以进入喷管内亚声速流区域，从而改变激波之后的流动。

（4）全管亚声速流：当环境压强 $p_a > p_3$，喉部不再是临界截面，整个喷管内部都是亚声速流，喷管出口处的速度不再与扩张比 ε 有关，而是由压强比 p_a / p^* 确定，此时外界环境的扰动可以影响整个喷管内的流动，其压强分布曲线如图中 7-53 中曲线 7 所示。

2. 喷管分离现象

实际火箭发动机喷管中的流动，由于气体的黏性效应，喷管壁面上是有边界层存在的。当喷管出口外产生激波时，激波与喷管壁面的边界层相互作用，使边界层分离。分离后的边界层就像一个伸进管内的"尖劈"一样，使超声速气流还没有到达出口时就在"尖劈"的顶点产生斜激波。

气流经过斜激波后，流动发生转折，从而导致流动边界与喷管壁面方向不一致，并产生分离区。分离区内的流速很低，气流直接与外界大气相通，因此压强等于环境压强。

研究表明，喷管中会出现两种不同的分离现象：自由激波分离和约束激波分离。在图 7-53 中，当环境压强 p_a 达到曲线 3 所示的状态时，喷管出口处应有斜激波产生；当环境压强 p_a 达到曲线 4 所示状态时，喷管出口处会产生正激波；随着环境压强继续增大，喷管内部出现激波。实际上，由于边界层内的流动为亚声速，所以激波后产生的高压可通过边界层向上游传播，从而

使上游边界层的压强升高,速度降低,边界层增厚,迫使边界层边界线向层外折转,超声速气流折转方向产生斜激波。斜激波朝中心线反向传播可能存在三种形式的激波:直至中心线的斜激波、马赫盘(Mach disk)以及帽状激波(Cap-shock pattern)。通常情况下,从壁面分离后的气流呈现自由射流形式,这种流动状态叫做自由激波分离。20世纪70年代初,在J-2S发动机的冷流试验中,研究人员发现了一种完全不同的气流分离模式。这种分离模式只在一定的压强比条件下才会产生,分离点下游的压力呈现不规则性,并比环境压强高,分离后的气流会发生再附着,这种分离模式称为约束激波分离,如图7-54所示。

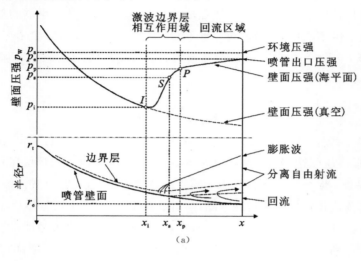

(a)

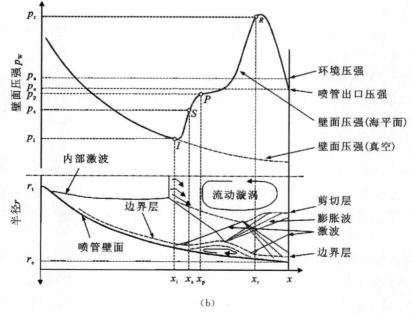

(b)

图 7-54　两种分离模式

(a)自由激波分离;(b)约束激波分离

3. 分离流场分析方法介绍

分离流场的分析方法主要有三种，分别是理论分析方法、实验测量方法和计算流体动力学（Computational Fluid Dynamics，CFD）方法。

理论分析方法所得结果具有普遍性，是指导实验研究和数值计算方法的理论基础。但是，它往往需要对问题进行简化和假设，对于复杂的非线性问题，很难得到其解析解。

实验测量方法可以对理论分析和数值方法的结果进行验证。然而，它往往受到实验条件和测试手段等限制，有时很难通过实验方法得到结果。

CFD 方法具有应用面广、适应性强等优点。对于影响因素很多，模型和边界条件复杂的问题，可以采用这种方法，以得到满足工程需要的数值解。它不受物理模型和实验模型的限制，近年来，随着计算方法的深入研究和计算机技术的快速发展，CFD 方法也得到了长足的发展和广泛的应用，是研究工程问题的一种有效手段。

Fluent 作为目前常用的 CFD 软件，具有先进的数值方法、丰富的计算模型和强大的后处理能力，在流动数值仿真方面有着广泛的应用。采用 Fluent 对火箭发动机喷管流场进行模拟，能够比较准确地反映流场的流动情况。其计算主要分为以下三步：

（1）前处理：根据问题建立物理模型和计算区域，划分网格，给定计算区域的边界条件、初始条件等。

（2）数值计算：在离散的网格上，构造流动控制方程的离散方程，并对离散方程进行求解，得到各网格节点上的物理量，如压力、密度、温度和速度等。

（3）后处理：提取流场计算结果，如云图、流线图和等值线等。

由于喷管中气流的黏性作用，其流动往往发展为湍流状态。直接对湍流进行数值模拟，对内存空间及计算速度要求非常高，工程上常采用雷诺平均法（Reynolds - Averaged Navier - Strokesequations，RANS）来对湍流进行简化和近似，然后采用湍流模型来对引入的湍流脉动值未知量进行处理。常用的湍流模型有零方程、一方程以及两方程模型。

（1）零方程模型：零方程模型是用代数方法把湍动黏度与时均值联系的模型。它只用湍流的时均连续方程和雷诺方程组成方程组，把雷诺应力用平均速度场的局部速度梯度表示，它忽略了对流和扩散的影响。零方程模型适用于带有薄剪切层的流动，但不能用于模拟带有分离及回流的流动，在实际工程中应用较少。

（2）一方程模型：为了弥补零方程模型的局限性，一方程模型在湍流的时均连续方程和雷诺方程的基础上，建立了一个湍动能 k 的输运方程，从而使方程组封闭。一方程模型考虑到湍流的对流输运和扩散输运，因而更加合理，但是一方程模型的长度尺度很难确定，因此应用有限。

（3）二方程模型：

1）k-ε 模型：在一方程的基础上，再增加一个关于湍流耗散率 ε 的湍流方程，从而形成了 k-ε 二方程模型。k-ε 模型分为标准 k-ε 模型，RNG k-ε 模型和 reliable k-ε 模型，其中标准 k-ε 模型是目前使用最广泛的模型，后两者是在标准 k-ε 模型的基础上发展而来的。这三种模型都适用于充分发展的湍流，对于低 Re 数流动，需要采用特殊方式进行处理，常用的方法主要有壁面函数法和低 Re 数法。

2）SST k-ω 模型：SST 也叫剪切应力输运模型，是由 Menter 发展而来，该模型是将标准 k-ω 模型和经过变形的 k-ε 模型进行整合，中间采用一个混合函数进行过渡。它既适用于近壁处的低 Re 数流动,又能很好地模拟边界层边缘和自由剪切层,具有良好的适用性和较高的计算精度,包括逆压力梯度流动、机翼绕流、跨声速激波系等。本例中计算均选用此湍流模型。

7.9.2 分离流场数值模拟

由于试验条件的客观限制,试验中只能测得喷管壁面特定位置处的压强数据,并不能获得壁面压强的连续分布,所以需要根据试验条件对喷管进行数值模拟,研究喷管分离流动的一些规律。

1. 计算模型及网格划分

计算采用二维轴对称模型,取喷管内部及外场为计算区域,外场轴向距离取出口直径的10 倍,径向距离取出口直径的 5 倍,计算区域如图 7-55 所示。

对计算区域进行结构网格划分,对于结构网格而言,网格的质量主要包括三方面:网格的光滑、网格的正交和适应当地流动梯度的网格分布。

实际网格划分参数为:喷管内流场轴向网格均布,网格尺寸为 2 mm,为了捕捉分离现象,对壁面处网格进行局部加密,近壁面区域网格过渡均匀,由于外场区域对于计算影响较小,喷管出口后外场网格按比例增长,越远离喷管出口网格越稀疏。不同分区之间的网格过渡均匀,轴向与径向网格线正交性良好,整个计算域网格具有较高的质量,计算网格如图 7-56 所示。

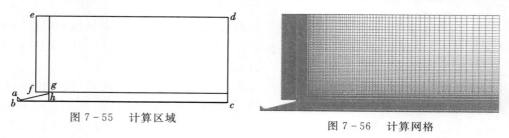

图 7-55　计算区域　　　　　　　　　　图 7-56　计算网格

2. 边界条件

(1)ab 为喷管入口,取压力入口边界,流动方向与入口垂直,给定试验条件下的总温、总压以及湍流参数;

(2)bc 为计算域轴线,取轴对称边界条件;

(3)ah,hg 为壁面,取绝热无滑移壁面条件;

(4)fg,ef,ed 为计算远场,取压力远场边界条件,给定海平面条件下的总温和总压;

(5)dc 为流场出口,取为压力出口边界,同样给定海平面条件下环境的总温和总压。

3. 数值方法

数值模拟 CFD 算法采用时间推进的有限体积法,控制方程采用 N-S 方程,采用对间断分辨率较高的 AUSM 方法求解,对流项采用二阶迎风格式离散。湍流模型选用剪切应力输运 SST k-ω 二方程模型,该模型在近壁处采用 Wilcox k-ω 模式,在边界层边缘和自由剪切层采用 k-ε 模式,中间通过一个混合函数来进行过渡,因此在分离流动计算中具有较高的精度和可信度。气体的黏性按照三系数 Sutherland 定律给定,计算公式为

$$\mu = \mu_0 \left(\frac{T}{T_0}\right)^{\frac{3}{2}} \frac{T_0 + S}{T + S} \tag{7-21}$$

式中:T_0 —— 参考温度;

S —— 等效温度；

μ_0 —— T_0 时的参考黏度。

4. 计算结果及分析

首先计算了 $p_c = 4.34$ MPa 时，高模条件（$p_a = 10$ kPa）和地面条件（$p_a = 94$ kPa）下喷管的流场分布，其马赫数云图如图 7 - 57 所示。

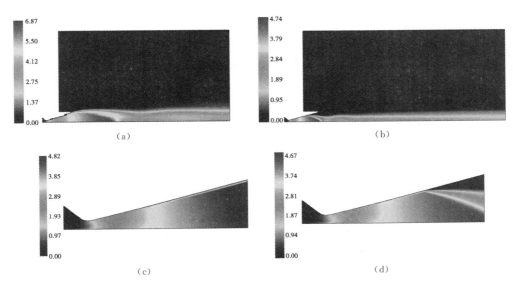

(a) 　　　　　　　　　　　　　　 (b)

(c) 　　　　　　　　　　　　　　 (d)

图 7 - 57　流场马赫数云图（$p_c = 4.34$ MPa）（彩图见插页）

(a) 高模全场；(b) 地面全场；(c) 高模内场；(d) 地面内场

从图 7 - 57 中可以发现，在相同入口总压下，环境压强不同，喷管内的流场形态也不同。在高模条件下，喷管内流场处于满流状态，气体在喷管出口外进一步膨胀。在地面条件下，喷管中出现了明显的流动分离，在分离点附近产生斜激波。分离激波后形成了回流区，回流区中流动速度很低，且壁面附近的流动方向与主流方向相反，如图 7 - 58 所示。在相同的入口总压下，高模条件下气流贴近壁面流动，没有形成回流区，其马赫数流线图如图 7 - 59 所示。

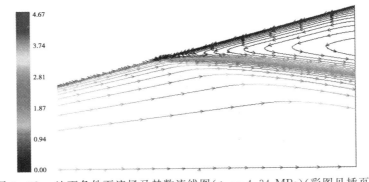

图 7 - 58　地面条件下流场马赫数流线图（$p_c = 4.34$ MPa）（彩图见插页）

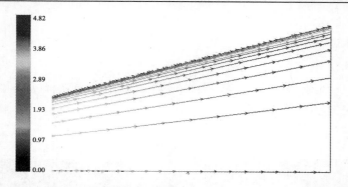

图 7-59 高模条件下流场马赫数流线图($p_c = 4.34$ MPa)(彩图见插页)

　　根据计算结果可以得到喷管内壁的温度场和压强场,图 7-60 和图 7-61 分别显示了 $p_c = 4.34$ MPa 时,高模和地面条件下喷管内壁的温度分布和压强分布。

　　图 7-60 表明,随着轴向距离的增大,高模条件下喷管内壁温度呈降低趋势,在喷管出口处达到最低;在地面条件下,喷管的内壁温度先降低,在 $\varepsilon = 11.7$ 处达到最低,然后突然升高到 300 K 左右,之后基本维持不变。与温度变化趋势类似,高模条件下喷管壁面的压强随轴向距离的增大而降低,地面条件下壁面压强也呈现先降低,后突然升高并达到接近大气压力的稳定值的变化趋势(见图 7-61)。

　　造成上述变化趋势的原因是,在高模条件下,环境压强较低,喷管内气流处于欠膨胀状态,气流在喷管内持续膨胀加速,导致温度和压强不断降低;在地面条件下,环境压强较大,喷管内出现激波,而边界层内的流动为亚声速,因此波后产生的高压通过边界层内的亚声速层向上游传播,导致上游边界层内压强提高,速度降低,边界层增厚,迫使边界层边界线向层外折转,产生斜激波,激波造成的逆压梯度很大,导致边界层分离。气流流经斜激波后会减速增压,并且波后分离区内的流速很低,所以温度和压强基本保持不变。温度和压强最低点对应的位置就是分离点的位置。

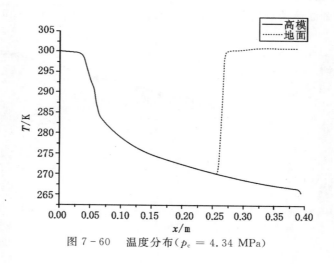

图 7-60 温度分布($p_c = 4.34$ MPa)

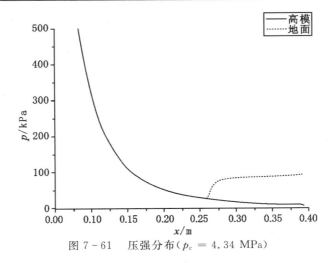

图 7 - 61　压强分布($p_c = 4.34$ MPa)

根据内壁的这种温度变化趋势,分离点前部分区域温度较低,导致喷管上游($\varepsilon < 11.7$)外壁附近的饱和蒸汽压降低,空气中的水分在外壁凝结,在试验中观察到喷管外壁上游的"结霜"现象与内壁温度变化趋势是一致的。

将计算的壁面压强与试验结果进行比较,两者整体吻合较好,不过在分离点前同一轴向位置的试验测得值要高于数值仿真值,如图 7 - 62 所示。这是由于试验采用压缩空气作为工作介质,工质气体中含有的水分在流动过程中会因为温度降低而凝结,凝相组分的速度滞后,造成喷管内的实际流动速度低于采用理想气体模拟的计算值,因而测点静压高于计算值。分离点后由于回流区流速较低,且温度接近大气环境,并没有发生水分凝结,所以测点静压与计算值非常接近。入口总压下的其他计算结果也与试验测量值吻合良好,如图 7 - 63 所示,整个计算的最大误差为 7.9%。

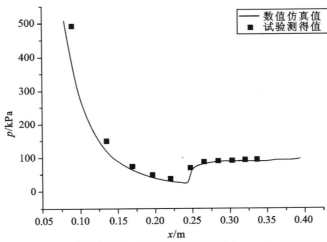

图 7 - 62　数值计算与试验壁面压强比较($p_c = 4.34$ MPa)

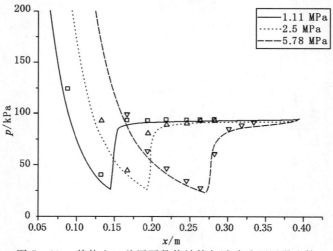

图 7 - 63　其他入口总压下数值计算与试验壁面压强比较

　　比较不同入口总压下的分离点位置可以发现,随着入口总压的提高,分离点向喷管出口移动。根据计算结果,可以得到壁面压强的最小值,即分离压强 p_{sep},图 7 - 64 显示了不同入口总压下的分离压强的计算值。

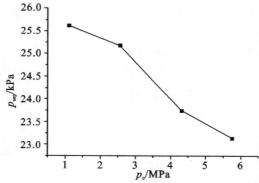

图 7 - 64　不同入口总压下的分离压强的计算值

　　可以发现,入口总压不同,分离压强也不同,分离压强随着入口总压的升高呈降低趋势。造成这种现象的主要原因是:分离是附面层中的气流动能不足以克服分离激波后的逆压力梯度造成的,随着入口总压的升高,分离点位置越靠近下游,分离点前的气体速度也越大,外界大气压力需要克服附面层中更大的气流动能才能产生气流分离,而在地面试车条件下,外界的大气压强是不变的,因此越靠近下游的分离点的壁面压强也就越小。

第8章　固体发动机安全点火设计及仿真技术

8.1　固体发动机安全点火装置的组成及工作过程

安全点火装置是固体火箭发动机的重要组成部分,是发动机的起动装置。安全点火装置能否可靠工作直接影响发动机能否可靠点火,关系到能否在给定的时间内实现导弹／火箭的准时发射,乃至影响导弹／火箭系统发射任务的成败。

安全点火装置的功能:① 在贮存和运输过程中,确保发动机不会因静电、射频等环境因素而意外点火;② 当需要发动机工作时,它能够准确、可靠地点燃主发动机装药。

安全点火装置一般由安全发火系统与点火装置两部分组成。安全发火系统含有安全机构及初始发火元件,用以点燃点火装置。以国内外广泛采用的安全发火系统为例,安全发火系统由"初始发火元件＋安全机构"组成,或更为复杂的,由"初始发火元件＋安全机构＋非电传爆元件"组成(称为远距离发火装置)。点火装置常见的有篓式点火装置、小火箭式点火装置和点火药包,被安全发火系统点燃后点燃发动机主装药。

固体火箭发动机安全点火装置工作过程可分为以下几个阶段:

第一阶段:当发动机需要工作时,安全机构加电解锁,将其状态由保险状态转换为工作状态,确保发火系统通道畅通;

第二阶段:初始发火元件接通点火电流,发火元件的桥丝／带发热,起爆或点燃周围的火药,输出火焰或爆轰,将后续火工装置起爆或点燃;

第三阶段:安全发火系统的终端发火元件将点火装置点燃;

第四阶段:点火装置中的点火药燃烧,产生的燃气、炽热粒子、火焰与主装药表面接触,以对流、导热和辐射方式向主装药传热,提高了主装药温度,主装药受热最厉害的部位首先被加热到发火点温度,开始点燃。紧接着,产生初始火焰并向整个主装药表面传播,主装药便开始正常燃烧,完成点火过程。

8.2　点火装置分类与典型结构举例

8.2.1　点火装置分类

点火装置的作用是准确可靠地点燃药柱,使发动机按预定要求正常工作。

固体火箭发动机点火一般采用强迫点火方法。强迫点火就是给药柱以初始能量,激发点火直至使药柱正常燃烧。这种点火能概括起来有三种形式:

(1) 热能,如用炽热燃气,以辐射、对流和导热方式给药柱传热,以实现药柱的点火;

（2）化学能，如用化学活性物质 ClF_4 喷洒在药柱表面，立即产生激烈的放热化学反应，这种点火称为自燃点火；

（3）机械能，如用摩擦或冲击方式，使药柱点火。

目前常用的大多为热能点火装置，如药盒式点火器和火箭发动机式点火器。药盒式点火器是由电发火管和点火药盒、电源接线及接线插座等组成。火箭发动机式点火器是由电发火管、点火药盒、点火药柱、壳体和喷嘴等组成。前者称为二级点火，后者称为三级点火。

点火装置按照发火系统与能量释放系统的相互联系，可分为如下两种类型：

（1）整体式点火装置，其发火管与点火药做成一体，放置在点火装置内。这种点火装置的优点是结构简单，点火加速时间短。通常这种整体式点火装置的装药是粒状药，采用黑火药加高能点火药（硼–硝酸钾）。发火管采用并联的两个钝感点火头，壳体采用易熔化烧蚀的材料。这种点火装置常用于小型发动机的点火。

（2）分装式点火装置，其发火管与点火药是分别安装的。发火管发出的能量点燃引燃药，然后引燃药的能量点燃点火药，点火药点燃固体发动机主装药。它属于三级点火方式。分装式点火装置的优点是易维修，发火管损坏进行更换时，不损坏点火装置的其他部件，经济性好，点火药与发火管分别存放和运输，安全性高。

根据点火装置在发动机内的位置，又分为前端点火装置、中间点火装置和后端点火装置三种类型：

（1）前端点火装置，点火装置安装在发动机的前端，其点火燃气能全部参与点火过程，故点火效果好，点火药用量少，常规发动机使用的是前端点火方式；

（2）中间点火装置，目前较少使用。一些长度大的发动机，为改善其点火性能，常在发动机的筒段中部位置安放一点火装置，但需要固定架，从而增大了发动机的结构质量，易堵塞喷管；

（3）后端点火装置，点火装置安装在发动机的后端，很多点火燃气经过发动机喷管直接排出燃烧室外，能量损失较大，常常需要很多点火药，发动机才能正常点火，它一般用于端面燃烧的发动机中，或作为一种辅助的点火装置。

8.2.2 典型结构举例

药盒式点火器也可分为整体式和分装式两类。整体式就是把电点火头安装在点火药盒内。如图 8-1 所示。

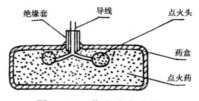

图 8-1　药盒式点火器

图 8-2 是某空-空导弹用的金属网吊兰式点火器，属于整体式点火器。冲压成形的金属网用塑料薄膜封好，以盛放点火药，并起密封防潮作用。电发火管与通用电发火管不同，是一种特制的电发火管，结构紧凑，密封性好。

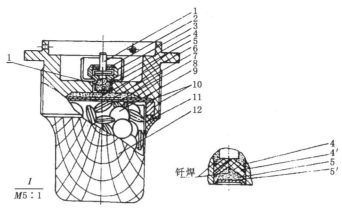

图 8-2　金属网吊兰式点火器

1— 接触杆；2— 压紧片；3— 绝缘填料；4— 热敏火药；4′— 电桥丝；5— 锡箔；6— 加强药；7— 锡箔；

8— 隔板；9— 点火药；10— 黏结胶；11— 塑料；12— 金属网套

图 8-3 是某空-空导弹发动机用的长管形点火器，也属于整体式点火器。点火药盒是塑料质的长管形壳体，对称地开有 60 个 φ6.2 圆孔。点火药重为 115 g，分 20 块。每块尺寸为 1.9 ～ 7.7。该点火器装有机械式安全装置。导弹上机之前处于安全状态，此时两个加强药管与电发火管错开 90°，若电发火管意外发火，也不会引起加强药点火。当导弹上机时，旋转指示盘中心的杆件，使其记号对准"战斗"位置，这时电发火管就与加强药管对准。若电发火管发火，就会立即引燃加强药管，使点火器发火。电发火管装在与旋转中心成 180° 的动盘上，这样，中心杆旋转 90°，就可能使电发火管与加强药管对准或错开 90°。

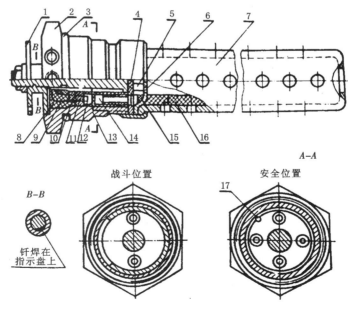

图 8-3　长管形点火器

1— 指示盘组件；2— 壳体组件；3— 密封圈；4— 橡皮垫；5— 引燃药柱；6— 隔盘；

7— 点火药盒组件；8— 灌封料；9— 负极导线；10— 烧结玻璃；11— 玻璃钢柱；12— 桥丝；

13— 发火药；14— 加强药；15— 海棉橡胶垫圈；16— 点火药块；17— 圆柱销

图 8-4 为篓式点火装置,主要由绝热顶盖、引燃药盒、点火器、发火元件以及密封件等组成。这种点火装置的点火加速性好,但散差大。篓式点火装置的点火药使用的是黑火药和烟火剂,由于其结构简单、制造容易、经济性好,目前已广泛应用于中型战术导弹发动机的点火中。

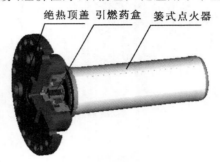

图 8-4 篓式点火装置

图 8-5 为大型发动机常用的小火箭式点火装置,由于发动机的直径较大,长度较长,其装药多达几十吨甚至上百吨。它所需要的点火药量为几至几十千克。在这种条件下,若采用篓式点火装置点火,必然会在点火时产生过大的振动与冲击,甚至会引起爆燃,使发动机遭到破坏。为安全、有效地点燃大型固体火箭发动机的装药,通常采用小火箭式点火装置。小火箭式点火装置主要由绝热顶盖、引燃药盒、点火发动机、发火元件以及密封件等部件组成,这种点火装置点火加速时间散差小,但相对较慢。图 8-5 所示是一种装车轮型复合推进剂药柱的小火箭式点火装置,其壳体采用复合材料,壳体上开有多个喷孔。

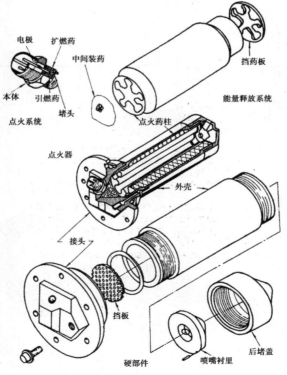

图 8-5 小火箭式点火装置

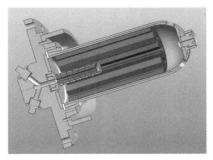

续图 8-5　小火箭式点火装置

小火箭式点火装置与篓式点火装置相比有以下优点：

（1）点火发动机的点火燃气流量和燃烧时间可以严格控制，使主发动机的过渡特性好且有良好的再现性；

（2）可采用与发动机装药相同的推进剂作为点火药，并且不需要昂贵的高能点火药；

（3）引燃大量的高能烟火剂会使燃烧室出现局部高压，且有可能爆燃。点火发动机的药柱则是按预定规律燃烧的，不会出现局部高压和爆燃。

点火发动机实际上是一种小型固体火箭发动机，它工作压强高、燃气流量大、燃烧时间短。它通常由点火药柱、壳体、喷孔和点火药盒组成。点火药柱通常采用燃烧面积较大的车轮型或星型推进剂药柱，也采用高能点火药环作为点火药柱。点火发动机的点火药盒实际上是一种小型篓式点火装置，内装高能点火药环。

8.3　安全机构设计

8.3.1　安全机构功能

为确保固体火箭发动机贮存、运输、测试过程中的安全性，除要求发动机发火系统尽可能选用钝感电发火元件外，还要求在电发火元件之后的传爆、点火序列中采用安全机构等保护措施。尤其是大型固体火箭发动机经常采用安全状态，工作状态完全可逆，并可通过远距离操控机电式安全机构。

国内外固体火箭发动机采用的安全机构，形式多种多样，工作原理也不尽相同，但无论何种安全机构，其工作原理都是通过机械的或电的方式对接，使其接通时为工作状态，切断时为安全状态。

安全机构作为固体火箭发动机的关键部件，它的主要作用有两点：① 安全机构在未得到航天器或武器系统发出的解锁指令时，能够保持在安全状态，将安全机构上游或内装电发火元件可能出现的误发火隔断，确保下游火工元件不发火，避免发动机意外点火，以保证系统、设备和人员的安全；② 安全机构收到航天器或武器系统发出的解锁指令时，能够可靠解锁，将安全机构由安全状态转换到工作状态，将安全机构传爆、点火通道打开，确保安全机构上游或内装的火工元件发火后能够引爆或点燃后续火工元件，实现发动机的可靠点火。

本节主要以国内外广泛采用的机电式安全机构为例,对安全机构的功能、组成、设计和使用等内容进行介绍。

8.3.2 安全机构组成及工作原理

安全机构一般由壳体、电连接器、转动装置、锁位装置、状态显示装置以及内装发火元件等组成。

转动装置一般采用电机作为动力源,锁位装置采用电磁销锁位或类似离合器的锁位装置。

图8-6为一种广泛用于德尔塔、大力神火箭固体发动机点火系统和自毁系统的安全机构。

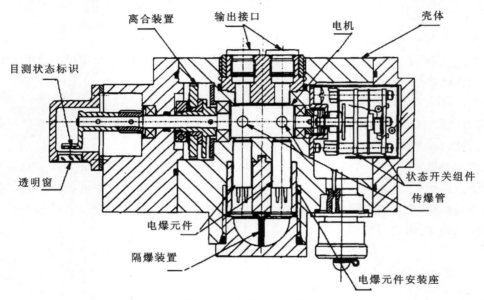

图 8-6 安全机构组成

该机构将电爆元件、传爆管内置于其中,输出端可以连接导爆索组件等非电发火元件。安全机构在安全状态或工作状态时,对应的状态开关处于接触或断开状态,并通过电路将安全机构所处状态实时显示出来。该机构还采取了目测识别状态的措施,通过透明窗对安全机构的状态进行目测识别。

工作原理:当安全机构处于安全状态时,电爆管与传爆管不同轴,传爆管与输出端所装后续发火元件也不同轴,电爆元件意外发火后不会将传爆管引爆,同时也避免了输出端火工元件发火,确保发动机不意外点火。安全状态的锁位由离合装置实现,它能够承受一定的力学、电磁环境作用而不动作。

当发动机需要点火时,给电机加额定工作电压,电机转动一定的角度,同时带动安装在转子上的传爆管转动,安全机构由安全状态转换到工作状态。此时,电爆元件、传爆管与输出端火工元件对正,电爆元件起爆后,将传爆管引爆,再将输出端火工元件引爆,最终完成发动机的可靠点火。

给同电机正、负极变换加电,使转子向正、反方向转动,实现安全机构安全状态、工作状态的相互转换。

对于采用电磁销锁位的安全机构,当给电机加电时可实现安全状态向工作状态的转换,电磁销自动落销完成工作状态锁位;当给电磁销加电拔销时,电机由于安装于转子中的涡线弹簧反力作用,自动恢复到安全状态。这种安全机构对电源的正、负极性无特殊要求。

8.3.3　安全机构主要性能参数

根据功能要求和使用要求,安全机构的主要性能参数包括以下几个方面。

1.电性能参数

(1)电机、电磁销额定工作电压、工作电流;

(2)电机、电磁销允许连续加电时间;

(3)电机、电磁销电阻;

(4)安全、工作状态开关接触电阻;

(5)绝缘性能要求;

(6)状态转换时间等。

2.结构性能参数

(1)密封性能要求;

(2)承压性能;

(3)机械接口参数等。

3.隔爆、传爆性能参数

(1)隔爆性能;

(2)传爆性能。

4.其他性能参数

(1)结构质量;

(2)状态转换寿命;

(3)贮存寿命等。

8.3.4　安全机构设计

1.一般要求

以任务书为依据,以满足顾客需求为宗旨,充分考虑产品的使用条件,包括温度、电磁、力学等环境条件以及可靠性、安全性、维修性等要求。另外,在产品设计中也要参照相关规范或标准,不能与现行有效的规范或标准相违背。下面以目前最为广泛使用的机电式安全设计为例,简要介绍其设计内容。

2.电气设计

在电气设计中,要考虑到元器件的降额设计、裕度设计、电磁兼容性设计以及防差错设计等内容。

3.电连接器的选型

电连接器为标准件,建议根据安全机构电气接口要求选用成熟的、现有的型谱。选型时要从安全机构工作电压、工作电流、通电时间、密封要求、承压要求、电磁屏蔽要求以及温度、湿度、高度要求等方面进行综合考虑。

4.电机设计

依照任务书要求,对安全机构承受的电磁环境、力学环境进行初步的力学分析或计算,确定电机克服转动力矩的合适范围。然后根据结构尺寸要求,确定电机的轮廓尺寸,在尺寸限定的条件下,根据工作电压、电流、工作时间、散热条件等,通过优化设计确定线包漆包线的直径、匝数、电阻等设计参数。根据初步设计进行样机研制,通过试验验证对原有设计进行修改和完善。

5.电磁销设计

电磁销用于工作状态或安全状态的锁位,先根据安全机构使用条件下的过载要求,对电磁销承受的拔销力进行计算,并考虑一定的裕度。与电机设计类似,通过优化设计,最后确定电磁销电阻、电磁销行程以及弹簧力大小等设计参数。

6.状态开关设计

常见的状态开关为机械式开关,由动、静触片组件等组成。当安全机构分别处于安全状态、工作状态时,转子上的挡块将动触片与静触片压紧,实现安全状态开关或工装状态开关的闭合,并通过外电路将安全机构所处状态显示出来。

在状态开关设计中,重点考虑状态开关的变形、接触电阻以及长时间接通小电流条件的容量等参数。

状态开关触片应具有良好的弹性,在长时间施加外力作用后仍能够恢复弹性。状态开关触头一般选用银材料,以提高其导电性能,确保状态开关显示的稳定性。

7.结构设计

结构设计主要包括密封、承压及接口设计等内容。

8.密封设计

密封设计考虑安全机构在使用环境条件下,能够防止外部温、湿度等条件对安全机构内部结构产生不良影响。通常在与外界的接口部位采用O形密封圈等措施进行密封。

9.承压设计

承压设计主要针对安装于固体火箭发动机头部的安全机构而提出。发动机在工作过程中,安全机构要承受发动机长时间高温、高压燃气作用,因此对安全机构壳体、电连接器以及密封部位的承压能力有较高要求。

选用的电连接器须具备耐高温、耐高压能力,如选用玻璃烧结结构的电连接器;壳体采用钛合金材料;与发动机的密封部位采用O形密封圈和螺栓密封,总体的机械接口参数,如安装形式、安装孔的孔间距等依据总体要求确定。

10.传爆序列设计

按照火工品设计规范对安全机构进行隔爆、传爆设计。要求安全机构处于安全状态,当输入端所装火工品或内装火工品发火时,安全机构应确保输出端所装火工品不被引爆或结构破坏;安全机构置于工作状态,当输出端所装火工品发火时,安全机构应确保输出端所装火工品可靠引爆、隔爆、传爆后,安全机构应外部结构完整。另外在设计中还要考虑安全机构的电磁兼容设计。

8.3.5　国内几种安全机构应用实例

1.A 型安全机构

A 型安全机构目前有基本型和改进型两种。其突出优点是采用双路独立的冗余设计技术。每路均由两个电机、两个电磁销、两个保险状态开关以及两个工作状态开关等组成。安全机构安全工作状态转换可逆,可提供状态显示信号,根据需要可在地面和空中解除。

它与导爆索组件等非电传爆元件相结合,可以实现远距离安装(如导弹舱壁等),安装、检测、维修方便,与发动机无接口,因此不受发动机工作影响,对安全机构的壳体承压能力也无特殊要求。

2.B 型安全机构

B 型安全机构的特点是结构简单,零部组件相对较少,安全机构外形小、结构质量小。

B 型安全机构属单路设计,由壳体、电连接器、电机、电磁销、状态开关及内装钝感电爆元件等组成。与 A 型系列安全机构类似,B 型安全机构与导爆索组件、隔板点火器等非电发火元件构成远距离发火装置点火系统。

与 A 型安全机构工作过程不同,B 型安全机构从保险到工作或从工作到保险的状态转换过程为:先给电磁销加电,延时,电机加电,外转子转动,电磁销落销,即每次动作电磁销、电机均要加电。

3.C 型安全机构

近几年,国内相关兄弟单位研制了一种新型安全机构。该机构的突出特点是仅采用电机作为驱动装置,状态的锁位与 A 型、B 型安全机构不同,采用滚珠限位,因此结构简单、质量小。

机构采用力矩电机作为驱动装置,带动开有螺纹槽的驱动杆转动。用于隔爆的挡块有一销钉,可在驱动杆螺纹槽滑动,从而将电机的转动转变为挡块的直线运动。

该安全机构为单路设计,但火工品为冗余设计,机构内部不含火工装置。通过电机的正反转,带动挡块做往返直线运动,实现传爆通道的错开或对准。

8.4　点火装置设计

8.4.1　点火装置设计要求和依据

1.点火装置设计要求

点火装置的设计对发动机点火过程影响很大。对点火装置设计的基本要求如下:

(1)点火性能要好。点火性能好的重要标志就是,发动机在低温下点火正常,点火加速时间满足要求,且高温下不会产生过大的点火压力峰。

(2)工作可靠性要高,即点火装置不失效、不瞎火。因此,在点火装置设计中,就要充分考虑其强度,确保它能够承受运输、勤务处理时的加速度、冲击和振动载荷;在可能遇到的高温、低温、潮湿和腐蚀的环境中,能够确保其点火性能;在生产过程中,要进行严格的受载检验和环境检验。

(3)使用安全性好,即点火装置能在承受规定的杂散电流、静电感应和射频电磁感应时不引起发火系统发火。因此,在发火系统设计中,应保证它有足够大的安全电流,选用钝感发火系统或安装安全保险装置。

(4)尺寸要求,即点火装置的接口尺寸要与发动机结构相适应,质量应尽可能小。

2. 点火装置的设计依据

点火装置的设计依据为点火装置设计任务书。根据固体发动机的有关参数进行设计,发动机的主要参数如下:

(1)固体发动机的直径。小火箭式点火装置主要用来点燃大型固体火箭发动机,即直径在1 m以上的发动机,而篮式点火装置主要用来点燃中小型固体火箭发动机,即直径在1 m以下的发动机。当然,这也不是一成不变的,要根据固体发动机的具体要求,具体问题具体分析。

(2)发动机的初始自由容积。一般来说,发动机的初始自由容积越大,点火装置所需要的点火药质量越大。对于中小型发动机,其初始自由容积是设计点火装置点火药量的一个重要依据。

(3)喷管的形状及喷管喉径。喷管形状是影响点火装置设计药量的一个重要依据。发动机为直喷管,点火装置工作能量损失相对较多,要使发动机正常点火所需能量就多。如果发动机为斜喷管,点火装置工作时能量利用率就高,发动机正常点火所需能量就少。喷管喉径也是决定点火装置装药量的一个因素,喷管喉径越大,点火装置工作时产生的能量从喉径排出越多,损失越大,要使发动机正常点火所需能量也多。喷管喉径越小,点火装置工作时产生的燃气从喉径排出相对较小,能量损失相对较小,发动机正常点火所需能量就少。喷管喉径是设计火箭发动机点火装置装药量的一个决定因素。

(4)发动机燃烧室平均压强和最大压强。发动机燃烧室平均压强是用来估算点火药量和点火药柱质量的主要参数,且最大工作压强是设计发动机顶盖的决定性参数。

(5)发动机装药参数和质量。发动机装药参数主要包括装药配方、燃速及初始燃面。对于难点火、低燃速、大燃面、质量大的发动机,在估算点火药量时应适当增加,以利于发动机的正常点火,缩短发动机的点火加速时间。对于易点火、高燃速、小燃面和质量小的发动机,点火装置装药量应适当减少,防止产生过高的点火压强峰。

(6)工作环境。环境条件也是影响发动机点火药量的一个重要因素。对于同一种发动机,其工作条件不同,所需的点火药量也各不相同。对于在高空和低温环境中工作的发动机,其点火药量就比在低空和高温环境中工作的同种发动机要多。且根据我国几十年的发动机研制经验可得出:发动机低空点火时,可选的点火药种类较多,而对于高空点火,则需要选择高能点火药。

8.4.2 电发火管的选择

点火装置设计中一个很重要的任务就是选择合适的发火元件。点火装置的发火元件,应用较广泛的是电发火管,而用得较多的是灼热桥丝式的电发火管和桥带式电发火管。发火元件经历了从简单到复杂、从低级到高级、从敏感到钝感的发展历程。目前常用的均是钝感电发火管,下面简要介绍常用的电发火管的结构及性能。

1.对电发火管的基本要求

为保证发动机的安全,一方面要求火工品对可能出现的机械、热、电磁环境具有一定的抵抗能力,不会因此而发生误发火;另一方面又要求对可能出现的故障采取足够的、有效的安全防范措施,降低或消除环境的不利因素,以避免故障的发生。电发火管的选择应遵循以下原则:

(1)尺寸满足要求。

(2)在规定条件下,发火可靠。

(3)使用安全性好。为此,要求它对摩擦、冲击和振动等的敏感性低。对杂散电流和大气放电等抗干扰能力强,因此应选用钝感电发火管(1 A,1 W,5 min 不发火)。

(4)长期贮存时性能稳定。运输、使用和勤务处理时,不易损坏,防潮性能好。

2.电发火管的结构、性能及应用范围

目前,用于发动机点火的电发火管种类很多,表8-1列出了点火装置几种常用的电发火管的性能。

表 8－1　几种常用的电发火管的性能

性能	型号				
	WXD100-1 钝感电点火头	DHQ-3 系列 电发火管	FSJ2-19A 双桥 带电发火管	GBQ2-6A 双桥 带隔板点火器	FSJ2-23B 单桥带电爆管
电桥形式	双电引火头	单桥	双桥	双桥	单桥
装药	小粒 1 号 黑火药 2 g	三硝基间苯 二酚铅、烟火药		三硝基间苯 二酚铅、黑火药	三硝基间苯 二酚铅、太安
单桥电阻 /Ω	0.2～0.5	1.0～1.4	0.9～1.2	0.9～1.2	0.9～1.2
绝缘电阻 /MΩ	≥5				
耐电强度					500 V/1 min 不击穿
抗静电性能	500 pF/25 kV(串 5 kΩ)				
单桥发火电流 /A	5				
发火时间 /ms	≤50				
安全性能	1 A,1 W,5 min 不发火				
安全测试电流 /mA	≤50				
抗电强度			0.5 kV·A, 500 V,1 min	500 V,1 min	

8.4.3　篓式点火装置设计

点火装置应在规定的点火加速时间内点燃主装药,并维持其正常燃烧。因此,点火装置设计的任务就是:① 提供足够的的点火热流量;② 燃烧时间应适当,一般要略大于发动机要求的点火加速时间；③ 在燃烧室内产生一定的点火压力，能够保证发动机装药部分表面在短时间内点燃。

篓式点火装置设计的主要任务就是选择点火药，确定点火药量。下面简要介绍点火药选择的原则及目前常用的几种点火药。

1. 点火药的选择

（1）点火药的选择应遵循下列原则：

1）能量特性高。燃烧温度高，爆热或火药力大。

2）点燃性好。在低温下易于点燃，对高空工作的发动机还要求其在低压下易于点燃，因此要求其点燃温度及临界点火压力均要低。

3）燃烧产物有大量的固体微粒，也要有适量的气体。固体微粒含量高，可以增加炽热固体微粒与推进剂的热传导、热辐射，加快发动机的点火过渡过程；适量的气体含量能够建立适当的点火压力，并迅速包围主装药，加快发动机的点火过渡过程。

4）安全性好。在运输、贮存或勤务处理时，有较好的稳定性，不易破坏或发火。温度敏感性和吸湿性低，不易氧化、变质等。

（2）点火药种类。能够满足上述要求的点火药种类比较多，在此，只介绍几种常用的和新型的点火药。

1）黑火药。黑火药是硝酸钾（75％）、木炭（15％）和硫（10％）的机械混合物。它是国内外广泛使用的一种点火药，属于有烟火药的一种，燃烧时，硝酸钾是氧化剂，放出硫和木碳燃烧时所需要的氧，而硫和木炭是燃烧剂，硫同时起胶合作用，使黑火药易于造粒。它的主要特点有：

（a）热敏感度高，点燃温度约为 300℃，通常用低能量发火管就可以引燃。

（b）燃烧产物有大约 60％ 的固体炽热微粒和 40％ 的气体。固体微粒含量高，可以增加炽热固体微粒与推进剂的热传导、热辐射，而适量含量的气体能够产生适当的点火压力，使发动机的点火过渡过程加快。

（c）机械感度低，在生产、运输、贮存、勤务处理和使用时，有较好的稳定性和安全性。

（d）价格较低。

（e）能量相对较低，爆热约 2 450 kJ/kg，火药力约 $29×10^4$ N·m/kg，燃烧温度约 2 590 K。

（f）易受潮，黑火药放在不密封的容器中时容易受潮。当其含水量超过 2％ 时，不易点燃。

上述特点使得黑火药成为许多点火装置中不可替代的点火药，它尤其适用于点燃双基推进剂，与某些高能烟火剂组合，点燃复合推进剂效果较好。

我国生产的黑火药，按药粒可分为 7 种：大粒 1 号、大粒 2 号、小粒 1 号、小粒 2 号、小粒 3 号、小粒 4 号和药粉。大粒燃烧时间长，燃烧面积小，能量释放速度慢，压力升高速度也慢。小粒燃烧时间短，燃烧面积大，易产生过高的点火压力峰。若燃烧时间过短，小于主装药的点火延迟期，则发动机不能正常点燃。因此在设计时，一定要合理选择药粒的大小。

2）硼-硝酸钾点火药。硼-硝酸钾点火药由硼粉（23.7％）、硝酸钾（70.7％）和黏合剂（5.6％）混合成的药剂压制成药环、药柱和药片。硼-硝酸钾点火药称为 BPN-1 点火药。其配方、性能与美国的硼-硝酸钾点火药十分接近。该点火药燃烧时，硝酸钾是氧化剂，硼是燃烧剂。

它的主要特点有：

（a）低压下易点燃。

（b）燃烧产物有大约 36% 的固体炽热微粒和 64% 的气体。炽热固体微粒含量比较高，它附着在推进剂的表面，与推进剂的热传导、热交换、热辐射更快、更直接，有利于发动机的点火。含气量多，在燃烧室里能够产生适当的点火压力，并迅速包围主装药，可加快发动机的点火过渡过程，且不易产生过高的压力峰。

（c）能量相对较高，爆热约 6 270 kJ/kg，燃烧温度约 3 000 K。

（d）发火点高，一般要用大能量的发火管或加强药才能使其点燃。

（e）贮存稳定性差。

（f）价格较高。

（g）易吸湿，一般需要存放于密闭的容器中，在装配使用时，要进行烘干处理。它比较适合点燃复合推进剂，高空点火效果较好。

除硼-硝酸钾点火药以外，还有其他与之相类似的烟火剂式点火药，例如镁-聚四氟乙烯、Al-KClO$_4$ 等。它们与硼-硝酸钾点火药的性能相类似，在此不一一列举。

下面介绍下几种新的点火药。

3）新型高能点火药。当前，国内正在研制一种新型的高能点火药，这种点火药以 Mg-Al 合金粉作为可燃剂，有效氧含量高的 KClO$_4$ 作为氧化剂，并在其中加入奥克托金（HMX），奥克托金是一种硝胺类炸药，使点火药爆热值达到 9 000 J/g，固体含量降到 20%，从试验结果看，HMX 的加入使高能点火药的能量输出保持在比较稳定的热值范围内，使点火药比容明显增加，撞击感度明显提高，更有利于推进剂的点火。

国外已开始将由金属粉和 HMX 组成的点火药应用于某种点火器。俄罗斯在爆破作业中也使用了这种加有 HMX 金的点火药。

4）硼系延期药。硼系延期药由硼粉、BaCrO$_4$、Pb$_3$O$_4$ 在加入一定量的黏合剂后，经过一定的工艺条件混合造粒而成。硼系延期药在接受初始能量（发火元件施加的）后，在较低温度下，硼粉先与 Pb$_3$O$_4$ 反应，放出热量，随温度的迅速增高（大于 800℃），硼粉与 BaCrO$_4$ 发生反应，并进入稳定燃烧状态。硼系延期药属国内使用的新型药剂，具有延时时间精度高，延期时间短，燃烧温度高，点火能量足等优点，也可作为常规点火药使用。这种点火药对于点火加速要求延期的发动机有特别的用途。

2.点火药量计算

固体火箭发动机点火装置设计中最重要的任务之一就是计算点火药量，合适的点火药量的标准就是发动机低温试验的点火加速时间满足总体要求，而发动机的高温试验不会产生过大的点火压力峰。

点火系统的设计方法，相对来说经验较多，也就是说点火系统是先设计、后试验、再设计、再试验的研制过程。在研制初期，其设计是根据同类发动机的类比，再根据半经验的公式进行初步设计，并初步确定发动机点火药量。点火药量是否合适，单项试验无法验证，只有发动机试车才能验证，通过调整点火药量的方式，由发动机试验进行验证，即经过多次反复试验才能最终确定合适的点火药量。

（1）用黑火药点火时点火药量的估算。

1）根据所需的点火压力估算点火药量。由于黑火药颗粒较小，燃烧迅速，且发动机通常有堵盖，故可以认为点火药是在密闭的燃烧室内燃烧的。根据气体方程可以得到点火药量计算公式

$$m_{ig} = \frac{p_{ig}V_g}{xf_1} \times 10^3 \tag{8-1}$$

式中：p_{ig}——点火压强，对复合药，大型发动机取点火压强 $p_{ig} = 1$ MPa；

V_g——发动机初始自由容积；

x——能量损失修正系数，取 $x = 1$；

f_1——火药力，N·m/kg。

2）根据所需的点火能量估算点火药量

$$m_{ig} = \frac{qs}{Q_1} \tag{8-2}$$

式中：Q_1——黑火药爆燃，$Q_1 = 585$ cal/g，1 cal/g = 4.182 J/g；

q——点燃单位装药表面积所用的点火燃气能量（cal/cm²，1 cal/cm² = 4.182 J/g）；

s——装药燃烧面积，cm²。

还有一个经验公式，它是根据装药的通气面积和装药长度来估算点火药量的。

$$m_{ig} = 4.65 \times 10^{-2} A_p^{1.1} L^{0.72} \tag{8-3}$$

式中：A_P——通气面积，cm²；

L——装药长度，cm。

3）根据小型发动机统计而得的经验公式

$$m_{ig} = 0.95(V_g S A_P L)^{0.32} \tag{8-4}$$

式中：V_g——发动机初始自由容积，dm³；

S——装药燃烧面积，dm²；

A_P——通气面积，cm²；

L——装药长度，cm。

（2）用烟火剂点火时点火药量的估算。

1）根据所需的点火压力估算点火药量。根据发动机总体提供的有关参数，对具有喷管密封堵盖的固体火箭发动机，把燃烧室初始自由容积看作是密闭容器，因此点火器是在密闭的燃烧室内燃烧的，点火药量可根据如下公式计算：

$$m_{ig} = \frac{Kp_{ig}V_g M_{ig}}{(1-\varepsilon)RT_{big}} \tag{8-5}$$

式中：p_{ig}——点火压强（Pa），一般取燃烧室平均压强的 30% ～ 40%，也有取 1.0 MPa；

V_g——发动机初始自由容积，m³；

ε——点火药燃气中固体微粒的百分数，BPN 一般取 0.36。黑火药一般取 0.6 ～ 0.8；

R——摩尔气体常数，$R = 8.31$ J/mol·K；

M_{ig}—— 点火药燃气的摩尔质量，$M_{ig} = 59.6 \text{ g/mol}$；

K—— 点火药量修正系数，一般取 $1.2 \sim 1.5$ 之间；

T_{big}—— 点火药燃气的定压燃烧温度，K，一般取 3 000 K。

2）根据所需的点火能量估算点火药量：

$$m_{ig} = \frac{116.5}{Q_1} q_c^{1.06} S^{0.435} A_p^{0.313} L^{0.625} \tag{8-6}$$

式中：Q_1—— 点火药爆燃，cal/g；

q_c—— 点燃单位装药表面积所用的点火燃气能量，cal/cm²；

S—— 装药燃烧面积，cm²；

A_P—— 通气面积，cm²；

L—— 装药长度，cm。

3）根据同类发动机类比来估算点火药量：

$$m_{ig} = m_{ig0} \left(\frac{S}{S_0}\right)^{0.435} \left(\frac{L}{L_0}\right)^{0.625} \left(\frac{A_p}{A_{P0}}\right)^{0.313} \tag{8-7}$$

式中：S—— 装药燃烧面积，cm²；

A_P—— 通气面积，cm²；

L—— 装药长度，cm；

m_{ig0}—— 同类发动机的点火药量；

S_0—— 同类发动机的装药燃烧面积，cm²；

A_{P0}—— 同类发动机的通气面积，cm²；

L_0—— 同类发动机的装药长度，cm。

3. 篓式点火装置壳体设计

根据所估算的点火药量，选取合适的点火药尺寸，这样点火装置壳体主要结构尺寸就确定了，从而点火装置的装药燃面 A_{bi} 也就确定了。下面介绍点火装置壳体排气孔面积的计算。对烟火剂大圆环药柱点火器，用下面经验公式估算排气孔面积：

$$A_{ti} \geqslant \xi \times A_{bi} \tag{8-8}$$

式中：A_{ti}—— 点火器排气孔面积；

A_{bi}—— 点火器药柱最大燃面；

ξ—— 点火器排气孔面积与点火药柱最大燃面之比，一般取 0.09。

点火器实际排气孔面积应稍大于估算的排气孔面积，才能使点火药生成的燃气顺利排出，以保证安全可靠点火。根据点火器设计尺寸，在点火器壳体周围均布若干个直径相同的排气孔，同时在点火装置壳体底部开一个直径合适的排气孔，以使实际排气孔面积大于估算的排气孔面积。

8.4.4　小火箭式点火装置设计

根据发动机的特点，选用合适的点火推进剂，一般选用燃速较高的推进剂或与主发动机类型相同的点火推进剂。点火发动机的药柱通常选用大燃面、薄肉厚的轮辐形或星形装药。下面只讨论轮辐形装药的装药量计算。

目前,国内外点火发动机的特点有燃气流量大、工作时间短,因此点火发动机的药型基本上都是选用燃烧面积大,肉厚小的典型车轮形($e_1 = e_2 = e_3$)(或星形)装药。下述只介绍典型车轮形装药的点火发动机设计及计算。典型轮辐形药柱几何参数如图8-7所示。具体计算方法详见任全彬等编著的《固体火箭发动机设计技术基础》。

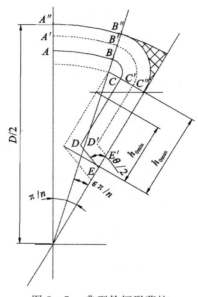

图 8-7　典型轮辐形药柱

8.4.5　顶盖设计

顶盖是点火装置与发动机燃烧室连接的重要部件,常规的顶盖设计为平板式,与发动机燃烧室的连接可以是法兰连接,也可以是螺纹连接。随着发动机直径越来越大,出现了椭球形顶盖。平板顶盖结构简单、质量小、加工方便、受力状态较差,比较适合中小发动机使用。椭球形顶盖加工工艺复杂、质量小、受力状态是同厚度平板顶盖的四倍以上,适合大型发动机使用。

1.平板顶盖厚度设计

(1)平板顶盖厚度计算。顶盖与发动机燃烧室采用法兰连接形式,顶盖主体为平板式,目前材料常选择合金钢、钛合金或铝合金,计算按圆形板周边固支,横向均布连续载荷。其壁厚 δ 按下式计算:

$$\delta = \frac{D}{2} \sqrt{\frac{K p_{\max}}{[\sigma]}}$$

$$(8-9)$$

式中:D—— 顶盖直径,mm;

　　$p_{\max}$—— 发动机最大工作压强,MPa;

　　K—— 考虑边缘支撑情况的修正系数,$K = 0.75$;

　　$[\sigma]$—— 材料的许用应力,MPa。

(2)顶盖体爆破压强计算。对于圆板顶盖体,爆破压强按下式计算:

$$p_b = \frac{\delta^2 \sigma_b}{0.49R^2} \qquad\qquad (8\text{-}10)$$

式中：δ——顶盖体厚度，mm；

　　　σ_b——材料抗拉强度，MPa；

　　　R——顶盖体与发动机连接螺栓中心分布圆半径，mm；

　　　p_b——爆破压强，MPa。

2. 椭球顶盖

（1）椭球顶盖厚度计算。椭球顶盖与发动机燃烧室采用法兰连接形式，一般选取椭球顶盖的椭球比为 1∶2，厚度按式（8-11）计算：

$$\delta = \frac{mR p_b}{2\sigma_b} \qquad\qquad (8\text{-}11)$$

式中：δ——壁厚，mm；

　　　p_b——顶盖爆破压强，MPa；

　　　R——椭球大半径，mm；

　　　σ_b——材料抗拉强度，MPa；

　　　m——椭球比，$m=2$。

（2）顶盖爆破压强计算

$$p_b = \frac{2\sigma_b \delta}{mR} \qquad\qquad (8\text{-}12)$$

式中：δ——实际壁厚，mm；

　　　p_b——顶盖实际爆破压强，MPa；

　　　R——椭球大半径，mm；

　　　σ_b——材料抗拉强度，MPa；

　　　m——椭球比，$m=2$。

一般来说，顶盖厚度的安全系数取 1.5，因此顶盖厚度实际为计算厚度的 1.5 倍。顶盖加工后，必须按照发动机最大压强的 1.2 倍打水压进行强度检验。

3. 顶盖的热防护

顶盖热防护的目的是：保证顶盖在发动机工作过程中不被烧穿或者受热失强。

（1）顶盖绝热材料的要求。顶盖绝热层、绝热套是顶盖的关键部件之一，其设计厚度不当，有可能使顶盖局部被烧穿，从而使发动机工作失效，一般对所选的绝热材料有如下要求：

1）有较低的烧蚀率；

2）无腐蚀作用；

3）耐高温；

4）抗老化性能好。

为避免顶盖体与高温、高压燃气直接接触，选用 9621 橡胶作为顶盖绝热层材料，选用模压高硅氧为绝热套材料。9621 橡胶、模压高硅氧两种材料均为耐烧蚀、性能稳定、工艺成熟的绝热材料，在多种型号的绝热顶盖设计中广泛应用。9621 橡胶主要性能参数见表 8-2，模压高硅氧主要性能参数见表 8-3。

表 8 - 2   9621 橡胶主要性能参数

材料	密度 /g · cm⁻³	氧乙炔烧蚀率 /mm · s⁻¹	抗拉强度 /MPa	延伸率 /(%)	导热系数 /kJ · (m · h · ℃)⁻¹
9621 橡胶	≤ 1.26	<0.18	≥ 4	≥ 260	≤ 0.26

表 8 - 3   模压高硅氧主要性能参数

材料	密度 /g · cm⁻³	氧乙炔烧蚀率 /mm · s⁻¹	抗拉强度 /MPa
模压高硅氧	≥ 1.6	<0.15	≥ 7.14

（2）绝热层、绝热套厚度设计。目前，绝热层、绝热套厚度设计还是利用经验来进行确定的，其简化方法就是根据同类型发动机顶盖绝热层、绝热套烧蚀厚度设计确定一个厚度，通过点火试验解剖绝热层，并实测其烧蚀厚度，然后除以在燃气中暴露的时间，就可以得到绝热层、绝热套的烧蚀率 v，并不断改进、完善。顶盖绝热防护结构见图 8 - 8。

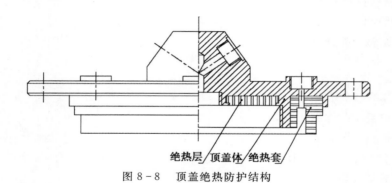

绝热层／顶盖体／绝热套

图 8 - 8   顶盖绝热防护结构

假设绝热层、绝热套厚度被烧蚀掉一部分，各部位烧蚀均匀，且烧蚀率 v 不变，则：

$$\delta = Kvt \tag{8-13}$$

式中：K —— 安全系数，通常取 $K \geqslant 1.5$；

$\quad v$ —— 烧蚀率，mm/s；

$\quad t$ —— 发动机工作时间，s。

8.5   点火装置仿真技术

本书针对某发动机工作初期的点火瞬态问题，建立了数值计算模型，研究头部点火过程中整个火焰传播和燃气填充的过程，为发动机的点火结构优化提供基础。

8.5.1   计算工况确定

该发动机采用前后翼柱型装药，小火箭式点火装置。为简化计算，加快收敛，将发动机模型简化为二维轴对称结构，将小火箭点火装置简化为环形开孔。

8.5.2　计算区域网格划分与监测点布置

1.网格划分

网格划分采用结构化与非结构化混合网格(见图 8-9),近壁面加密处理,网格数量约为 30 万个。

图 8-9　发动机点火瞬态网格划分(彩图见插页)

2.压强监测点设置

在发动机燃烧室内的不同位置设置多个压强监测点,对计算过程中压强随时间的变化过程进行了监测和记录,这 3 个点的分布分别为:

监测点 1:位于发动机点火质量入口处;

监测点 2:位于发动机主流通道;

监测点 3:位于发动机喷管堵盖附近。

在这些点上监测的压强随时间变化的数据为后续喷管堵盖打开时间与燃烧室流场的输运规律分析提供了最直接的依据。

3.点火压强曲线拟合

发动机实测点火器压强曲线如图 8-10 所示,对压强曲线进行多段拟合,拟合后的点火器压强曲线如图 8-11 所示,在此基础上拟合点火质量流量曲线,作为编写 UDF 的依据。

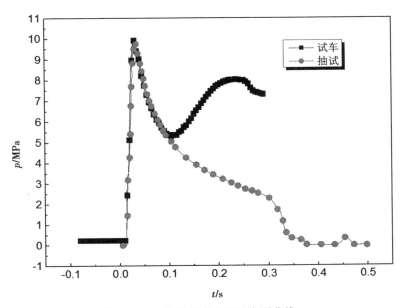

图 8-10　发动机点火压强实测曲线

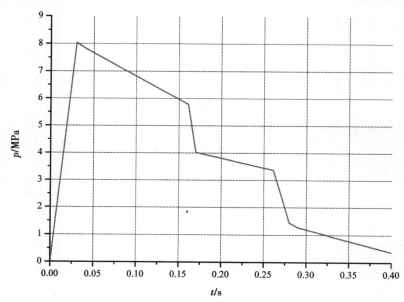

图 8 - 11　拟合后的点火器压强曲线

4. UDF 程序

UDF 子程序主要分为三个部分,第一部分为定义入口质量通量随时间的变化,第二部分为定义推进剂质量通量随时间的变化,第三部分为定义推进剂燃气温度。具体参考如图 8 - 12 所示。

```
定义入口质量通量随时间的变化
*************************************************************/
#include "udf.h"
DEFINE_PROFILE(mass_profile, t, i)
{
face_t f;
real current_time;
current_time = RP_Get_Real("flow-time");
begin_f_loop(f, t)
{
/***稳定质量流率为5.0**/
if(current_time<0.01)          //为了保持计算稳定,燃气流量在0.01s内由0达到5.0
{
    F_PROFILE(f, t, i) = current_time/0.01*5.0;
}
else if(current_time<0.25)
{
    F_PROFILE(f, t, i) =5.0;
}
else
{
    F_PROFILE(f, t, i) =0.01;
}
end_f_loop(f, t)
}
}
```

图 8 - 12　UDF 子程序

定义推进剂质量通量随时间的变化

```
****************************************************************/
DEFINE_PROFILE(combustion_f,ft,i)
  {
    face_t f;
    cell_t c;
    Thread *ct;
    real pressure;    /*推进剂表面cell压强*/
    real temperature;      /*推进剂表面cell温度*/
    real a,n,density;      /*推进剂燃速参数*/
    a=0.0000384;
    n=0.35;
    density=1795.0;
  begin_f_loop(f,ft)
      {
        c=F_C0(f,ft);
        ct=THREAD_T0(ft);
        temperature=C_T(c,ct);
        pressure=C_P(c,ct);
        if(temperature>800.0)   //临近推进剂网格温度达到800K之后，开始加质，流量按燃速公式计算得到
        {
            F_PROFILE(f,ft,i) = a*pow(pressure,n)*density;
        }
        else                          //低于800K时，不能设置为0，不然容易出错，设置成一个小值
        {
            F_PROFILE(f,ft,i) =0.01;
        }
      }
    end_f_loop(f,ft);
  }
```

定义推进剂燃气温度

```
****************************************************************/
    DEFINE_PROFILE(combustion_t,ft,i)
  {
    face_t f;
    cell_t c;
    Thread *ct;
    real temperature;    /*推进剂表面cell温度*/
  begin_f_loop(f,ft)
      {
        c=F_C0(f,ft);
        ct=THREAD_T0(ft);
        temperature=C_T(c,ct);
        if(temperature>800.0)
        {
            F_PROFILE(f,ft,i) = 3400.0;
        }
        else                          //低于800K时，由于仍然在加质，不是0，所以，推进剂的加质燃气的温度设置为300K
        {
            F_PROFILE(f,ft,i) =300.0;
        }
      }
    end_f_loop(f,ft);
  }
```

续图 8-12　UDF 子程序

8.5.3　计算过程操作

1. 网格的操作

（1）读入网格文件：选择 File → Read → Case…。

（2）检查网格：选择 Grid → Check，检查网格的一个重要原因是确保最小体积单元为正值，Fluent 无法求解开始为负值的体积单元。

2. 模型操作

（1）选择求解器模型：选择 Define → Models → Solver…，选择基于压力的二维耦合稳态求解，如图 8 - 13 所示。

（2）激活能量方程：选择 Define → Models → Energy，勾选能量方程复选框，激活能量方程。

（3）选择湍流模型：选择 Define → Models → Viscous，在弹出的黏性模型项中激活 k-e 模型，如图 8 - 14 所示。

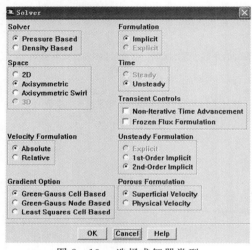
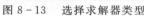

图 8 - 13　选择求解器类型

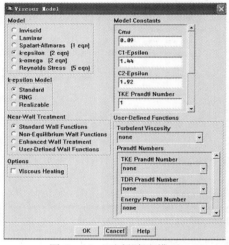

图 8 - 14　选择湍流模型

3. 定义材料属性

选择 Define → Materials，流体物质为空气，密度选择理想气体 ideal-gas，黏性（Viscosity）选择 user-defined，热导率（Thermal Conductivity）选择 user-defined，同时，根据热力计算结果，输入燃气的定压比热为 3 890.29，气体常数为 29，见图 8 - 15。

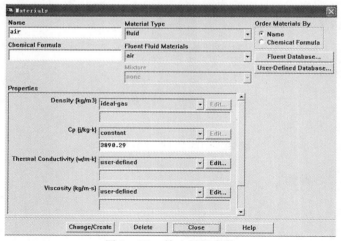

图 8 - 15　输入材料参数

4.压强监测点布置

为了获取流场点火瞬态过程压强随时间变化的数据,需要在燃烧室不同区域布置压强监测点。一般选取点火质量入口、主流通道、喷管堵盖等区域。具体监测点布置及参数设置如图8-16、图8-17所示。

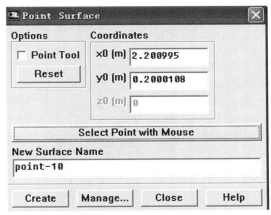

图 8-16　流场区域压强监测点布置

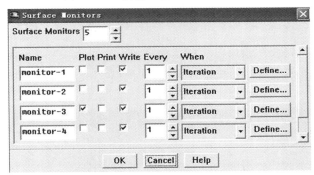

图 8-17　流场区域压强监测点设置

5.定义边界条件

(1)UDF调用及编译:固体发动机点火瞬态UDF程序通过C语言进行编写,Fluent中的编译分为Interpreted 和 Compiled 两种,如图8-18所示。

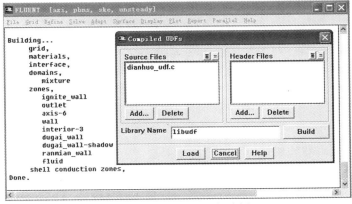

图 8-18　UDF 调用与编译

（2）点火质量入口边界：点火质量入口设置为 Mass-Flow-Inlet，通过 UDF 实现，如图 8-19 所示。

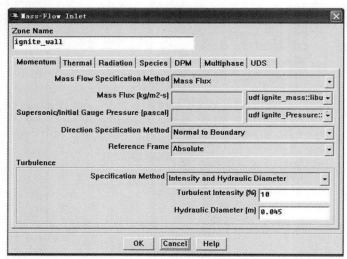

图 8-19 点火器质量入口设置

（3）装药质量入口边界：装药质量入口依据燃面温度是否达到点火温度确定，小于点火温度时设置为 Wall，如图 8-20 所示。大于点火温度时设置为 Mass-Flow-Inlet，通过 UDF 实现。

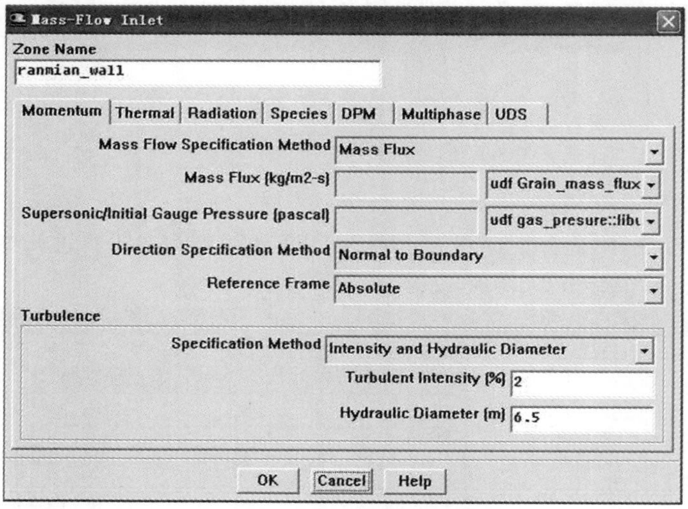

图 8-20 装药质量入口设置

（4）喷管堵盖边界：喷管堵盖边界的设置依据是堵盖附近监测点压强的大小，当监测点压强小于堵盖打开前压强时边界设为 Wall，如图 8-21 所示，当监测点压强大于堵盖打开后压强时边界设为 Interior，如图 8-22 所示。本书将喷管堵盖设置在出口位置。

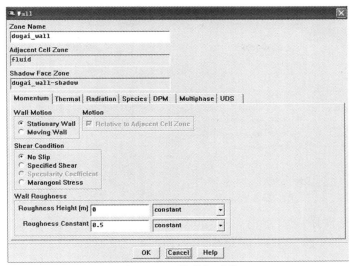

图 8 - 21　堵盖打开前

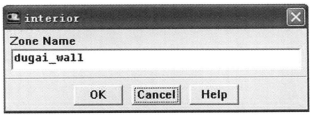

图 8 - 22　堵盖打开后

（5）出口边界条件：出口边界条件选择压力处理 pressure - outlet，如图 8 - 23 所示。

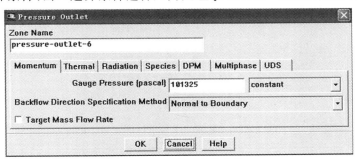

图 8 - 23　出口边界条件

（6）固壁面条件：固壁面选择 Wall，默认选择无滑移边界条件 No Slip，绝热条件。

6. 求解设置

（1）设置求解控制参数：选择 Solve → Controls，将松弛因子调低至 1，选择 Coupled 算法。此处也可选择 simple 算法，如图 8 - 24 所示。

（2）设置初始条件：选择 Solve→ Initialization→ Initialize，设置初始压强为 0.1e6 Pa，温度为 293 K。

（3）残差设置：选择 Solve → Monitors → Residual，将 continuity，x-velocity，y-velocity，energy 等项修改为 1e-6，以提高计算精度，如图 8 - 25 所示。

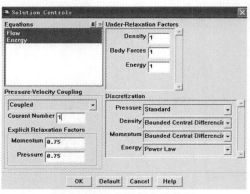

图 8 - 24　求解器参数设置

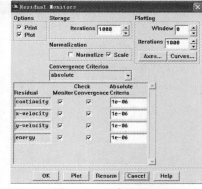

图 8 - 25　残差设置

（4）气相非稳态计算：选择 Solve → Run Calculation 执行计算，设置迭代步数 200 000 步，迭代步长 0.000 01 s，单击 Calculate 开始计算，如图 8 - 26 所示。

（5）保存结果：此步骤操作为保存气相非稳态计算结果，选择 Flie → Write → Case & Data，如图 8 - 27 所示。

图 8 - 26　迭代参数设置

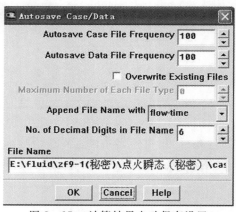

图 8 - 27　计算结果自动保存设置

8.5.4　后处理

1. 燃烧室气流温度分布

发动机燃烧室内部点火瞬态温度云图如图8-28所示，从不同时刻燃烧室内部温度场的分布云图可以看出，在发动机的初始点火时刻，从点火装置喷射出的高温燃气先在0.01 s时刻将发动机前翼槽和装药圆柱段连接处的装药表面点燃。然后随时间的推进，装药翼槽由下往上逐渐被点燃，同时火焰的前锋位置也迅速向发动机装药的圆柱段方向推进，约 $t = 0.01$ s后，整个前段燃烧室燃面已经全部点火成功；在0.02～0.05 s这一时间段内，火焰在发动机后段装药的表面迅速传播，并将该部分的装药表面全部点燃，随后进入充填期。从整体来看，在药柱燃面点燃的过程中，燃烧室内接近燃面的区域的燃气温度相对较高，燃烧室轴线区域附近燃气的温度相对较低，其能量主要由点火燃气提供。0.05 s之后进入充填期，之后燃烧室内部压强和温度不断升高，至 $t = 0.1$ s时刻，堵盖附近的压强爬升至1.8 MPa时，喷管堵盖打开，燃气从喷管流出，发动机点火过程结束。

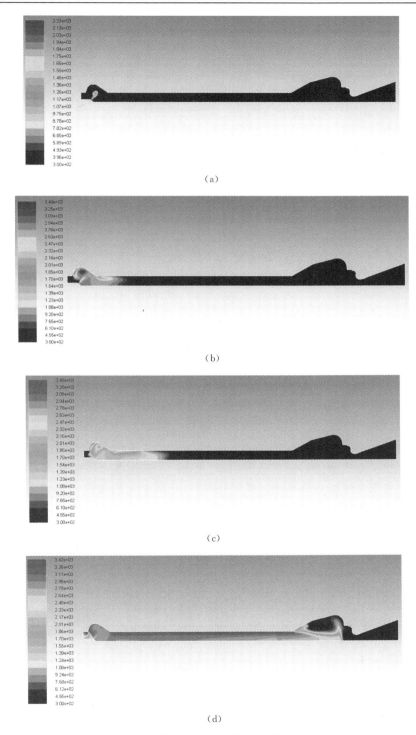

图 8-28　发动机燃烧室内部点火瞬态温度云图(彩图见插页)

(a)$t=0.002$ s;(b)$t=0.008$s;(c)$t=0.01$ s;(d)$t=0.02$ s

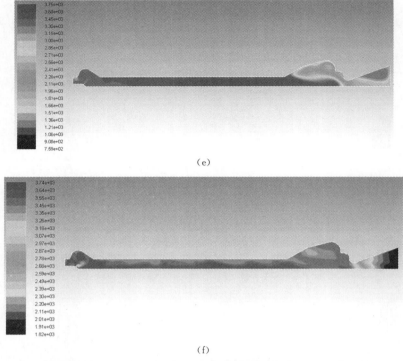

续图 8-28　发动机燃烧室内部点火瞬态温度云图（彩图见插页）

(e)$t = 0.05$ s；(f)$t = 0.1$ s

2.燃烧室气流速度分布

图 8-29 给出了点火瞬间的速度云图，由此可知，气流经点火器孔喷出后，气流速度高达 3 000 m/s，高速气流在燃烧室头部迅速扩展，随着点火器加质流量的不断增大，点火器流速也不断升高，到 $t = 0.08$ s 时，气流达到喷管堵盖，到 $t = 0.1$ s 后，气流基本平稳。到 $t = 0.3$ s 左右，点火器加质结束，前段燃烧室主流速度降低至 30～50 m/s。

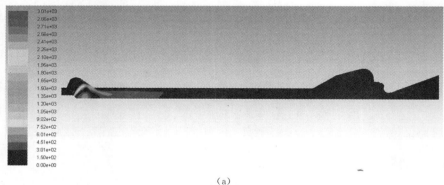

(a)

图 8-29　点火瞬间的速度云图（彩图见插页）

(a)$t = 0.02$ s；

(b)

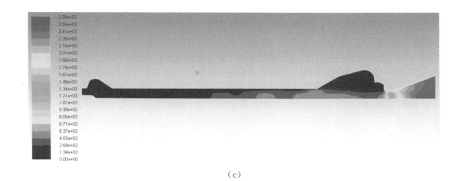

(c)

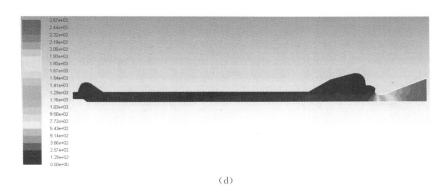

(d)

续图 8 - 29　点火瞬间的速度云图(彩图见插页)

(b)$t = 0.080$ s；(c)$t = 0.1$ s；(d)$t = 0.30$ s

3. 燃烧室气流压强分布

图 8 - 30 为不同时刻燃烧室内中心面上压强分布云图,可以看出,在发动机的整个点火过程中,燃烧室内没有出现压强的异常现象,燃烧室内不同位置处压强之间没有明显的差异,在整个过程中,流动顺畅,没有出现局部的高压现象。

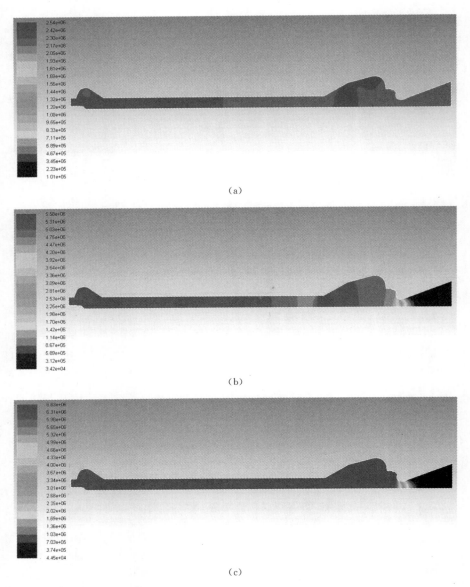

图 8 - 30　不同时刻燃烧室内中心面上压强分布云图（彩图见插页）
(a)$t = 0.05$ s；(b)$t = 0.1$ s；(c)$t = 0.2$s

　　图 8-31 给出了燃烧室头部、分段处、后封头以及堵盖前的测点压强随时间变化曲线，可以看出，在整个点火过程中，压强爬升平稳，没有明显的压强振荡，头部和分段处的升压速率基本一致，但是发动机尾部的升压速度明显降低。随着点火器的质量流量加质变化，燃烧室点火压强出现了先高后低然后再缓慢爬升的趋势。可以看出，对本发动机构型和计算参数来说，发动机的点火建压过程约为 0.75 s，点火阶段平衡压强约为 7.5 MPa。

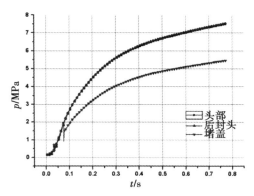

图 8 - 31　燃烧室内部测点的压强随时间变化曲线（彩图见插页）

8.6　旋转对顶盖传热的影响研究

8.6.1　计算模型

本例与第 4 章 4.6 节为同一工况,本节主要通过数值计算方法,分析旋转对点火顶盖处的传热的影响,计算模型如图 8-32 所示,选取顶盖附近的流场以及固体区域进行建模,由于采用非定常计算,为了减少网格量,节约计算时间,对左端点火顶盖处的结构进行了简化,选取 1/4 流场区域进行计算。

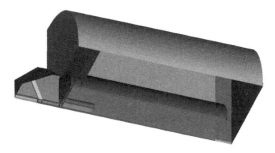

图 8 - 32　计算模型

8.6.2　计算与试验结果对比

图 8-33 为 42 s 时刻,无旋转情况下的对称面的温度云图,从图中可以看出,绝热层对顶盖表面传热起到了很好的绝热效果,顶盖大部分区域温度升高数值小于 30 ℃。图 8-34 为无旋转的情况下,顶盖表面温度的测试与计算结果对比。从图中可以看出,在发动机工作完成之后,计算得到的顶盖温度比试验结果偏低,这可能是在发动机工作过程中,碳化烧蚀,顶盖表面的高硅氧绝热层厚度减薄,绝热层防热效果减弱,使得热流更容易传递到金属顶盖。因此,计算得到的顶盖表面温度偏低。

图 8-33   42 s时刻,无旋转情况下的对称面的温度云图(彩图见插页)

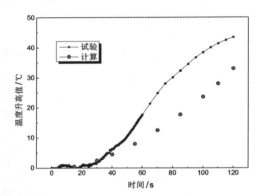

图 8-34   无旋转情况下,顶盖表面温度的测试与计算结果对比

8.6.3　速度云图

图 8-35 为 40 s时刻,旋转工况下,不同轴向截面处的切向速度云图,从图中可以看出,点火发动机燃烧室内切向速度较低,数值小于 1m/s。

图 8-35   不同轴向截面处的切向速度云图(彩图见插页)

8.6.4　绝热层表面热流密度

图 8-36 为顶盖在点火发动机内表面绝热层的热流密度云图,图 8-37 为热流密度沿径向分布示意图,可以看出,旋流对顶盖绝热层热流密度的加强作用较弱。

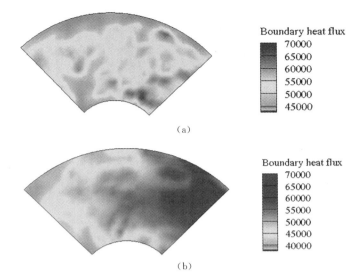

（a）

（b）

图 8 - 36　顶盖在点火发动机内表面绝热层的热流密度云图（彩图见插页）
（a）无旋转；（b）有旋转

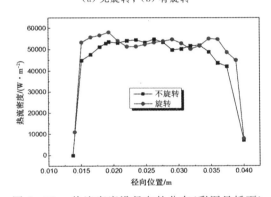

图 8 - 37　热流密度沿径向的分布（彩图见插页）

8.6.5　结论

由上述分析可知,单独从 200°/s 的旋转对顶盖传热的角度考虑,由于气体速度较低, 200°/s 的旋转对该点火发动机内部的传热没有明显的增强作用。

参 考 文 献

[1] 任全彬,何景轩,刘伟凯,等.固体火箭发动机设计技术基础[M].西安:西北工业大学出版
社,2016.
[2] 陈汝训.固体火箭发动机设计与研究:上册[M].北京:宇航出版社,1991.
[3] 陈汝训.固体火箭发动机设计与研究:下册[M].北京:宇航出版社,1992.
[4] 王光林.固体火箭发动机设计[M].西安:西北工业大学出版社,1994.
[5] 王元有.固体火箭发动机设计[M].北京:国防工业出版社,1984.
[6] 李宜敏.固体火箭发动机原理[M].北京:北京航空航天大学,1991.
[7] 鲍福廷.固体火箭发动机设计[M].北京:中国宇航出版社,2016.